극
야
행

국립중앙도서관 출판예정도서목록(CIP)

극야행: 불안과 두려움의 끝까지
가쿠하타 유스케 지음; 박승희 옮김.
서울: 마티, 2019
352p. ; 127×180mm

원표제: 極夜行
원저자명: 角幡唯介
일본어 원작을 한국어로 번역
ISBN 979-11-86000-79-3 (03450): ₩15,500

북극 탐험[北極探險]
986.91-KDC6
919.8-DDC23
CIP2019001437

KYOKUYAKO by KAKUHATA Yusuke
Copyright ⓒ 2018 KAKUHATA Yusuke
All rights reserved.
Original Japanese edition published by Bungeishunju Ltd., in 2018
Korean translation right in Korea reserved by MATI BOOKS, under the license
granted by KAKUHATA Yusuke, Japan arranged with Bungeishunju Ltd., Japan
through BC Agency, Korea.

극야행 極夜行

불안과 두려움의 끝까지 ─

가쿠하타 유스케 지음

박승희 옮김

일러두기

* 그린란드 북서부의 지명을 확인하기 위해 여러 지도 사이트를 참조했고, 특히 '맵카르타'(mapcarta.com)가 도움이 되었다. 위치나 발음이 비슷하지만 확신할 수 없는 경우(예: 카카이초)나 아예 검색되지 않는 경우(예: 아노이토)는 일본어 원서의 가타카나를 그대로 독음했다.
* 한국어판에 수록된 '북극 지형 용어' 중 일본에서만 통용되는 단어의 경우(예: 원두), 야후재팬과 일일사전을 참고해 정리했다.

분만실에서 ➤ 15

지구 최북단 마을로 가다 ➤ 27

운수 나쁜 날 ➤ 60

나를 버리다 ➤ 99

어둠의 미로 ➤ 131

실패를 예감한 밤 ➤ 159

끊어진 의지 ➤ 205

건포도 두 알만큼의 용기 ➤ 241

나만이 아는 세계 ➤ 271

연장전 ➤ 288

마중 ➤ 321

맺음말 ➤ 340

감사의 말 ➤ 345

탐험 경로

2016년 12월 6일 – 2017년 2월 23일

* 구글 지도에서 메이한 빙하의 위도와 경도(77°53' 00.0"N, 70°12' 51.0"W)를 입력해 검색하고 위성 사진으로 변환하면 좀 더 생생한 지도 정보를 얻을 수 있다(편집자 주).

북위 79도

캐나다 엘즈미어 섬

북위 78도

시오라팔루크

북극해

그린란드

캐나다

아이슬란드

미국

북대서양

달라스 만

물자를 저장해둔 오두막

사향소 사냥터

이누아피슈아크

셉템버 호수

영국 탐험대 저장소

툰드라 지대

아운나르톡

툰드라 중앙고지

그린란드

빙상

메이한 빙하

시오라팔루크

극야 탐험을 위한 사전 정비 여행

2012년 12월–2013년 1월 / 캐나다 캠브리지 베이 정찰

북위 69도 7분에 위치한 캐나다 캠브리지 베이(Cambridge Bay)의 마을을 중심으로 극야 기간에 장기간 이동이 가능한지 확인하기 위한 정찰에 나섰다. 위치를 측정하기 위해 육분의와 대나무 장대를 사용해 간단한 천측 장비를 만들었지만, 오차가 크고 실용적이지 않아서 고생했다. 캠브리지 베이의 북서쪽 마을을 목표로 출발했으나 난로가 고장 나는 바람에 일단 철수했다. 그 후 남쪽의 켄트 반도(Kent Penisula)를 한 바퀴 돌았다. 1월 15일 태양이 뜨는 것을 보고, 1월 18일 약 한 달간의 여행을 마치고 마을로 귀환했다.

2014년 1–4월 / 그린란드 정찰

캠브리지 베이는 극야 기간이 한 달 여밖에 되지 않았고 낮이 되면 꽤 환해져서 극야라고 하기에는 아쉬움이 있었다. 그래서 본격적인 어둠의 무대를 찾아 원주민 마을 중 세계 최북단(북위 77도 47분)에 위치한 그린란드 시오라팔루크(Siorapaluk)로 근거지를 옮겼다.

아내가 출산한 직후인 1월 9일에 출국해 시오라팔루크에서 썰매개를 구한 후 2월 11일 마을을 출발했다. 메이한 빙하를 타고 빙상으로 올라가 북동쪽으로 걸어 셉템버 호수로 내려갔다.

빙상을 건널 때는 특수 기포관 수준기를 부착한 육분의를 사용해 방향을 잡았다. 호수에서 이누이트의 오래된 루트인 강을 따라 내려가 이누아피슈아크(Inuarfissuaq)로 나왔다. 아운나르톡(Aunartoq)까지는 해안선을 따라 걸었고 툰드라와 빙상을 지나 40일 후에 마을로 돌아왔다. 이 여행으로 그린란드 북서부의 지리 및 기후의 특징을 알게 되었다. 이 땅을 무대로 극야 탐험을 하기로 결정했다.

2015년 3–10월 / 그린란드 저장소 설치

2015년 봄과 여름에 탐험에 필요한 저장 물자를 옮기고 겨울에 접어들면 바로 탐험에 돌입할 계획으로 3월 하순에 출국해 시오라팔루크로 향했다.

4월 11일부터 개와 함께 썰매를 끌고 이누아피슈아크에 있는 낡은 오두막에 한 달 치 식료품과 연료를 옮겼다.

6월 21일, 일본에서 응원차 와준 야마구치 마사히로 군과 둘이서 카약을 타고 물자를 옮기기 위해 출발했다. 아운나르톡 바로 앞의 아노이토라고 불리는 곳까지 물자를 옮긴 후 7월 8일 마을로 잠시 돌아왔다가 7월 22일 두 번째 여정에 올랐다. 도중에 유빙에 갇혀 2주일쯤 지체했지만, 지난번 옮긴 물자를 아노이토에서 회수해 아운나르톡까지 무사히 옮겼다. 다시 아운나르톡에서 이누아피슈아크로 향했다. 봄에 비축해둔 물품 상태와 영국 탐험대 저장소 위치를 확인하고 8월 31일 마을로 돌아왔다.

그대로 마을에 남아 있다가 11월 하순부터 극야 탐험에 나설 계획이었으나, 행정 당국으로부터 체류 자격에 미비점이 있다는 지적과 함께 강제 출국 및 1년간 입국 금지 처분을 받아 10월 하순에 일본으로 귀국했다.

2016년 4월 / 일본

시오라팔루크의 오시마 이쿠오 씨가 전화해 2015년에 아운나르톡으로 옮긴 식량을 백곰이 먹어치웠다고 알려주었다.

북극 지형 용어

블리자드 blizzard	이미 쌓인 눈이 심한 강풍에 흩날리는 현상. 바람과 함께 눈이 내리는 현상과는 구분된다.
빙구 氷丘	유빙 표면에 얼음 덩어리가 언덕을 이룬 것. 이것이 길게 이어지면 '빙맥'(氷脈)이 된다.
빙상 氷床	광대한 지역을 지붕처럼 뒤덮은 빙하. 대륙 빙하라고도 한다.
빙퇴석 氷堆石	빙하가 운반한 모래나 자갈이 퇴적된 것.
빙하 氷河	눈이 오랫동안 쌓여 단단하게 굳어진 후 중력에 의해 낮은 곳으로 이동하는 두꺼운 얼음덩어리.
사스투르기 sastrugi	강한 바람에 얼음이 깎여 지표가 물결 모양을 이루는 것.
안부 鞍部	산의 능선이 말안장 모양으로 움푹 들어간 부분.
연엽빙 蓮葉氷	바다가 얼기 직전 만들어지는 둥근 모양의 얼음.
원두 源頭	계곡의 최상류 또는 강이나 샘의 수원.
유빙 流氷	표류하는 해빙. 극지방에는 1년 내내 있다.
정착빙 定着氷	해안에 접하여 생기는 얼음.
크레바스 crevasse	빙하가 갈라져 생긴 좁고 깊은 틈.
테라스 terrace	암벽 중턱에 선반처럼 튀어나온 부분.
피오르 fjord	U자곡에 바닷물이 들어와 형성된 좁고 긴 형태의 만.
후미	물가가 휘어서 굽은 곳.

분만실에서

"아악! 아파! 이젠 못 참아!"

아내의 비명이 분만실을 흔들었다.

아내는 침대에 누워 새빨개진 얼굴로 맹렬한 진통을 참고 있었다. 출산이 가까워진 아내의 배는 놀라울 정도로 동그랗게 불러 있었다. 마치 거대한 공을 삼킨 것 같았다.

아내의 동그란 배에는 전류가 잘 흐르도록 투명한 겔 타입의 약품이 발려 있었고, 부착된 감지 패드는 몇 가닥의 선으로 진통계와 연결되어 있었다. 임산부의 동그란 배는 진통의 파도가 덮치면 빵빵하게 팽창했다가 파도가 밀려가면 수축하는 듯했다. 감지 패드가 잡아낸 팽창과 수축의 흐름은 숫자와 꺾은선 그래프로 변환되어 모니터에 나타났다.

동그란 배는 겔 때문에 요상하게 번들거렸다. 동그란 배 속에 있는 우리 아기는 아무래도 어두운 양수 안에서 바깥세상으로 나오기를 주저하는 것 같았다. 쉽사리 나오려 하지 않았다.

"아악! 나 죽어! 죽는다고!"

진통의 파도가 밀려올 때마다 아내는 같은 말을 되풀이하며 소리를 질렀다.

출산 현장에 함께 있었지만 그 아픔까지 공유할 수는 없었다.

인간이 이렇게 미친 듯이 날뛰며 사납게 구는 것은 처음 봤다. 너무 가까이 가면 얻어맞지 않을까 겁이 날 만큼 아내는 난폭했고, 나는 그 기세에 눌려 아무것도 못 하고 있었다.

하지만 나는 그녀의 남편이다. 손 놓고 멍하니 서 있을 수만은 없었다. 부부란 모름지기 둘이 곧 하나, 일심동체라지 않던가. 둘의 염색체가 자궁에서 얽히고설켜 아기가 만들어진다. 우리가 하나임을 증명하는 아기가 태어나려는 순간인데 일심동체의 절반인 나도 아내의 분만에 어떤 식으로든 기여해야 했다. 그것이 출산하는 아내의 곁을 지키기로 결정한 남편의 의무라고 생각했다.

"괜찮아? 힘내!"

함께하는 마음으로 격려의 말을 건넸다. 기회만 있으면 팔다리를 주물렀고, 주위에서 추천해서 들고 온 테니스공을 아내의 허리에 대고 누르기도 하고 비비기도 했다.

하지만 내 시중이 귀찮았는지 진통의 파도가 밀려가자 아내는 녹초가 된 얼굴로 열의에 차 있는 내게 말했다.

"부탁인데… 이산화탄소를 이쪽으로 내뱉지 마…."

나는 할 말을 잃고 다시 멍해졌다. 이제 할 일이 없었다.

아내는 2013년 12월 27일 출산했다.

원래대로라면 그해 겨울에 나는 그린란드 북부에서 극야 탐험을 위한 사전 작업을 하고 있었을 것이다. 하지만 아내의 배가 점점 불러오는 것을 보면서 생각이 변했다. 사전 작업은 출산 뒤로 미루기로 했다.

출산 현장에 함께 있기로 한 결정은 어쨌거나 부부는 하나라는 생각 때문이기도 했지만, 내가 평소 출산에 관심이 많았기 때문이기도 했다. 어쩌면 두 번째 이유가 더 컸던 것 같다.

나는 학생 때부터 탐험이나 모험을 자주 떠났는데, 그런 내게 사람들은 모험 같은 것을 왜 하느냐고 묻곤 했다. 내게 모험이란 삶이다. 그러니 모험을 왜 하느냐는 질문은 곧 왜 사느냐는 질문이나 같았다. 사실상 대답이 불가능한 질문이었다. 하지만 곧이곧대로 대답해서 세련되지 못한 인간으로 찍히기는 싫었으므로 모험은 자연 속에서 죽음의 가능성을 접하고 죽음을 받아들임으로써 생을 실감하는 데 있다고 그럴싸하게 말하거나 써왔다. 하지만 속내를 말하자면 그런 건 아이를 낳은 여자라면 누구나 경험한다는 걸 알고 있었다.

임신하면 여자는 아이라는 또 다른 생명을 자기 배 속에 품는다. 자연을 생과 사의 토대이자 마음대로 할 수 없는 어떤 것이라고 한다면, 마찬가지로 자기 마음대로 할 도리가 없는 태아를 품고 낳는 임신과 출산의 과정은 정말이지 자연적인 것이다.

그 생의 경험은 모험 따위에 비할 바가 아닐 것이다. 극지에서 내가 하는 모험은 말하자면 외부의 자연을 잠시 경험하는 데 지나지 않는다. 좀 심하게 말하면 살갗으로만 자연을 접하는 것일 뿐이다. 몸 안에 태아라는 자연을 품음으로써 자연과 하나가 되는 임신과 출산에 견준다면 실로 피상적이기 짝이 없다.

남자라는 생물이 자연에서 로망을 찾고 거기에 인생의 의미를 두려 하는 것은 결국 자기 몸으로는 진정한 자연, 진정한 생과 사를 경험할 수 없어서가 아닐까. 남자가 할 수 있는 일은 고작해야 사정이다. 궁극의 생명과 자연은 결코 체험하지 못한다.

이런 실존적 한계를 알았기에 더욱 출산하는 아내의 곁에 남고 싶었다. 내 반쪽인 아내의 인생 최대 모험이자 생명의 신비를 그냥 넘어갈 순 없었다.

그런데 막상 닥쳐서 보니 남자가 할 수 있는 일은 아무것도 없었다. 출산에 '참여한다'는 것은 어불성설이었다. 힘내라는 말을 하는 나는 고통을 느끼지도 않았고 멀끔한 상태로 무책임한 소리만 내뱉을 뿐이었다. 당사자인 아내는 내가 토해내는 날숨의 이산화탄소가 귀찮게 느껴질 만큼 필사적인데 말이다.

이산화탄소를 내뿜지 말라니. 탄소 배출량을 삭감해야 하는 세상이니 당연한 소리다. 나는 무력감에 사로잡혔다. 아내의 출산에 나는 그 어떤 관여도 할 수 없었다. 자신의 무력함에 할 말을 잃고 무력함을 통감하는 것만이 출산 현장을 지키는 남자가 할 수 있는 유일한 일이 아닐까 하는 생각이 들 정도로 할 수 있는 것이 없었다.

그래도 멍하니 서 있을 수만은 없는 노릇. 아, 그렇지. 괜찮은 생각이 떠올랐다. 병원 1층에 있는 편의점에서 점심 도시락이라도 사 와야겠다.

"뭐 좀 먹을래?"

"…젤리 음료…"

아내가 다 죽어가는 목소리로 말했다. 편의점에 가서 젤리 음료와 돈가스 카레 도시락을 샀다.

10분쯤 자리를 비웠을 뿐인데 분만실로 돌아오니 아내의 까무러칠 듯한 비명이 이전보다 훨씬 심해져 있었다. 세 배쯤은 심해진 것 같았다. 아내는 울부짖고 있었다.

아내의 출산은 순조롭지 않았다. 전날 저녁에 진통이 시작돼 한밤중에 입원했지만 그 후 자궁 입구가 전혀 열리지 않았다. 자궁 입구가 완전히 열리면 10센티미터 정도라는데, 아내의 경우 하룻밤을 꼬박 고통에 몸부림쳤는데도 새벽이 될 때까지 4센티미터밖에 열리지 않았다. 시간만 속절없이 흐를 뿐이었다. 이후 7센티미터까지 열렸지만, 더 이상 진척이 없었다. 자궁 입구가 열리든 말든 진통의 파도는 쉴 없이 밀어닥쳤다. 진통이 시작된 지 스무 시간이 지나자 아내의 몸이 버틸 수 있을지 걱정되기 시작했다. 오후에는 담당 의사가 자궁 수축제를 처방했다. 나중에 알게 된 사실이지만, 수축제를 투여하면 진통이 말도 못 하게 심해지는 것 같았다. 편의점에 다녀왔을 때 내가 본 것은 자궁 수축제를 맞은 아내가 고통에 까무러치는 모습이었던 것이다.

출산 직전, 통증의 정점을 찍는 진통이 찾아온 듯했다. 그 후 한 시간 동안 분만실은 그야말로 아비규환이었다.

"아악! 허리가 끊어지겠어!"

아내는 대형 트럭에 치여 허리가 두 동강 난 사람처럼 비명을 질렀다. 얼굴이 터질 듯 시뻘개졌다. 팔다리를 격하게 버둥거렸고 제멋대로인 몸을 주체하지 못해 침대 선반을 주먹으로 내리쳤다. 감지 패드가 연결된 진통계의 받침대도 걷어찼다. 진통이 너무 심한 나머지 본인이 뭘 어떻게 했는지도 모르는 것 같았다. 진통계를 보니 동그란 배의 팽창 정도, 그러니까 아내의 통증 수치가 심상치 않은 값을 기록하고 있었다. 출력되어 나온 그래프의 꼭대기 부분이 눈금을 벗어나 일자를 그렸다. 계측 불능. 내 눈을 의심했다. 수치가 더 올라가면 아내의 동그란 배는 터져버릴 것 같았다. 위험하다는 생각이 들었다.

점심 먹을 상황은 분명 아니었지만 어쨌든 사 왔으니 병실 한 귀퉁이에서 허겁지겁 돈가스 카레를 먹었다.

카레 냄새가 병실에 진동했다.

카레를 다 먹자마자 아내의 침대로 달려갔다.

"젤리음료 마실래?"

"시, 싫어…"

아내는 다시 아악 하고 비명을 지르며 몸부림쳤다.

진통의 파도가 지나가고 잠시 고통에서 해방되면 아내는 상기된 얼굴로 거친 숨을 몰아쉬며 중얼거렸다.

"괜찮을까? 나, 낳을 수 있을까…"

자궁 입구가 쉽사리 열리지 않자 아내의 마음이 약해지기 시작했다. 진통이 밀려와 배가 부풀어 오를 때마다 아내는 "아악, 허리! 허리 아프다고! 더는 못 해!" 하고 소리를 질렀고, 고통으로 얼굴을 일그러뜨렸다. 그러기를 몇 번이나 반복했다. 병실은 마치 풍속 30미터의 폭풍이 휘몰아치는 것처럼 혼란스러웠다. "괜찮아. 힘내"라고 말은 했지만, 나란 존재는 그녀의 힘든 싸움에 어떤 도움도 되지 않았다. 곁에 있었지만 없는 것이나 마찬가지였다. 그녀는 더없이 고독한 싸움을 하고 있었다. 북극점 단독행이나 동절기 에베레스트 등반보다 훨씬 끝없는 여정처럼 보였다.

아내의 비명과 기절과 혼란을 곁에서 지켜보며 나는 심란해졌다. 무력감은 날아가고 감정의 소용돌이에 내던져졌다. 그리고 내 안에 있던 과거의 탐험과 모험도 전부 날아가 버렸다. 지금까지 봐온 원대한 풍경, 자연에 품었던 경외심, 육체의 한계와 죽음을 눈앞에서 느꼈던 순간, 무엇보다 모험을 통해 얻었다고 자부해온 관념들이 모두 아이를 낳는 일과 아이가 태어나는 과정에 비하면 몹시 가볍고 독선적인 것으로 느껴졌다.

나는 과연 이렇게까지 목숨을 걸고 무언가와 맞서 싸운 적이 있었던가? 없었던 것 같다. 그 반대였다.

포학한 혼돈이 온 방을 뒤덮고 괴로워 아우성치는 소리가 난무했다. 침대를 중심으로 시공간이 일그러지고 감각은 비틀어졌다. 이곳에만 작용하는 중력장이 생성되어 빙글빙글 소용돌이쳤고 우리는 그곳으로 휩쓸려 들어갔다.

그때 이 극한의 혼돈 속으로 담당 의사가 구두 소리를 내며 성큼성큼 들어왔다.

이전 진찰에서 담당의는 이대로 자궁 입구가 열리지 않으면 제왕절개를 할 수밖에 없다고 했다. 지금은 그 최종 판단을 내리려고 들른 것이다. 우리는 제왕절개를 각오하고 있었다. 아마 담당의도 제왕절개를 선고할 생각이었을 것이다. 아내의 몸부림을 보자마자 의사는 "아, 아까와는 좀 달라졌네요…"라며 뭔가 묘한 반응을 느낀 듯 중얼거렸다. 그러고는 서둘러 커튼으로 주변을 가리고 진찰을 시작했다. 진찰을 끝낸 의사가 내 쪽으로 와 웃으며 말했다.

"괜찮습니다. 자연분만합시다."

의사는 마침내 아내의 자궁 입구가 9.5센티미터까지 열렸다고 했다. 10센티미터까지 열릴 필요는 없는 모양이었다. 그 순간의 기쁨을 지금에 와서 말로 다 표현하기는 어렵다. 아내는 다행이라는 한마디 말만 남기고 우왕좌왕하는 사이에 옆방으로 옮겨졌다. 아내가 자연분만을 할 수 있다는 사실에 안도한 나머지 생각지 못했던 사실이 하나 있다. 배 속의 아기도 이때 자기 힘으로 바깥세상에 나올 수 있는 기회를 얻었던 것이다.

옆방에 가보니 아내는 벌써 분만대에 올라가 다리를 넓게 벌리고 이른바 M자 자세를 취하고 있었다. 분만 자체는 지금까지 계속된 진통의 폭풍에 비하면 순조로운 편이었다. 아내의 다리 앞쪽에 이토라는 이름의 젊은 조산사가 자리를 잡고 아이를 꺼낼 준비를 시작했다.

그러더니 사전 협의나 연습 한번 없이 다짜고짜 분만이 시작되었다.

"진통이 오면 심호흡을 크게 하세요! 숨을 들이마신 상태에서 멈추고 똥 누듯이 힘을 주세요!"

이토 씨가 말하는 대로 아내는 심호흡을 하다 숨을 멈추고 얼굴이 새빨개지도록 배에 힘을 주었다. 다행히 똥은 나오지 않았다.

"이쪽을 보세요. 옆을 보시면 안 돼요! 자세가 똑바르지 않

으면 산도도 똑바르지 않게 돼요. 얼굴을 이쪽으로 돌리고 눈을
뜨세요!"

이토 씨의 말에 따라 아내는 몇 번이고 배에 힘을 줬다. 이윽
고 그 리듬에 맞춰 천천히 아기의 머리가 나왔다.

"잘했어요. 잘했어요. 이제 머리가 보여요. 머리숱이 아주 많
아요."

아내 바로 곁에 있던 내 눈에도 아기의 머리가 보였다. 머리카
락은 점액에 흠뻑 젖어 금속처럼 번쩍거렸고 왕성한 생기로 가득
했다. 번들거리는 갓난아기의 머리를 이토 씨가 장갑 낀 손으로
부드럽게 감싸 안으며 매우 익숙한 손놀림으로 살짝 돌리듯 끄
집어냈다. 마법이라도 부리는 것처럼 이토 씨의 손바닥에 갓난아
기의 머리가 달라붙어 떨어지지 않았다. 아내는 숨을 들이켜 배
에 힘을 주고, 이토 씨는 마법사처럼 손을 쓰고, 아기도 안간힘을
다하고 있었다. 아기는 천천히 조금씩 밖으로 나왔다. 삼위일체의
노력으로 작은 생명이 태어나고 있었고, 나는 그녀들의 노력을 옆
에서 지켜볼 따름이었다.

머리의 가장 굵은 부분이 보일락 말락 할 즈음 아내가 울음
을 터뜨렸다.

"우우, 아파."

"기운 내. 거의 다 됐어. 머리가 나왔어."

힘든 부분이 지났다고 생각한 순간, 태아의 몸과 함께 양수

가 왈칵 쏟아졌다. 피가 뭉친 듯한 보랏빛이 도는 하얀 물체가 쑤욱 빠져나왔다.

"나왔다! 나왔어요!"

갓난아기의 울음소리가 분만실에 울려 퍼졌다. 너무나 감동한 나머지 내 얼굴은 온통 일그러졌다. 탯줄이나 태반이 어떻게 됐는지 볼 여유도 없었다. 아내는 완전히 탈진해 그저 안도의 미소만 짓고 있을 뿐이었다.

"귀여워요. 눈이 동글동글한 게 아주 예뻐요."

다른 조산사가 아기를 포대기에 싸서 내게 건네주었다.

그렇게 나는 딸을 품에 안았다.

갓 태어난 딸아이의 피부는 까슬까슬했다. 불안한 듯 눈썹을 찡그리고 의아한 표정으로 눈을 깜빡였다. 새로 나온 세계에 겁을 먹고 당혹스러워하는 것 같았다.

그 새까만 눈동자에 분만실 전등의 하얀 빛이 점이 되어 비치고 있었다.

아직 시력이 없으니 딸아이의 눈에는 거의 아무것도 보이지 않을 것이다. 눈앞에 펼쳐지는 것은 그저 부연 빛의 공간이리라. 자궁 안의 어둠 속에서 좁은 산도를 빠져나온 순간, 아이 앞에는 눈부신 빛이 쏟아지고 있었다. 딸아이는 그동안 경험하지 못한 밝은 세계로 나와 당황하고 있었다.

세상에 태어나서 처음으로 보는 빛. 비록 LED 전등이지만 아이에겐 믿을 수 없을 만큼 밝았을 것이다.

모든 인간이 똑같이 보게 되는 처음이자 마지막의 빛을 갓 태어난 내 딸이 보고 있었다.

지구 최북단 마을로 가다

지구에는 '극야'(極夜)라는 어둠에 갇힌 미지의 공간이 있다.

극야는 태양이 지평선 밑으로 가라앉아 모습을 드러내지 않는 길고 긴 칠흑의 밤이다. 그 칠흑 같은 밤이 위도에 따라 3개월에서 4개월, 어떤 곳에서는 반년이나 이어진다.

내가 시오라팔루크를 방문했을 때, 마을에는 이미 2주 전부터 태양이 뜨지 않고 있었다.

해가 없는 탓에 마을은 거무칙칙하게 물들어 있었다. 바다도 거무칙칙하고 하늘도 거무칙칙했다. 굳이 정확히 말하면, 남색보다 몇 단계 검정에 가까운 검푸른 색인데, 태양이 없는 암울한 계절의 심상 때문인지 어떤 색도 아닌 칙칙한 어둠으로만 인식되었다. 눈과 얼음도 어둠에 먹혀 조금 거무칙칙했고, 사람들

의 얼굴도 생기를 잃고 거무칙칙했다. 희미하게 배어 나오는 태양
빛은 지표(地表)와 해수면에 흡수되어 더는 남아 있지 않았다.

그 검푸른 어둠 속에서 마을 한 모퉁이만이 어스름한 오렌
지색 가로등과 집 안 실내등 불빛에 싸여 있었다.

극야의 한 귀퉁이에 덩그러니 불을 밝힌 마을의 모습은 어
딘가 서글펐다. 사람들이 서로 어깨를 맞대고 작은 전등을 밝혀
어둠에 뒤덮이려는 세계에 부질없이 저항하는 것 같았다. 인간의
무력함, 우스꽝스러움, 비애, 허무. 흐릿한 빛이 인간 존재의 무상
함을 상기시켜주었다. 알 수 없는 서러움이 괜스레 밀려왔다. 마
을은 어둠에 완전히 고립되었다.

마을에 도착한 것은 2016년 11월 7일이었다. 나리타공항에서 아
내와 세 살배기 딸아이의 배웅을 받으며 일본을 출국한 것은 그
9일 전이다. 유럽을 경유해 그린란드로 입국했고, 시오라팔루크
에서 50킬로미터 떨어진 공항 소재지 카낙크까지는 순조롭게 왔
다. 그런데 기압골의 영향인지 대기가 습했고 시야가 계속 나쁜
상태여서 카낙크에서 헬기가 뜨지 못했다. 닷새간 발이 묶였다가
간신히 시오라팔루크로 올 수 있었다.

마을에 온 것은 이번이 세 번째다. 헬기에서 내려 풍압에 흩
날리는 눈가루를 헤치며 간이 대합실 쪽으로 걸어가자 작년 여
행 때 신세를 졌던 오십 중반의 수염을 기른 누캅피앙구아 씨와

그 가족이 두툼한 방한복을 입고 마중을 나와 있었다.

"어이, 잘 지냈나?"

우리는 힘주어 재회의 악수를 했다.

북위 77도 47분. 북극권 중에서도 북쪽. 그린란드의 최북단이자 사람이 사는 지구상 최북단의 작은 수렵 마을. 이곳이 시오라팔루크이다.

시오라팔루크가 있는 그린란드 북서부에 사는 이누이트와 외지인이 처음 접촉한 것은 지금으로부터 200년 전인 1818년, 북극 탐험의 최대 과제였던 북서항로를 개척하는 과정에서였다. 북서항로란 북미 대륙의 북쪽을 돌아 유럽에서 아시아로 빠지는 항로를 말한다. 16세기부터 저명한 탐험가들이 도전했지만 300년이 지나도록 발견되지 않았던 이른바 유령 항로다. 그해에 북서항로를 발견하라는 명령을 받고 떠난 영국 해군 존 로스는 범선 두 척을 이끌고 대서양에서 그린란드 서쪽의 배핀 만(Baffin Bay)으로 북상하고 있었다.

1818년 8월 9일, 북위 75도 55분, 서경 65도 32분의 미지의 해상을 지날 때였다. 한 선원이 아침 안개 너머로 미지의 인간 여덟 명이 부빙(浮氷)위에 서 있는 것을 발견했다. 다음 날에는 수수께끼의 사람들이 군함 근처에 나타나 개썰매를 타고 크게 돌면서 탐험대의 동태를 살폈다. 그들은 멀찍이 떨어진 곳에서 "알로, 알로"라고 외치며 몹시 조심스럽게 접근해 왔다. 그러더니 칼을 머리 위로 높이 쳐들고 "여기서 떠나라!"고 큰 소리로 경고했다. 그린란드 남부 출신의 로스 군 통역관과 미접촉 이누이트 사이에 대화가 성사된 것은 그 후였다. 통역관이 큰 칼을 던지자 미지의 사람들은 그것을 주워 들고 연거푸 질문을 퍼부었다. 통역관은 그들이 무슨 말을 하는지 거의 알아들을 수 없었다. 다만 하나의 질문만은 어렴풋이 이해할 수 있었다고 한다.

그들은 탐험대의 배를 가리키며 이렇게 물었다.

"너는 태양에서 왔는가? 달에서 왔는가?"

통역관은 대답했다.

"나도 당신들과 똑같은 인간이다. 아버지도 있고 어머니도 있다. 남쪽에서 왔다."

하지만 미지의 사람들은 "남쪽에는 얼음밖에 없다"면서 통역관의 말을 믿지 않았다. 범선은 나무로 만든 인공물이라고 설명했지만, 날개 달린 거대한 비행 동물이라고 오해했다. 통역관이 그들에게 어디서 왔는지 묻자 그들은 북쪽을 가리키며 "우리는 이누이트(이누이트는 그 자체로 인간이라는 뜻이 있다 — 옮긴이)다. 저 건너편에 살고 있다"고 답했다고 한다.

태양에서 왔는가, 달에서 왔는가.

이름 모를 이누이트가 200년 전에 불쑥 던진 이 말이 내게 커다란 의미로 다가왔다. 내가 겨울의 시오라팔루크에, 북쪽 끝에 있는 이 암흑의 땅에 온 것은 그들이 보던 진짜 태양과 진짜 달을 나도 보고 싶었기 때문이다.

진짜 태양. 그것은 만물을 있게 하는 궁극의 빛이다. 몇억 킬로와트라든지 몇조 루멘 같은 과학적이지만 무미건조한 계측 단위로는 결코 표현할 수 없는, 좀 더 직접적으로 우리를 자극하는 근원적인 힘이다. 마치 세상을 비추는 석가모니의 후광처럼 우리 몸과 마음에 질서와 맥을 불어넣는 생명의 빛이자, 지난날의 고난과 곤궁을 씻기고 새롭게 태어나게 하는 희망의 빛이다.

200년 전의 이누이트뿐 아니라 선사시대 원시인도 진짜 태양을 온 몸으로 느꼈을 것이다.

세계 어느 곳에서나 창세 신화는 태양 또는 달에서 시작한다. 수메르인은 우투(Utu)라고 불리는 태양신을 숭배했고, 이집트인은 인간이 태양신 라(Ra)의 눈물에서 태어났다고 믿었다. 성경의 창세기는 신이 먼저 "빛이 있으라" 하고 이르니 세상이 창조되었다고 전하며, 일본에는 태양신 아마테라스(天照大御)가 천상의 동굴에 틀어박히면서 세상이 어둠에 갇힌다는 신화가 전해져 온다. 스톤헨지나 테오티우아칸의 피라미드 등 수많은 고대 유적은 태양과 달의 운행을 기초로 건설되었다고 알려져 있다. 태곳적에 태양은 인간의 생명과 활동에 직결되어 있었다. 날마다 지평선에서 얼굴을 내미는 태양을 보면서 사람들은 신성(神性)을 느꼈다. 지평선 아래 깊은 어둠을 돌아 어김없이 떠오르는 태양은 부활의 상징이었고, 세상을 환희로 채워주는 존재였다.

굳이 먼 옛날의 이야기가 아니더라도 100년 전, 아니 바로 수십 년 전 우리 할머니 할아버지 세대 때만 해도 태양이 일상을 지배했다. 가축을 기르고 농사를 짓는 것이 전부였던 시절에 태양은 인간의 생존을 관장하는 근본이었을 것이다. 태양의 운행을 아는 것이 곧 세상을 아는 것이었던 시대가 바로 최근까지도 분명 있었다.

하지만 이제 태양은 인간에게 그런 존재가 아니다.

인공조명이 여기저기를 밝히고, 인조 태양이라고 할 수 있는 핵 에너지에 의존하는 현대인에게 진짜 태양은 절대로 볼 수 없는 존재가 되어버렸다. 우리는 매일 태양을 보지만, 실은 보고 있지 않은 것이다. 출근길에 보는 태양, 그것은 가짜다. 물리적인 불덩어리로서의 태양은 옛날과 다름없이 작열하며 엄청난 에너지를 지구에 보낸다. 하지만 기술에 매몰된 인간은 자연과 단절되었고 지각 능력마저 퇴화하면서 태양의 본래 모습을 볼 수 없게 되었다.

오늘날 태양의 힘은 고작 열사병을 조심하라는 재난 문자에서나 감지될 뿐이다. 태양은 이제 우리 세계의 주인으로 대접받지 못한다. SNS에 떠오르는 태양에 대해 멘션을 남기는 사람은 극소수다. 매일 일출을 보며 기도하는 사람이 있다면 별종 취급을 받을 것이 뻔하다.

고대인은 태양 덕분에 목숨을 부지하고 태양 때문에 죽어야
했고, 그래서 태양에 감사를 올리는 한편 태양을 저주할 수 있었
다. 하지만 우리, 아니 적어도 나는 결국 태양 덕에 생명을 유지
하는 유기 화합물의 집합체인 주제에 존재의 근원인 태양을 진
지하게 대하지 않았다. 우리는 그렇게 태양을 잃고 달을 잃고 별
을 잃고 어둠도 잃어버렸다.

극야의 세계로 가면 진정한 어둠을 경험하고 진짜 태양을 만날
수 있지 않을까.

이 생각을 한 지는 꽤 오래되었다.

극야를 일종의 미지의 공간으로 생각하고 관찰하기 위해 탐
험에 나선 인간은 거의 없었다. 미지의 세계 따위는 남겨두지 않
는 요즘 같은 정보화 시대에도 극야 세계는 아무도 손대지 않은
수수께끼 공간으로 남아 있다. 어둡고 춥기만 한 곳이니 그럴 만
도 했다. 그런 혹독한 세계를 좋다고 여행할 괴짜는 없을 테니까.

그러나 나는 극야에 끌렸다. 궁금해서 참을 수가 없었다. 태
양이 없는 길고 긴 밤이라니, 대체 어떤 세계일까? 그렇게 긴 어둠
속을 몇 달이고 여행하면 미쳐버리지 않을까? 극야가 끝나고 떠
오르는 최초의 태양을 마주할 때 어떤 기분일까?

태양의 존재가 너무나 당연해서 더 이상 귀하게 생각지 않는
현대 사회. 인공 불빛으로 어둠을 몰아낸 후 어둠의 공포를 모

르게 된 현대 사회. 무덤덤하게 밝기만 한 일상의 반대편, 태양이 없는 긴 밤의 세계에는 상상을 초월하는 미지의 무언가가 잠들어 있을 것 같았다. 수개월 동안 암흑 세계를 여행한 그 끝에 떠오르는 태양을 볼 수 있다면, 나는 밤과 낮, 아니 어둠과 빛에 대해 좀 더 알게 되지 않을까?

　내가 세계 최북단 마을 시오라팔루크에 온 이유였다.

도착한 날부터 나는 극야 탐험을 위한 준비에 돌입했다. 식료품과 연료를 조달하고 장비를 정리하고 나무 썰매를 조립하고 천측기의 정밀도를 높이는 날들의 연속이었다.

　시오라팔루크는 세계에서 가장 어두운 마을이다.

　극야는 극지권이라면 어디서나 일어나는 현상이지만 모두 균일하게 어두워지는 것은 아니다.

　북극권에서는 북쪽으로 갈수록 더 오래 그리고 더 짙게 어둠에 잠긴다. 북극권의 남쪽 한계인 북위 66도 33분에서는 태양이 뜨지 않는 날이 겨우내 단 하루뿐이고, 그 하루도 남중(南中) 시각이 되면 태양이 지평선 바로 아래까지 떠오르기 때문에 낮에는 비교적 밝다. 한편 지구의 가장 북쪽인 북극점에서는 극야가 여섯 달이나 계속된다. 말하자면 극단적인 극야 상태이다. 태양이 지평선보다 훨씬 아래에 머무르기 때문에 종일 깜깜한 기간이 길다(반대로 북극점의 여름은 태양이 지지 않는 백야가 6개월간 계속된다. 북극점은 1년 중 반은 극야이고 반은 백야인, 즉 일출과 일몰이 한 해에 한 번씩밖에 없는 곳이다).

같은 극야라도 북극권의 북쪽에서 남쪽까지 암흑의 정도에 큰 차이가 있다. 극야의 어둠을 찾아가려는 사람이라면 당연히 최대한 북쪽 지역을 여행 무대로 삼는 게 최고다.

나는 2012/13년 겨울에 북위 69도 7분에 위치한 캐나다의 캠브리지 베이 주변을 여행했었다. 최초의 극야행이었다. 하지만 캠브리지 베이 정도의 위도에서는 극야가 한 달 만에 끝나는 데다, 그 기간에도 태양이 지평선에 가깝게 떠오르기 때문에 낮 동안 네다섯 시간은 시야에 큰 장애가 없을 만큼 밝았다. 완전한 어둠을 원했던 나는 캠브리지 베이에 아쉬움을 느꼈고, 다음 해 겨울에 시오라팔루크로 근거지를 옮겼다. 북위 77도 47분에 위치한 시오라팔루크에서는 10월 하순부터 2월 중순까지 넉 달 가까이 극야가 이어졌다. 나는 세계의 가장 북쪽이자 가장 어두운 이 마을을 거점으로 여행을 준비해나갔다. 그리고 더 깊은 어둠을 찾아 북쪽으로 떠나기로 마음먹었다.

극야는 이곳 마을 사람들에게는 생존의 위협이다. 내가 도착한 11월 7일 무렵은 극야가 막 시작돼 태양이 남중 시에 지평선 근처까지 올라와 낮에는 희미하게나마 빛이 있었다. 그러나 그것도 곧 끝난다. 동지가 다가올수록 태양은 서서히 지평선 아래로 더욱 가라앉고 마을은 점점 어둠에 갇혀 수렵이 힘들어진다.

그 때문에 마을 남자들은 간신히 남은 약한 빛에 의지해 부빙의 위험을 무릅쓰고 마지막 몰이라도 하듯 모터보트로 바다코끼리를 뒤쫓곤 했다. 긴 밤을 견딜 식량을 비축하기 위해서였다.

며칠 후, 털옷으로 무장한 누캅피앙구아 씨의 부인이 내 숙소를 찾았다.

"누캅피앙구아가 돌아왔어요. 바다코끼리를 잡았대요."

나는 서둘러 방한복을 껴입고 카메라를 챙겨 바닷가로 향했다. 갑갑한 어둠이 내려앉은 해변에는 헤드램프의 하얀 불빛만이 어지럽게 빛났다. 누캅피앙구아 씨는 이날 동년배 마을 사람과 사냥을 나갔다가 용케 바다코끼리 두 마리를 잡았다.

흥분한 남자들이 로프를 묶어 배를 해안으로 끌어 올리고 있었다. 사냥을 나가지 않았던 남자들도 나와서 도왔다. 배를 인양하는 작업은 기술보단 몸을 쓰는 것인지라 나도 거들었다. 이런 데서 한몫을 하면 사냥의 공동 작업에 참여한 대가로 남는 고기를 받을 수 있다는 사실을 예전의 경험으로 알고 있었다.

"하나, 둘, 여차!"

나는 한껏 기합을 넣고 힘을 다하는 척 로프를 잡아당겼다.

배를 다 끌어 올리자 이번에는 바다코끼리 인양 작업이 시작되었다. 바다코끼리는 체중이 1톤에 달하는 거대한 동물이다. 잡은 사냥감을 배에 묶어 마을까지 끌고 가야 했다.

"하나, 둘, 셋!"

바다코끼리 인양도 단순한 육체노동이다. 다 함께 구령에 맞춰 잡아당기는 것이 최선이다. 바다코끼리 해체는 남자들이 맡는다. 먼저 가죽을 벗기고 커다란 칼로 교묘하게 뼈와 뼈 사이를 지나며 연신 고깃덩어리를 잘라낸다. 남자들의 입과 코에서 하얀 김이 뿜어져 나오고, 해체되는 바다코끼리의 살덩이에서도 하얀 김이 피어오른다. 헤드램프와 가로등 불빛이 어둠을 가른다. 어둠 속에 자리 잡은 여자들은 남자들의 작업에 뜨거운 시선을 보내고, 고기를 해체하는 남자들의 얼굴에는 주름이 잡힌다. 바닷가는 피와 지방 그리고 거대한 사냥감을 잡았을 때의 원시적인 열기로 들뜬다.

발밑에 암컷 바다코끼리의 대가리 부분이 나뒹굴었다. 감긴 눈은 온순하면서도 자는 듯해서 인간의 표정과 전혀 다를 게 없어 보였다. 단순 작업이나마 거든 덕에 나는 개 먹이로 쓸 큰 등뼈와 갈빗살을 얻었다. 계획대로 남은 고기를 얻는 데 성공했다.

이번 여행에는 프리랜서 영상 제작자인 가메가와 요시키 씨와 카메라맨 오리카사 다카시 씨가 시오라팔루크까지 동행해 출발까지의 준비 과정을 촬영했다.

서른 살에 교토대학에 입학한 독특한 이력의 가메가와 씨는 미식축구부 출신이다. 프로레슬러 다카다 노부히코를 닮은 그는 매일 같이 팔굽혀펴기를 하면서 쓸데없는 근육을 만드는 데 여념이 없었다. '오싹오싹하다'가 말버릇이어서 책을 읽다 근사한 표현을 만나면 '오싹오싹하다'고, 극야의 신비한 광경을 보고도 '오싹오싹하다'고 말했다. 정말이지 24시간 내내 오싹오싹하는 사람이었다. 오리카사 씨는 2008년에 내가 히말라야 설인 수색대에 참가했을 때도 함께했던 사람으로, 가메가와 씨와는 반대로 과묵하고 차분했고 야외활동 경험이 풍부했다.

마을에 도착해 내가 제일 먼저 한 일은 내 개를 데리러 간 것이었다. 개의 이름은 우야미릭크. 현지 말로 '목줄'이라는 뜻이다. 이누이트는 개 이름을 대충 짓는 편이라 '목줄이 채워진 동물로서 순종하기를 바란다' 같은 대단한 속뜻이 있는 건 아니었다. 사람 잘 따르기로 마을에서 둘째가라면 서러운 우야미릭크는 내가 다가가는 것을 알아채자마자 꼬리를 세차게 흔들었다. 40킬로그램쯤 되는 육중한 녀석이 하얗고 긴 털을 날리며 내게 달려들었다.

"엄청 크네요." 가메가와 씨가 개를 보고 말했다. 아마 또 오싹오싹하고 있는 것 같았다. "「원령공주」에 나오는 늑대처럼 늠름한데요."

가메가와 씨의 말 때문인지 1년 전보다 몸집이 한 아름은 커진 것처럼 보였다. 만 세 살이니 한창 뛰어다닐 시기라 근육이 커져서 그런지도 몰랐다.

이번 탐험에서 개는 여러 의미로 의지하는 동료였다. 우선,

캄캄하기만 한 극야에서 백곰을 피하려면 개가 꼭 필요하다. 내가 탐험할 그린란드와 캐나다 사이의 해협 부근에는 그렇잖아도 백곰이 많이 서식하기로 유명했다. 야영할 때나 어둠 속을 걷고 있을 때, 백곰이 언제든 접근해 올 수 있었다. 눈을 뜨고 있어도 보이는 것이 없는 상황인데 백곰의 기척을 알 길이 있을까. 개가 짖지 않는 한 절대 알 수 없다. 개 없는 극야 여행은 눈 가리고 지뢰밭을 걷는 격이다. 게다가 운반 능력 또한 믿음직스럽다. 같은 북극권이라도 캐나다에서는 개썰매 문화가 쇠퇴하고 있지만, 시오라팔루크가 있는 그린란드 북서부에서는 지금도 개썰매가 주민들의 다리 역할을 하고 있기 때문에 썰매를 끄는 개의 능력이 굉장히 뛰어나다. 한 마리가 70킬로그램에서 80킬로그램는 너끈히 감당한다. 보통은 나와 함께 썰매를 끌겠지만 마지막 열흘쯤에 짐이 가벼워지면 개 혼자 끌게 하는 것이 더 빠를 것이다.

　내가 우야미릭크와 첫 여행을 한 것은 2014년 2월부터 3월까지였다. 처음 시오라팔루크에 왔을 때였는데, 당시 한 살이던 이 개는 아직 썰매를 끌어본 적도 없었거니와 마을 밖으로 나가본 적도 없었다. 나 역시 개를 키워보지 않아서 나와 개 사이에는 생애 처음으로 섹스에 도전하는 남녀처럼 어색함이 감돌았다. 여행을 시작하고 한동안은 엄동의 빙상은 추워 죽겠지, 개는 버벅대지 얼마나 분통을 터뜨렸는지 모른다. 여행 막바지에야 간신히 서로 호흡이 맞았다. 그러자 사랑스러운 얼굴을 한 이 개에게 강한 애착이 생겼다. 마지막에는 이 개 없이는 극지방을 걷고 싶지 않다고 생각할 정도였다.

개가 건강해서 안심했다.

출발 전까지 해야 할 일이 산더미였다. 개중에 빙하로 짐을 올리는 작업이 제일 큰일이었다.

시오라팔루크를 출발해 그린란드와 캐나다 국경 부근의 바다를 4개월간 여행하는 이번 계획의 첫 단계는 마을 끝에 있는 메이한 빙하를 오르는 것이었다. 이 빙하는 경사가 심하고 표고차가 1000미터나 되는 데다 썰매 두 대에 150킬로그램에 달하는 짐을 싣고 가야 해 빙하 등반에 시간이 꽤 걸릴 것 같았다. 빙하의 크레바스 위치와 루트는 과거에 여러 번 오르내려 훤히 알고 있었던 터라 불안하지 않았지만 오르는 중에 블리자드를 만날까봐 두려웠다. 그 위험 요소를 피하기 위해서라도 최대한 짐을 미리 빙하에 올려놓아 오르는 시간을 단축하고 싶었다.

마을의 작은 잡화점에서 등유와 식료품, 탄환, 개 사료 등을 구입하고, 마을 주민에게 바다표범 기름을 사서 일본에서 가져온 식료품과 함께 배낭과 플라스틱 통에 담았다. 짐은 모두 자체 제작한 그린란드형 나무 썰매 두 대에 나누어 실었다.

11월 11일, 빙하에 짐을 올리기 위해 출발했다. 마을에 도착하고 나흘 후였다.

이번 겨울은 기온이 높은지 바다가 전혀 얼 기미를 보이지 않았다. 조수 간만의 작용에 의해 연안에 형성되는 정착빙(定着氷)도 아직 충분히 발달했다고는 말할 수 없었다. 결빙 상태가 좋지 않았다. 짐을 올리는 작업에 시간이 얼마나 걸릴지 몰라 일단 왕복 일주일을 잡아두었다.

　　마을을 떠나서 얼마간은 얼음이 매우 평평했지만 좀 더 가자 정착빙 상태는 최악이었다. 정착빙은 만조 때 연안의 바위 지대나 얼음 덩어리가 밀집한 곳 위로 바닷물이 들이치면서 형성되는 얼음이므로 발달되면 포장도로처럼 반듯해진다. 하지만 내가 길을 나선 때는 얼음이 막 생기기 시작한 시점이라 그런지 표면이 울퉁불퉁했다. 게다가 썰매가 너무 무거워서 도저히 두 대를 연결해서 끌 수 없었다. 생긴 지 얼마 안 된 얼음에는 발톱이 박히지 않아 개도 힘을 쓰지 못했다. 하는 수 없이 썰매를 한 대씩 번갈아 끌었는데 무거운 썰매가 바위와 얼음 틈새에 번번이 끼거나 빠졌다. 그때마다 나는 개를 혼내고 구박하면서 괴성과 함께 썰매를 끌었다.

　　영하 13도도 이 중노동을 하기엔 너무 더웠다. 금방 땀으로 흠뻑 젖은 나는 이번 탐험을 위해 손수 만든 바다표범 모피 바지를 벗었다. 온몸에서 모락모락 김이 났다. 이런 때야말로 미식 축구부 출신이자 오랜 이삿짐 일꾼 경력이 있는 가메가와 요시키 씨의 우람한 팔뚝 근육이 도움이 될 텐데. 하지만 가메가와 씨는 "저희는 어디까지나 취재진이니까 가쿠하타 씨의 단독행을 절대 방해하지 않을게요"라며 아무 짝에도 쓸모없는 취재 윤리를 들먹이며 방관자를 자처했다. 나는 울컥 화가 치밀었다. 혼자 여행을 시작했다면 혼자 할 일이긴 하다. 하지만 버젓이 옆에 사람이 있는데 도움을 받지 못하면 열받는 법이다. 더구나 당신들 일주일 치 짐도 이 썰매에 실려 있다고!

"잔말 말고 밀기나 해요!"

저녁이 되자 낮 동안 지평선 아래까지 다가와 있던 태양의 영향력은 사라지고 하늘은 본격적으로 검은빛을 띠었다. 교대라도 하듯 며칠 뒤면 보름달이 될 살짝 찌그러진 달이 동쪽 하늘에 떠올랐다. 푸른 정착빙이 달빛을 반사하자 바다가, 빙하가, 경사면의 눈이 은은하게 빛을 머금었다.

하지만 세상이 아름답게 반짝여도, 아무리 가메가와 씨가 두꺼운 가슴 근육을 부들부들 떨며 애써도 우리의 속도는 전혀 오르지 않았다. 바다로 돌출된 바위 지대에 가로막혀 썰매의 짐을 풀고 손으로 옮기기를 몇 번이나 반복했다. 보름이 가까워져 해수면이 상승한 터라 만조 때 정착빙 위로 바닷물이 덮쳤다. 가는 곳마다 마치 함정처럼 셔벗 상태의 웅덩이가 생겨 신발이 흠뻑 젖었다.

늦어도 이틀째에는 메이한 빙하에 도착하고 싶었지만, 그날 야영한 곳은 고작 마을과 메이한 빙하 중간에 있는 다른 빙하의 하구였다. 그리고 3일째 되는 날, 결국 길이 사라졌다. 빙하가 코앞이었는데 정착빙이 완전히 붕괴되어 썰매를 끌 길이 끊겨버린 것이다. 전진할 수 없게 된 이상 짐 올리기는 단념할 수밖에 없었다. 어쩔 수 없이 근처의 널따란 공간에 운반한 물자를 놔두고 여우가 건드리지 못하도록 돌들로 덮어둔 뒤 마을로 돌아가기로 했다.

얼지 않은 바다는 검디검었고 잔잔히 흔들리는 물결에 달빛이 일렁였다. 얼어붙을 기미는 조금도 보이질 않으니 언제 다시 출발할 수 있을지 막막했다.

*

마을로 돌아온 지 3일이 지난 11월 18일, 촬영팀이 귀국길에 올랐다.

촬영팀은 달에 비친 아름다운 극야의 북극을 카메라에 담았다. 마을 사람이 개썰매를 타는 모습을 직접 보았고, 장로격인 노인장에게 옛날 이누이트의 극야 여행담도 들었다고 한다. 마을에 머물고 있던, 북극권에서 개썰매 활동을 하는 극지 탐험가 야마사키 데쓰히데 씨에게 내 탐험에 대해 이것저것 물어보기도 했다. 내 인터뷰도 마무리했으니 이제 취재는 할 만큼 했을 터였다. 아니면 어둠이 지긋지긋해져서 떠나는 것일까.

내 인터뷰는 마을 해안가에서 진행되었다. 가메가와 씨의 질

문에 나는 평소 생각했던 대로 이번 탐험을 시작한 이유를 풀어
놓았다.

"탐험은 요컨대 인간 사회 시스템 바깥으로 나오는 활동입니
다. 옛날에는 탐험의 목적이 지도의 공백을 채우는 것이었죠. 그
때는 지도가 당대의 시스템이 미치는 범위를 도식화한 매체였습
니다. 하지만 지금의 지도에는 공백이 없습니다. 그렇다면 앞으로
의 탐험은 어떤 모습일지 고민했습니다. 그때 극야가 떠올랐습니
다. 이번 탐험은 미답의 땅을 개척하는 것이 아닙니다. 북극은 이
미 여러 탐험가가 걸었고, 전통적인 이누이트인의 사냥터이기도
합니다. 오히려 손때가 묻은 장소라고 해야겠네요. 하지만 겨울
에 태양이 뜨지 않는 극야가 찾아오면 새로운 미지가 탄생합니
다. 북위 80도 부근이면 극야가 4개월 정도 계속되는데, 그 긴긴
밤을 몇 달이고 여행했다는 기록은 거의 찾아볼 수 없습니다.

매일 태양이 뜨는 건 얼마나 당연한가요. 우린 태양을 의식
하지도 않습니다. 그러니 태양이 뜨지 않는 세상은 상상을 초월
하는 것이죠. 그 점에서 저는 극야 세계가 미지의 영역이라고 생
각합니다. 120일 동안 밤뿐인 세계를 상상이나 할 수 있을까요.
극야의 세계로 나간다면 현대인이 잃어버린 자연과의 연결 고리
를 발견할 수 있을 것 같습니다. 별과 달이 의미를 얻고, 어둠의
공포와 빛에 대한 고마움을 깨닫는 거죠. 어쩌면 고대인의 세계
로 회귀하는 것인지도 모릅니다. 어쨌든 극야라는 감히 상상할

수 없는 상태의 공간이야말로 현대 사회 시스템의 바깥 세계, 과거로 말하면 지도의 공백부라고 할 수 있죠.

캐나다로 건너가 북극해까지 갈 수 있으면 좋겠지만, 진정한 목적은 어딘가에 도달하는 것이 아니라 극야 그 자체를 경험하는 겁니다. 극야가 끝나고 첫 태양이 뜰 때 무엇을 느끼게 될지…. 그 마지막 감정 안에 아마 극야의 모든 것이 응축되겠죠. 굳이 요약한다면 극야가 걷히고 처음 뜨는 태양을 보는 것이 이번 여행의 목적입니다."

촬영팀과 작별하려니 서운했다. 나답지 않았다. 나리타공항에서 가족과 헤어질 때도 덤덤했던 나인데, 왠지 두 사람과 이별의 악수를 나눌 때는 울컥했다. 내게 다정했던 두 사람이 멀어지는 것에 대한 아쉬움 때문이라기보다, 내가 '극야병'(arctic hysteria)에 걸려 우울해지기 쉬운 상태였기 때문일 것이다.

실은 극야 마을에 도착하고 줄곧 잠 못 이루는 밤을 보냈다. 시차 장애를 의심했지만 아무리 그래도 너무 길게 갔다. 침낭에 들어가면 희한하게 눈이 초롱초롱해졌다. 어쩔 수 없이 헤드램프를 켜고 잠시 책을 읽다가 이른 아침(이라고는 해도 어둑한)에야 간신히 몇 시간 눈을 붙이곤 했다.

촬영팀과 헤어진 날 밤에는 원인 모를 복통에 시달렸다. 날고기나 지방을 많이 섭취해 생기는 종류의 배앓이가 아니었다. 복통이라기보다는 위통이랄까. 가슴이 쓰리다고 해야 하나. 명치를 거대한 죔쇠로 조이는 것 같은 통증이었다. 나는 침낭 안에서 계속 괴로워했다. 어디가 나쁜지도 모른 채 그냥 앓는 소리를 내며 참을 수밖에 없었다. 지금껏 경험한 적 없었던 통증이어서 위나 폐에 구멍이라도 뚫렸나 싶은 불길한 걱정이 들기도 했다.

불면과 복통은 아마 '극야병' 증상이었던 것 같다. 그것을 알게 된 건 며칠 후 이 마을에 살고 있는 '에스키모가 된 일본인' 오시마 이쿠오 씨 집에서 잡담을 나누던 때였다. 오시마 씨는 니혼 대학 산악부 출신이다. 1972년에 극지 생활의 기술을 익히기 위해 모험가 우에무라 나오미와 함께 마을에 들어와 살기 시작했는데, 이누이트의 수렵 문화에 매료되어 시오라팔루크에 정착해버렸다. 벌써 45년째 긴긴밤을 겪고 있는 오시마 씨조차 겨울이 되면 컨디션이 나빠질 때가 있다고 한다.

"오랜 세월 살고 있지만 초겨울이 되면 우울해지고 밤에 잠을 못 잔다네. 여름이나 봄에는 아침까지 푹 자는데, 겨울만 되면 한밤중에 잠을 깨서 책 같은 걸 읽게 돼."

나랑 똑같네… 하고 생각했다.

"여기 온 지 얼마 안 됐을 무렵에는 위도 아프고 몸이 영 안 좋았어."

이것도 나랑 똑같네… 하고 또 생각했다.

"환한 그린란드 남부에서 온 사람은 이곳 겨울의 어둠에 정신 착란을 일으키기도 해. 동지가 있는 크리스마스 즈음엔 마을 사람들도 부쩍 울적해하고. 새해가 되고 휜해지면 다들 조금씩 밝아지지."

　캐나다 엘즈미어 섬과 북서 그린란드의 지리와 역사를 망라한 라일 딕의 『사향소의 땅』(*Muskox Land*)에 이 증상이 자세히 설명되어 있다. 그에 따르면, 현지어로 'pibloktoq'라고 부르는 '극야병'은 무기력증과 불면, 짜증 같은 심리 장애로 나타난다. 인간이 너무 어두운 환경에 오래 노출되면 우울해지고 의욕도 깡그리 잃는다. 그래서 극야는 탐험가에게도 극복하기 힘든 장애물이며 두려움의 대상이다. 19세기의 어느 극지 탐험가는 극야를 '이른바 긴 어둠, 지루한 북극의 밤, 사람을 이상하게 만드는 밤'이라고 했고, 1880년대의 영국 탐험대는 '끝나지 않는 어둠이 대원들을 짓누르고 있다는 걸 며칠만 봐도 알 수 있다. 자신이 나쁜 영향을 받고 있다고 인정하고 싶어 하는 사람은 아무도 없다. 그러나 이 영향에서 벗어날 수 있는 사람 또한 없다. 가장 뚜렷한 증상은 불면, 의지력 저하, 짜증이며, 이것 말고도 정신적이고 심리적인 면에서 이상 징조가 보인다'라고 보고했다. 다른 기록에 따르면 현지의 이누이트도 가을이 되면 여지없이 극야병에 걸리는데, 특히 태양이 지는 시기가 다가오고 강한 폭풍이 불어닥치는 10월에 심해진다고 한다.

　이누이트가 극야병에 걸리는 이유가 어둠 그 자체만은 아니다. 사방이 캄캄해지면 사냥을 나가지 못하고, 그러면 굶어 죽을

지 모른다는 불안이 덮쳐오는 것이다. 옛날 어느 유명한 사냥꾼이 사냥에서 돌아온 남자들을 가혹하게 몰아붙이는 여자 둘을 봤다고 한다. 남자들은 사냥에 나섰지만 실패했고, 데리고 간 개 세 마리마저 잡아먹었던 것이다. 여자들은 그 비보를 접하고 실성한 듯 절규하며 날뛰었다고 한다. 굶어 죽을지 모른다는 공포가 현실이 되었으니 그럴 만도 했다.

　11월 중순이 지나자 마을에 도착했을 무렵과 비교해 하늘이 눈에 띄게 어두워졌다. 카낙크에 도착한 2주 전만 해도 대낮의 대여섯 시간은 충분히 환해서 생활에 지장을 느끼지 않았는데, 그 시간이 서서히 짧아졌고 일조량도 대폭 줄었다. 게다가 달마저 보름달에서 그믐달로 기우는 주기에 접어들어 이윽고 달빛마저 사라져버렸다. 이 지역에서는 그믐을 기준으로 9일 동안 달이 지평선 아래로 가라앉아 떠오르지 않는다. 태양과 달이 모두 사라지는 '극야 중의 극야'가 찾아오는 것이다. 게다가 동지까지는 앞으로 한 달, 1년 중 가장 어두운 시기가 다가오고 있었다. 어둠의 힘에 점점 잠식당하는 것이 느껴졌다. 어두워지자 추위도 심해졌다. 바다는 바로 며칠 전까지 절망적이리만치 얼어붙을 기색이 없더니 어느새 바닷물이 얼기 시작할 때 나타나는 연엽빙(蓮葉氷)이 퍼지기 시작했다. 마을 남자들은 바다코끼리 사냥을 멈추었다. 사람들은 집 밖으로 나오지 않았고, 마을은 생기를 잃었다. 모두 아무것도 하지 않았다. 적어도 보이는 바로는 그랬다. 뭔가를 하겠다는 의지도 없어졌다. 웃음이 줄고 기분 탓인지 걷는 속도마저 느려진 것 같았다. 그렇게 마을은 어둠과 침묵에 잠겼다. 사람의 마음을 압박하는 극야가 본격적으로 작동하기 시작한 것이다.

촬영팀이 귀국하고 혼자 있게 되자 집 안은 쓸쓸한 정적에 휩싸였다. 텔레비전이나 라디오 잡음이라도 있으면 우울감이 조금은 가실 것 같은데 세 들어 사는 집에는 그마저도 없었다. 어슴푸레한 노란색 조명이 분위기를 더 가라앉게 했다. LED 전구를 가져오지 않은 것을 심히 후회했다. 내 안에서 행동력과 욕구가 떨어지는 것이 몸으로 느껴졌다. 아침 무렵에 잠들어 낮까지 푹 잘 자고 일어나도 바깥이 어두우니 뭔가 해야겠단 의욕이 생기지 않았다. 아침 점심 저녁이 구분되지 않으니 할 일을 낮에 끝내야 한다는 의무감도 없었다. 축 처지고 멜랑콜리한 데다 오늘 꼭 해야 할 일이 없는 것만 같았다. 아, 3시에 가게가 문을 닫으니 스토브 등유를 사러 가야지. 움직일 이유는 딱 이 정도뿐이었다.

부유하는 의식을 현실 세계에 붙잡아두려면 사지를 움직일 필요가 있었다. 천측 훈련, 썰매 보수, 모피신과 모피 바지의 사이즈 보정, 자질구레한 장비 수선, 식량이 떨어질 상황에 대비한 토끼 덫과 바다표범 사냥 도구 제작 등 다행인지 불행인지 출발할 때까지 할 일이 태산이었다. 바쁘게 작업하다 보면 잠깐이나마 무기력을 떨칠 수 있었다. 하지만 일을 끝내고 어스레한 전등 빛

아래서 커피를 마시고 있으면 다시 서글퍼졌다.

하루하루 다가오는 출발일을 생각하면 더 울적해졌다.

4개월 넘게 혼자서 북극을 돌아다닌다고? 그중 두 달은 해가 아예 뜨지 않는데? 어쩌자고 이런 탐험을 생각해냈을까? 이게 대체 무슨 의미가 있지?

나는 이 여행을 준비하는 데 꼬박 4년을 쏟았다. 그 4년 동안 거의 이 여행만 생각했다. 하지만 실행을 눈앞에 두니 답답하기만 했다. 출발일이 가까워질수록 내가 미쳤지 싶었다. 철저히 고독한 세계로 자진해서 들어가다니. 할 수만 있다면 도망치고 싶었다. 출발을 늦추기라도 하고 싶었다···. 바다가 얼지 않아 나는 출발 일자를 당초 예정인 11월 하순에서 12월 초순으로 미뤘다. 어쩌면 해빙이니 정착빙이니 하는 것은 핑계였는지 모른다. 그저 도망친 것은 아니었을까.

유일한 위로는 가족의 목소리를 듣는 것이었다. 매일 아침 9시가 되면 득달같이 가족에게 전화를 걸어 딸의 목소리를 듣고 아내에게 푸념을 늘어놓았다.

"우울해. 아무것도 할 의욕이 안 생겨. 출발하기 싫어, 진짜."

"괜찮은 거야? 성격이 변해서 돌아오는 건 싫은데."

어둠 속에서 가족을 생각하면 가끔 눈물이 날 것 같았다. 아니, 왜 그런지도 모른 채 정말 눈물이 나는 날도 있었다.

어느 날, 개를 훈련하려고 정착빙에서 함께 썰매를 끌고 있을 때였다. 나는 별을 보며 앤 루이스의 '굿바이 마이 러브'를 흥얼거렸다. 특별히 좋아하는 노래도 아니었고 감상에 빠진 것도 아니다. 그냥 떠올랐을 뿐이다. 그런데도

"굿바이 마이 러브 이 거리에서 / 굿바이 마이 러브 걸어가기로 해요 / 당신은 오른쪽으로 나는 왼쪽으로 / 뒤돌아보면 지는 거예요."

여기까지 노래하자, 두 번 다시 가족을 못 보는 건 아닐까 하는 허무맹랑한 슬픔이 밀려와 눈에 눈물이 어렸다. 이런 경험은 처음이었다. 나는 내 몸의 이해할 수 없는 생리적 반응에 당황했다. 그리고 이 반응의 정체를 확인하기 위해 눈물을 닦고 노래를 좀 더 불러보았다.

"잊지 않아요— 당신의— 목소리 다정한 태도 따스한 손–길."

눈물이 뚝뚝 떨어졌다. 아무래도 극야가 사람을 약하게 만드는 것 같다.

＊

시오라팔루크는 개의 마을이기도 하다. 마을 사람들은 지금도 눈이 있는 기간에는 개썰매를 이동 수단으로 사용하기 때문에 집마다 개를 십수 마리씩 기른다. 당연히 사람보다 개가 훨씬 많다. 개는 반려 동물이 아니라 가축으로 취급된다. 우리가 흔히 개

와 맺는 관계와는 완전히 다른 형태이다. 개는 혹독한 훈련을 받고 때로는 맞거나 발로 채이거나 채찍질을 당한다. 나이가 들거나 병들어 노동견으로서 제 역할을 하지 못하면 서슴지 않고 목을 졸라 처리한다. 우리가 보기엔 잔혹하다고 할 수 있다.

그러나 마을에 머물러 보면 다른 면이 보인다. 단순히 동물 학대니 아니니 가치 판단을 할 문제만은 아닌 것이다. 겉으로는 인간이 개를 지배하는 것 같지만, 사실 인간도 개썰매가 없으면 오랜 기간 마을을 떠나야 하는 사냥에 나설 수 없다. 어쩌면 개가 인간의 삶을 지배하는 셈이다. 일방적인 지배 관계가 아니라 상호 의존 관계다. 이 극한의 세계에서 인간과 개가 서로 협력해야만 살아남는다는 사실을 마을에 있으면서 절실히 알았다. 선사시대의 유라시아 대륙에서는 늑대가 인간에게 협력하도록 진화해 동굴곰이나 네안데르탈인 같은 강력한 라이벌과의 생존 경쟁에서 승리했다는 설도 있다. 시오라팔루크에는 그 시대의 원시적 관계가 여전히 남아 있었다.

이런 원시의 사연을 그대로 품고 있는 것이 하나 있었으니, 바로 어둠을 찢는 개들의 울부짖음이다.

그날 밤의 대합창은 우리 개의 선창으로 시작되었다. 한밤중, 우야미릭크가 별안간 뒤집어지는 비명 소리를 냈는데, 약속이라도 한 듯 주위 개들이 울어젖히기 시작했다. 그리고 순식간에 온 마을로 퍼져 개들의 울음이 극야의 어둠을 흔들었다. 울음소리는 일률적이지 않았다. 굵은 소리가 있는가 하면 가늘고 찢어지는 소리도 있었고 여자아이의 절규처럼 들리는 소리도 있었다. 한마디로 잡다했다. 하지만 전체적인 톤만큼은 일관되게 애절했다. 이 마을에서 듣는 개의 울음은 언제 들어도 쓸쓸하다. 극야의 침울한 분위기 속에서 들으면 더 그랬다. 개는 가혹한 생존 경쟁에서 살아남기 위해 자발적으로 인간에게 빌붙도록 진화한 종이라고 알려져 있다. 마을 개들의 울음에서는 아주 먼 옛날 늑대에서 분화되어 번영을 대가로 인간에게 자유를 팔아넘긴 견과(犬科) 전체의 운명을 저주하는 듯한 비탄이 느껴졌다.

깜깜한 밤의 합창은 차츰 진정되었다. 우리 개가 비브라토를 넣은 가성으로 독창을 하며 마지막을 장식했다.

좀처럼 얼지 않던 바다가 11월 말이 되자 얼어붙어 그 위를 걸을 수 있게 되었다. 마을 사람 몇 명이 얼음에 바다표범 덫을 놓았고, 야마자키 씨는 바다 위에서 개썰매를 몰았다. 정착빙이 발달했으므로 나도 훈련을 위해 매일 개를 데리고 깜깜한 해빙과 정착빙 위를 걸었다. 종종 헤드램프를 켜고 바다표범이 실린 썰매를 끄는 마을 사람이나 여우 덫을 살피러 가는 오시마 씨를 만나곤 했다. 장비는 거의 준비되었고, 천측 도구에도 익숙해져 큰 오차 없이 실전에서 사용할 수 있을 것 같았다. 드디어 출발일이 임박했다.

하지만 출발 타이밍을 결정하는 건 그리 간단치 않았다.

타이밍 확정의 최대 요인은 달이었다.

극야 기간에는 달빛에 의지해 움직이게 되므로 달이 차고 기우는 주기에 맞춰 계획을 세워야 한다. 그런데 달은 태양과 달리 움직임이 복잡하다. 시오라팔루크 같은 고위도 지역에서는 그믐날 전후의 9일 동안 달이 지평선 위로 모습을 드러내지 않는 '극야 중의 극야'에 접어든다. 반대로 보름달 전후의 일주일은 달이 지지 않는 '극야 중의 백야'로 비교적 밝다. 가능하면 빙하를 오르거나 빙상을 건널 때, 그리고 가는 길에 있는 무인 오두막을 거칠 때는 달이 높이 떠 있었으면 했다. 타이밍을 계산하던 시점은 때마침 달이 뜨지 않는 가장 어두운 때였고, 그렇다면 달력상으로는 12월 6일부터 달이 다시 뜨고 그 후 18일간은 달빛에 의지할 수 있을 터였다. 전체의 긴 여정을 고려하면 달이 뜨는 타이밍에 빙하에 오르기 시작해 그 후 이어지는 빙상과 툰드라라는 난코스는 달이 떠 있는 동안 단숨에 통과해버리고 싶었다.

달보다 더 큰 골칫거리는 해빙의 상태였다. 해빙이 막 생기기 시작하는 초겨울이라, 며칠 전 야마자키 씨가 계측한 바에 따르면 두께가 16센티미터에서 21센티미터밖에 되지 않았다. 걷기에는 충분했지만, 무서운 것은 북풍 때문에 빙하에서 블리자드가 불어와 해빙이 조각나 떠내려가는 것이었다. 그럼 언제 다시 출발할 수 있을지 몰랐다. 최악은 빙하로 가는 길에 얼음이 깨져 바다에 빠지는 것이었다. 그럼 끝이었다. 죽을 테니까.

예보대로라면 당분간은 평온한 날씨가 계속될 것 같지만 그것도 별로 믿을 게 못 됐다. 바다는 이미 얼었으니 폭풍으로 해빙이 붕괴되기 전에 가능한 한 빨리 빙하에 올라야 했다. 일단 빙하에 오르고 나면 나머지는 육지로 이동하게 될 터이니 해빙이 붕괴되든 말든 상관없었다. 나는 12월 5일에는 마을을 출발해 달이 뜨기 시작하는 6일부터 빙하를 오르기로 계획을 세웠다.

그런데 12월 3일쯤 불안한 정보를 입수했다. 아침 무렵, 날씨가 거칠어진다는 예보에 마을 사람들이 바다표범 덫을 철거하는 것 같다고 오시마 씨가 전해주었다. 저녁이 되자 마을의 한 청년이 내 출발을 염려해 집까지 찾아와서 자세한 기상 정보를 알려주었다. 6일부터 마을 북쪽 지역에서 강풍이 휘몰아치고 그 영향으로 너울이 마을 피오르(fjord)까지 들어와 해빙이 붕괴될지 모른다고 했다.

혹독한 북극의 자연 속에서 살아남은 이누이트는 오랜 세월 쌓은 경험 덕분에 관천망기(觀天望氣, 구름이나 여러 대기 현상을 보고 날씨를 예측하는 일―옮긴이)만으로 날씨를 내다볼 수 있게 된 걸까. 웬걸, 그들도 우리처럼 인터넷으로 날씨를 본다. 청년은 어느 바람 예보 전문 사이트에서 정보를 얻은 것 같았다. 사이트 주소를 얻어, 다음 날 아침 인터넷을 쓸 수 있는 야마자키 씨 집을 방문했다. 역시 5일 낮부터 바람이 강해져 사나흘은 계속될 거란 예보였다.

"젠장, 타이밍이 나쁜데. 하루 뒤면 그럭저럭 괜찮을 텐데."

"내일 불기 시작해도 너울이 밀려오는 데 시차가 있으니까 내일은 괜찮을지 몰라"라고 야마자키 씨가 말했다. "그래도 바다로는 나가지 말고 연안을 걷는 게 좋아. 삐걱거리는 소리가 나면 정착빙으로 올라가고. 해빙이 붕괴할 때는 보통 연안부터 갈라지지만 바람이 강하면 얼음 전체가 한 번에 산산조각 날 수도 있으니까."

야마자키 씨는 겨울의 북극을 오랜 세월 경험한 베테랑이다. 초겨울에 개썰매로 해빙을 이동하다가 얼음이 붕괴되어 가까스로 목숨을 건진 경험이 있는 그의 충고는 묵직했다.

그날 밤부터 바람이 강해지기 시작했다. 침낭에 들어 있는데 이따금 산 쪽에서 불어온 돌풍에 집이 삐걱삐걱 소리를 냈다. 출발 전의 고양감과 해빙 붕괴에 대한 걱정으로 도저히 잠을 이룰 수 없었다. 침낭에서 나와 창을 내다봤다. 불그스름한 가로등 아래로 지독한 눈보라가 휘몰아치는 것이 보였다. 이게 무슨 일이람? 오후가 걱정이었는데 벌써? 참다못한 나는 뛰어나가 해빙을 확인했다. 얼음은 너울 때문에 아래위로 흔들렸고 삐거덕삐거덕 기분 나쁜 소리를 냈다.

야마자키 씨를 찾아갔다. "가쿠 씨, 오늘은 나가지 않는 게 좋겠어." 그의 첫마디였다.

"바다를 보고 왔는데 너울 때문에 흔들흔들하더라고요."

"이런 날은 절대로 해빙에 올라선 안 돼. 오래된 얼음도 아직 25센티미터밖에 안 되니까."

야마자키 씨가 풍속계를 확인했을 때 순간 풍속이 10미터가 넘었다고 했다. 10미터라면 이동을 못 할 정도는 아니었다. 어설프게 기다리다가 이대로 폭풍이 제대로 불어닥치면 해빙은 분명 부서질 테고 당분간 발이 묶일 것이다. 할 수 있는 한 오래도록 어둠 속을 여행하며 온몸으로 극야를 느끼는 것이 목표였기 때문에 일단 나서서 빙하까지 가고 싶었다. 하지만 너울이 심상치 않았다. 걷다가 해빙이 무너져 익사할 가능성을 배제할 수 없었다. 대책 없이 그런 도박을 할 수는 없는 노릇이어서 상황을 좀 더 지켜보기로 했다.

오후가 되자 바람이 조금 약해졌다. 몇 번이나 확인한 일기예보는 오늘 밤부터 내일까지 잠시 바람이 안정된다는 소식을 전해주었다. 하지만 그 후에 다시 바람이 거세질 것 같았고, 어쩌면 그 폭풍으로 해빙이 붕괴될지도 몰랐다. 만약 내일 아침에 바람과 너울이 잠잠해지면 그 틈에 마을을 출발해 빙하 기슭에서 폭풍이 지나기를 기다리는 수밖에 없다. 빙상에서 부는 바람은 내려오면서 점점 세지기 때문에 빙하 아래가 제일 위험하다. 솔직히 불안했지만 지난 4년이 아까워 위험을 감수하기로 했다.

12월 6일, 드디어 출발이다. 기온 영하 18도, 날씨는 쾌청, 바람은 초속 4-5미터로 꽤 안정적이었다. 너울은 없었고 얼음도 삐걱거리지 않았다. 기회는 지금뿐이었다. 야마자키 씨에게 가서 오늘 출발한다고 알리고 황급히 준비를 마친 후 가족에게 마지막 전화를 걸었다. 오시마 씨와 누캅피앙구아 씨 등 신세 졌던 마을 사람들에게 인사했다. 그리고 썰매에 짐을 실은 후 모피신에 미끄럼 방지 체인 스파이크를 장착했다.

아직 달은 뜨지 않았다. 분명 한낮인데 헤드램프를 켜지 않고는 발밑도 보이지 않았다. 세상이 어둠에 잠겨 있었다. 마을은 극야 한가운데에 있었다.

촬영팀에게 부탁을 받았는지, 내가 마지막 채비를 하는 동안 야마자키 씨가 카메라를 손에 들고 나타났다.

"드디어 출발하는군요. 기분은 어떤가요?"

"… 무섭네요. … 장장 4개월이나 이 어둠 속을 혼자서 지내야 하다니. 어쩌자고 이런 여행을 생각해냈나 싶어요."

무의식적으로 튀어나온 대답을 곱씹으며 정말로 그날이 와버렸구나 생각했다. 반신반의했었는데…. 4년간 온통 머릿속엔 극야 여행뿐이었다. 그사이 한 여자와 결혼했고 아이가 태어났고 가정을 꾸렸다. 다른 주제로 책도 썼지만 극야 여행을 떠올리지 않은 날이 없었다. 하지만 마음 한구석에는 내 인생에서 가장 중요한 여행을 떠나는 그 날은 영영 오지 않을 거라는 의구심도 있었다. 그런데 지금 나는 그 순간에 와 있다.

개가 흥분해서 썰매를 끌며 비탈길을 내달렸다. 배웅 나온 마을 사람들에게 손을 흔들고 나도 개를 뒤쫓았다. 정착빙을 걸으며 몇 번이나 마을 쪽을 돌아보았다. 어슴푸레하게 주위를 비추는 주황색 가로등이 시야에서 점점 멀어져갔다. 작은 곶을 돌자 가로등은 어둠 저편으로 사라지고 풍경은 완전히 어둠에 잠겼다.

운수 나쁜 날

마을에서 멀어지자 보란 듯이 바람이 강해졌다. 바람이 꽤 있는 날 마을 밖을 나선 것은 처음이어서 미처 몰랐는데, 시오라팔루크가 그나마 주위 지형 덕분에 바람의 영향을 덜 받는 것 같았다.

지난번 짐을 옮기던 때보다는 정착빙이 상당히 발달해 있었다. 하지만 아직 군데군데 요철이 남아 있어서 도중에 해빙으로 내려왔다. 육지에서 불어오는 바람에 썰매가 흔들려 무겁게 느껴졌다. 형성된 지 얼마 안 된 새 얼음의 표면은 염분 때문에 꺼끌꺼끌해서 마찰이 심했다. 기온은 영하 18도로 대단한 추위는 아니었지만 바람 때문에 뺨이 욱신거리고 손끝이 시렸다. 그래도 너울이 심하지 않아 해빙이 흔들리거나 삐걱대진 않았다. 무너지지 않으리라 믿고 빙하까지 해빙 위를 걷기로 했다.

달빛이 없어 헤드램프의 적색등을 켰다. 주광색은 밝지만 조명이 닿는 발밑만 보이는 데 비해, 적색은 약하지만 발밑도 얼추 보이고 눈이 어둠에 익숙해질 만한 밝기여서 주변 지형이나 얼음의 모양을 파악하는 데 용이하다. 흐릿하게나마 대략적인 지형을 알아야 걷기 쉽다.

가면서 촬영팀과 운반한 식료품과 연료를 회수했다. 여우가 들쑤실까 봐 마을 사람들이 걱정했지만, 바위로 단단히 덮어둔 덕에 전부 무사했다. 비록 썰매는 엄청 무거워졌지만.

메이한 빙하 기슭에 도착한 것은 마을을 출발한 지 일곱 시간 뒤였다. 예상대로였다. 정착빙 주변은 어디든 그렇지만, 조수의 압력으로 해빙이 부서지거나 쌓여 심한 난빙대가 형성되어 있다. 난빙 속에서 힘겹게 루트를 찾고 만들어 썰매를 한 대씩 정착빙 위로 옮긴 후, 아이스 스크루(ice screw)와 얼음용 못 페그(peg)를 박아 텐트를 쳤다.

예보대로라면 내일은 강풍이 몰아칠 테지만 빙하에 도착하니 기분 나쁠 정도로 바람이 없었다. 그야말로 무풍이었다. 무섭게 고요했다. 날씨는 인간의 심리에 결정적인 영향을 미친다. 나는 그때그때 날씨를 보고 다음 날 계획을 세우곤 하는데 가끔 침울해지거나 이상하게 낙관적이 돼서는 종종 실패를 맛보곤 한다. 예컨대 5월에 북알프스(일본의 히다 산맥—옮긴이)를 등반하러 가면서, 내가 사는 도쿄는 이미 한여름처럼 더웠기 때문에 옷이며 침낭이 얇아도 되겠다고 판단했다. 하지만 산은 아직 겨울 산에 가까웠고, 추워서 죽는 줄 알았다. 이런 실패를 거의 매년 반복한다. 20년째 고쳐지지 않는 걸 보면 이건 성격이다. 아마 평생 이럴 것이다. 이날도 성격이 드러났다. 하늘에 별이 빛나고 바람 한 점 불지 않자, '예보가 빗나간 거 같은데? 맞네, 빗나갔네. 잘됐다' 하고 낙관해버렸다.

아, 개한테 인사하는 것을 깜빡했네.

"앞으로 긴 여행이 될 거야. 잘 부탁해, 우야미릭크."

그렇게 말을 건네며 머리를 쓰다듬자 개는 여느 때처럼 발랑 몸을 뒤집더니 배를 문질러달라며 응석을 부렸다.

나는 긴 여행을 할 작정이었다.

먼저 눈앞에 놓인 메이한 빙하를 올라야 한다. 표고 차가 약 1000미터에 이르고 경사가 심해서 현지인도 꺼리는 매우 까다로운 빙하다. 이 빙하를 다 오르면 내륙 빙상이 나온다. 빙상은 약간 굴곡이 있지만 거의 평탄한 설면이 이어지는 눈과 얼음의 사막이다. 이 빙상의 북쪽을 넘으면 이번에는 잉글필드 랜드(Inglefield Land)라는 이름의 툰드라 황야가 나타난다. 그곳 또한 지형상 기복이 없는 이차원 평면 공간이다. 잉글필드 랜드를 지나면 드디어 그린란드와 캐나다 엘즈미어 섬 사이의 해협에 도착한다.

바다로 나오면 우선 해안 쪽 아운나르톡에 있는 원주민이 백곰 사냥을 나왔을 때 쓰는 무인 오두막으로 향한다. 오두막까지는 마을에서 약 120킬로미터. 2주, 늦으면 20일쯤 걸릴 테니, 아마도 그믐날이 되기 전, 달이 사라질락 말락 할 때쯤 도착할 것이다. 그러면 달이 뜰 때까지 잠시 쉬었다가 1월 초순에 다시 출발한다. 오두막에서 해안선을 따라 북동쪽으로 가면 약 50킬로미터 지점에 이누아피슈아크라는 낡은 오두막이 나오는데 거기까지가 여행의 전반전이었다.

나는 아운나르톡과 이누아피슈아크의 오두막에 충분한 양의 식량과 연료를 옮겨 두었다. 지난 4년 동안 이 저장소를 채우는 데 대부분의 시간을 쏟았다.

주로 2015년 봄과 여름에 저장 물자를 옮겼다. 그해 4월부터 5월까지 개썰매를 끌고 이번과 똑같은 루트로 빙하를 오르고 빙상을 지나 한 달 치 식량과 등유, 탄환을 이누아피슈아크 오두막에 쟁여두었다.

한 달 치만으로는 어림없었으므로 해빙이 녹는 여름에 카약으로 저장 물품을 한 차례 더 옮겼다. 일본에서 와준 카약 전문가 야마구치 마사히로 군의 도움이 컸다. 이때 3개월 치 물자를 아운나르톡에 저장했는데, 가는 길이 정말 개고생이었다.

카약을 탈 때 바다코끼리의 습격만큼 무서운 것은 없다. 어벙하고 사랑스러운 만화 캐릭터로 봐와서인지 바다코끼리를 덩치만 큰 온순한 동물로 아는 사람이 많다. 내 아내만 해도 수족관에서 바다코끼리 쇼를 딸과 함께 구경하고 나서 내가 아무리 바다코끼리가 인간을 해치는 맹수라고 설명해도 "에이, 애교만 많아 보이는구만"라고 말하며 코웃음을 쳤다. 그날 이후 나는 동물을 아끼고 사랑할 줄 모르는 전근대적 식민주의자 취급을 받고 있다!

사람 헷갈리게 하는 바다코끼리의 진면모는 이렇다.

말하자면 바다코끼리는 아프리카의 하마 같은 녀석이다. 둥글둥글하고 순한 이미지로 각인돼 있지만 알고 보면 사납기 짝이 없다. 북극 바다에서는 카약을 타고 고래 사냥을 나선 사냥꾼이 종종 바다코끼리의 습격으로 행방불명되는 사고가 발생한다. 바다코끼리가 인간을 덮치는 이유는 아무도 모른다. 먹잇감으로 생각하는지, 인간이 개미를 손가락으로 비벼 죽일 때 별 생각 없는 것처럼 의미 없는 유희인지 알 길이 없다. 오시마 씨에게 들은 바로는 바다코끼리에게 당해 죽은 바다표범 사체가 해안에서 가끔 발견된다고 한다. 송곳니에 찍힌 구멍이 뚫린 채 지방이 싹 흡입된 상태로 말이다. 인간도 똑같이 바다에 끌려 들어가 그 거구에게 껴안긴 채 송곳니가 박히고 어마어마한 폐활량이 뒷받침된 흡입력에 지방과 살점을 빨리는 것일까 상상해보지만, 사실인지는 모르겠다. 바다가 피로 물들 뿐, 한번 끌려 들어간 인간은 돌아오지 않으니 바닷속에서 어떤 참사가 벌어지는지 누가 알까.

불길한 사건은 내가 출발하기 직전에도 있었다. 사오라팔루크에서 남쪽으로 한참 떨어진 마을 두 곳에서 바다코끼리 짓으로 보이는 해난사고가 발생했다. 두 건 모두 카약을 탄 사냥꾼이 바다로 끌려 들어가 사망한 사건이었다. 마을 사람들은 나의 카약 계획을 걱정했다. 위험하니 그만두라거나 모터보트를 타라고 충고했다. 하지만 나는 내 힘으로 옮기는 데에서 재미와 모험의 묘미를 느끼는 인간인데다, 이날을 위해 카약을 무려 50만 엔이라는 거금을 주고 샀기 때문에 결정을 물릴 수가 없었다.

하지만 결국 마을 사람들이 옳았다. 마을을 떠나 4일째 되던 저녁에 사건이 발생했다. 바다는 잔잔했고 수면은 빛을 받아 번들거렸다. 평화로웠다. 뭔가가 일어날 징조는 전혀 느낄 수 없었다. 그러나 탄탄하고 안정된 듯 보이던 세계는 야마구치 군의 비명과 함께 쩍 갈라지며 맥없이 무너져내렸다.

"당했다!"

갑자기 그가 외쳤다. 돌아보니 흙빛의 어린 바다코끼리가 게슴츠레한 눈을 가진 우미보즈(海坊主, 머리가 벗어진 거대한 바다 괴물—옮긴이) 같은 섬뜩한 모습으로 그의 조종석 바로 뒤에 송곳니를 꽂고 있었다. 그 장면을 본 순간 나는 몇 초 전까지 안전하던 세계가 와르르 무너지는 소리를 들었다. 야마구치 군을 도와야 한다는 갸륵한 생각은 눈곱만큼도 떠오르지 않았다. 정신을 차렸을 때 나는 이미 엄청난 기세로 노를 저으며 도망치고 있었다. 육지에서 맞닥뜨리는 백곰은 총으로 위협해볼 여지가 있다. 하지만 바다에서는 아무래도 움직임이 봉쇄되는데다, 바다코끼리는 잠수했다가 사각지대에서 불쑥 올라오기 때문에 여하간 그 자리에서 멀어지는 것이 유일한 최선이다. 공포를 느끼자 팔이 제멋대로 움직였다. 닥치는 대로 노를 젓고 있는데 뒤에서 쑤욱 물결이 밀려와 나를 추월했다. 설마…. 주뼛주뼛 고개를 돌리니 야마구치 군 근처를 맴돌던 바다코끼리가 목표물을 바꾸어 나를 뒤쫓고 있었다. 용처럼 거대한 몸집이 물살을 가르자 너울이 요동쳤다. 너무 겁이 나 온몸이 경직되었다. 가슴에 송곳니 자국만 남은 바다표범 사체와 해수면을 피로 물들이고 사라진 사냥꾼의 말로가 떠올랐다. 이제 죽었구나, 죽었어. 그래도 죽기는 싫다. 그 일념 하나로 노를 저었다. 500미터쯤 저었을까? 주위를 둘러보니 바다코끼리는 떠나고 바다에는 다시 정적이 감돌고 있었다. 야마구치 군의 카약 일부가 송곳니에 찢어졌지만 그럭저럭 수리해서 우리는 여행을 계속할 수 있었다.

바다코끼리 습격 사건이 지나고도 아슬아슬한 상황이 이어졌다. 2주일 넘게 부빙에 갇혔었고 빙해 속에서 다시 바다코끼리가 나타났다. 정말 힘겨운 여행이었다. 그래도 이 여행으로 4개월분의 물자를 두 오두막에 옮기는 데 성공했다.

그런데 믿을 수 없는 소식이 전해졌다. 저장소를 채우고 귀국한 지 반년쯤 지난 2016년 4월, 시오라팔루크의 오시마 씨가 국제전화를 걸어 왔다.

"큰일났어. 아운나르톡 저장소가 백곰에게 털렸어."

머릿속에 새하얘졌다.

싹 털린 저장소를 발견한 것은 '시리우스'라는 이름의 덴마크 군 특수 개썰매 순찰 부대였다. 순찰 중 아운나르톡 오두막에 들렀는데, 오두막 문이 박살나 있고 안에 쌓아둔 식량이 처참하게 파헤쳐져 있었다고 한다. 바다코끼리한테 죽을 뻔했던 그 여행은 대체 무엇이었단 말인가! 유달리 고생하며 옮긴 식량이었던 터라 충격이 더했다. 한동안 기운을 차릴 수 없었다.

시리우스 순찰 부대에 연락해 자세한 상황을 물었다. 식량의 잔해는 대부분 눈에 파묻혔고 탄환과 건전지 외에는 발견된 것이 없다고 했다. 얼마 후 때마침 친구인 모험가 오기타 야스나가 군이 봄에 캐나다 엘즈미어 섬에서 시오라팔루크까지 도보 여행을 한다기에 오두막에 들러 상황을 확인해달라고 부탁했다. 역시나 등유와 일부 장비는 찾았지만 식량은 없었다고 전했다. 얼어붙은 바다를 헤치고 나가 바다코끼리와 싸우고 부빙에 갇히기도 하면서 60일이나 고생고생해서 옮긴 3개월 치 물자를 백곰에게 털리다니.

사태를 알게 된 사람들은 극야 탐험을 취소할 것인지 물어 댔다. 계획을 중단할 마음은 없었다. 준비에 들인 시간과 돈이 아까웠고, 극야의 끝에서 최초의 태양을 본다는 다소 관념적인 이

행위에서 '새로운' 탐험의 모습을 발견하리란 기대가 있었기 때문이다. 수개월에 달하는 어둠의 세계, 그리고 그 끝에 떠오르는 태양 빛은 누구도 쉽게 상상할 수 없다. 나는 단 한 번만이라도 좋으니 상상을 불허하는 미지에 들어가 보고 싶었다.

몇 년 전, 나는 혹시나 하고 보험을 하나 들어놓았다. 나보다 먼저 극야 기간에 북극점을 목표로 여행하려 했던 영국 탐험대가 있었다. 그들도 이누아피슈아크에 식량과 연료를 저장해두었는데 해빙 사정이 따라주지 않자 너무 쉽게 철수해버렸고 물자는 그대로 방치되어 있었다. 2014년 현지에서 그 이야기를 들은 나는 아직 카낙크에 머물고 있던 그들을 만나 긴급 사태에 저장 물자를 쓸 수 있게 양해를 얻었다. 그리고 이듬해 2015년 카약으로 아운나르톡 저장소로 가면서 이누아피슈아크까지 걸어가 그들의 저장소 위치를 표시해두었다.

영국 탐험대는 네 명이었고 당연히 저장 물자도 나 혼자서는 도저히 다 쓸 수 없을 만큼 많았다. 식량을 꾹꾹 눌러 담은 60리터짜리 큰 플라스틱 상자가 여덟 개, 20킬로들이 개 사료가 네 봉지, 가솔린은 세기 귀찮을 정도로 차고 넘쳤다. 후원금을 받고 물자를 배로 옮겨서인지 보관 상태가 남달랐다. 플라스틱 상자는 단단히 밀봉되어 냄새가 새지 않았고, 개 사료는 동물이 싫어하는 검정 비닐봉지로 여러 겹을 싸놓았다. 그 위를 돌덩어리로 야무지게 덮어두어서 야생동물이 파헤칠 걱정이 없었다. 남의 저장 물자에 의존하는 것이 모양새는 썩 좋지 않았지만 다른 선택지가 없었다. 아운나르톡의 내 저장소가 털렸다는 소식을 들었을 때 나는 이미 영국 탐험대 물자를 쓰기로 결심했다.

정리해보면, 이번 여행 시작 단계에서 확인 가능한 저장 물자는 이누아피슈아크 오두막의 한 달 치 식량과 등유와 개 사료, 거기에 영국 탐험대의 식량과 가솔린과 개 사료, 그리고 비록 식량은 백곰이 차지했지만 아운나르톡의 연료와 탄환과 건전지, 마지막으로 마을에서 썰매에 실은 두 달 치 식량과 등유, 40일분의 개 사료였다. 겨울 한 철을 다 보내고도 좀 더 달려야 하는 여행을 마치기에 부족함 없는 물자였다.

물자는 충분하니 빙하와 빙상을 넘어 이누아피슈아크 저장소에 도착하면 얼마간 휴식을 취할 것이다. 암흑과 혹한의 극야를 헤치고 몇 개월을 견뎌야 했으므로 날이면 날마다 쉬지 않고 움직이면 체력이 바닥날 게 뻔하다. 마을에서 이누아피슈아크까지 적어도 20일에서 한 달이 걸릴 테니 그것만으로도 체력 소모가 상달할 것이다. 북극해까지 가고자 하는 마음은 여전하고, 긴 여로를 고려할 때 이누아피슈아크에서 3주 정도 쉬면서 체력을 회복하고 여행을 재개하는 편이 현명하다.

다시 출발하는 1월 말이 되면 지평선 바로 밑까지 태양이 가까워져 낮에는 꽤 밝을 것이다. 태양이 뜨려면 멀었지만 무거운 어둠은 지나간다. 이누아피슈아크와 북극해는 왕복 1000킬로미터 거리이니 솔직히 어디까지 갈 수 있을지 장담할 수 없지만, 체력과 물자가 있는 한 계속 북쪽으로 나아간다. 그리고 내게 허락된 최북 지점에서 극야를 가르는 첫 태양을 본다. 그것이 북극해 근처라면 더 바랄 게 없다.

　이것이 이번 여행의 큰 그림이었다.

*

이번 탐험길에서 죽을 가능성이 가장 큰 장소를 꼽으라면 그건 바로 메이한 빙하였다.

　마을에서 불과 15킬로미터밖에 떨어지지 않은 이 빙하야말로 제일 먼저 만나는 최대의 난관이다. 물론 빙하를 오른 후 지날 빙상이나 툰드라도 극야엔 암흑 공간으로 변할 테니 위험하기는 마찬가지였다. 그러나 그 위험은 내가 어디쯤 있는지 몰라 헤매다가 인간 세상으로 귀환하지 못할 수도 있다는 두루뭉술한 위험이다. 그에 반해 빙하는 무지막지한 블리자드가 불어 텐트째 바다에 빠지는 것 같은 좀 더 구체적인 위험 상황을 떠올리게 한다. 그래서 출발 전에 메이한 빙하 등반만 생각하면 정말 우울했다. 빙하 등반만 없으면 여행이 몇 배는 수월할 텐데. 그런 생각을 얼마나 많이 했는지 모른다.

   그린란드 빙상에서 빙하를 따라 강하하듯 불어오는 겨울 블리자드는 무자비하기로 유명하다. 북극점 최초 도달자로 알려진 미국 탐험가 로버트 E. 피어리는 1892년 2월 카낙크 근처의 빙상에서 무시무시한 블리자드를 만났는데 하마터면 죽을 뻔했다. 겨울의 그린란드 폭풍은 푄현상 때문에 더 거세지곤 한다. 피어리의 책에 따르면, 당시 기온이 영하 5도까지 급상승했고 바람이 순식간에 맹렬해졌다. 그리고 한밤중에 이글루가 무너졌다. 대원세 명이 무너진 눈더미에서 겨우 탈출했고, 옆 사람 목소리도 들리지 않을 만큼 굉음을 내며 휘몰아치는 폭풍을 무방비 상태로 버텼다. 푄현상으로 기온이 올라 비까지 내렸다고 한다. 그 후 가까스로 해안가에 있는 탐험대 저장소까지 내려갔지만, 바로 옆에 지었던 이글루도 제 모양을 잃은 채였단다.

   20세기 초에 활약한 덴마크인과 이누이트의 혼혈인 탐험가 크누드 라스무센도 푄현상이 불러오는 폭풍의 참상을 기록했다. 라스무센이 블리자드를 경험한 것은 1월 말, 북위 76도 부근의 빙하 근처에서였다. 아무런 예고도 없이 돌풍이 일었고 그는 썰매에서 몸이 뒤집히면서 떨어졌다. 썰매 몇 대가 한순간에 대팻밥처럼 층층이 쌓여 산을 이루었다. 대원들은 필사적으로 빙하 끄트머리의 뒤쪽으로 몸을 피해 썰매와 개를 얼음에 묶었다. 30분쯤 지나자 해빙에 거대한 금이 갔고, 몇 시간 후에는 방금 전까지 개썰매로 달렸던 해빙이 쩍 쪼개졌다.

겨울의 블리자드를 피하기 가장 불리한 곳이 바로 빙하 중간
이나 기슭이다. 시오라팔루크의 오시마 이쿠오 씨는 빙상의 바람
이 빙하를 따라 폭포처럼 단숨에 불어 내려오기 때문에 밑으로
갈수록 풍속이 강해진다고 경고했다. 이런저런 사전 정보를 통해
빙하에서 블리자드 직격탄을 맞는 것이 위험하다는 사실은 알았
다. 그래서 사전에 짐을 올려놓고 실전에서는 썰매를 가볍게 해
최대한 빠른 속도로 빙하를 오를 생각이었다. 그런데 정착빙의
결빙 상태가 나빠 짐을 올리는 데 실패했고 지금 썰매에는 2개월
분의 물자가 산더미처럼 쌓여 있다. 이렇게 짐을 이고 빙하를 오
르는 데 며칠이 걸릴지… 일기 예보는 내일부터 바람이 강해진다
는 좋지 않은 소식을 전했다. 앞으로의 일정을 따져 잡은 타이밍
이니 어쩔 수 없지만, 결과적으로 나는 블리자드가 닥칠 최악의
시기에 빙하 기슭이라는 최악의 장소에 텐트를 치게 되었다.

탐험이란 무릇 시스템 바깥으로 뛰쳐 나와 혼돈 속을 여행
하는 것이니 계획대로 되지 않는 것이 당연하다. 계획대로 가는
여행을 계획했다면 탐험이 아니지 않을까. 그래도 출발 때만은
별일 없기를, 계획이 틀어지질 않기를 원하는 것 또한 본능이다.
어쨌거나 빙하 기슭에 도착했을 때는 완전히 무풍이었고, 무심
코 낙관하는 병이 도졌다. 오호, 예보가 틀렸나 본데? 운이 좋은
걸. 기분 좋게 저녁을 먹고 침낭에 들어갔다. 그러나 역시 승자는
인터넷이었다.

부-웅. 완벽한 정적 속에서 돌풍이 텐트를 뒤흔들었다. 느낌이 싸했다. 곧 블리자드가 불 것이라는, 예정대로 폭풍이 올 것이라는 하늘의 예고 같았다.

소리가 사라지고 다시 침묵이 찾아왔다.

무슨 소리든 들으려 했지만 조용했다. 방금 그 바람은 뭐였지? 하는 생각을 떠올리자마자 부우-웅 하며 좀 전보다 더 강한 돌풍이 불었다. 이런, 장난이 아니다. 부-웅, 버스럭버스럭. 부우우-웅, 버스럭버스럭. 부오오오-웅, 버스럭버스럭, 드가가. 돌풍은 강해졌고 부는 간격도 짧아졌다. 텐트가 심하게 흔들렸다.

보통 극지방 블리자드는 같은 방향에서 같은 강도로 끊이지 않고 계속 분다. 그런데 빙하 바로 밑이라는 지형적 특수성 때문인지 이때는 바람이 부는 방식이 완전히 달랐다. 바람은 어지럽게 뒤엉켰다. 눈사태라도 일어난 듯 어마어마한 폭풍이 다다다다 머리 위로 불어와 텐트가 그 힘에 눌려 찌부러질 것 같더니, 잠시 잠잠하다가 오른쪽에서 세찬 회오리바람이 부와와와 불어와 텐트를 후려갈겼다. 곧이어 아래쪽을 가격당한 텐트가 사정없이 들썩거렸다. 풍속을 가늠할 수 없었다. 바람은 순식간에 폭력적으로 변해 오른쪽, 왼쪽, 오른쪽, 왼쪽에서 잽, 훅, 스트레이트를 날렸다. 지구의 대자연에 대면 나는 물벼룩 같은 미소생물에 지나지 않는다. 말 그대로 불면 날아갈 것 같은 존재다. 이 상황에서 물벼룩인 내가 할 수 있는 일은 텐트가 망가지지 않길 기도 하는 것이 다였다. 극지 전용 특별 주문품이니 약간의 폭풍에는 끄떡없다(고 가게 담당자는 말했다)지만, 과연 이 바람은 '약간의 폭풍'인가. 나는 침낭 속에 몸을 옹송그린 채 돌풍이 잦아들기만을 기다렸다.

아침이 되자 텐트가 더 심하게 요동쳤다. 나는 작정하고 바깥으로 나갔다. 칠흑 같은 어둠 속, 헤드램프 불빛 말고는 아무것도 보이지 않았다. 불었다가 그쳤다가 다시 부는 바람 때문에 텐트의 로프가 느슨해져 있었다. 로프를 팽팽하게 당겨 묶고 재빨리 텐트 안으로 기어 들어갔다.

이윽고 바람은 단속적인 돌풍에서 위에서 쏟아지는 폭풍으로 변했다.

침낭에 들어가자 굉음이 들렸다. 드드드드드드. 빙하 안쪽에서 땅이 갈라지는 듯한 파열음이 멈추지 않았다. 어딘지는 몰라도 어둠 속 보이지 않는 곳에서 발생한 상상을 초월하는 폭풍이 거대한 폭포가 되어 떨어지고 있었다. 반경 50미터 안에서 벌어지는 일이 분명했다. 나는 운 좋게 이 바람의 중심에서 벗어난 곳에 텐트를 친 것이다. 도바바바바바, 도바바, 도바바바바바바. 텐트를 갈기는 세찬 바람은 아마 그 거대한 폭포의 물보라에 지나지 않을 것이다. 만약 쏟아져 내려오는 폭풍의 중심을 피하지 못했다면 텐트는 형체 없이 짜부라지고 조각났을 것이다. 끔찍한 굉음은 한 치 앞도 분간 안 되는 암흑을 계속해서 흔들었다.

차를 끓이거나 밥을 먹을 생각은 들지 않았다. 그저 부들부들 떨며 침낭 안에 숨어 있었다. 저녁에 작정하고 한 번 더 밖으로 나가 보니 얼음에 박아둔 못이 빠져 있었다. 못을 다시 박고 로프를 한 번 더 풀리지 않게 단단히 묶었다.

더 거세진 바람이 쉴 새 없이 텐트를 덮쳤다. 압축된 공기 덩어리가, 그러니까 마치 고체 상태인 것 같은 바람이 날 죽이려 들었다. 텐트는 마구잡이로 할퀴어졌고 언제 부서져도 이상하지 않은 상황이었다. 겁이 나 죽을 것 같았다. 그래도 살아보겠다고 자정쯤에 텐트를 정비하러 또 밖으로 나갔다. 드드드드드. 땅이 부서지는 요란한 소리가 들렸고 돌풍이 휘몰아쳤다. 보이는 것이 없으니 바람이며 소리가 더 공포스러웠다. 절대로 풀리지 않는 매듭법을 썼는데 로프가 또 느슨해져 있었다. 개가 힘없는 눈으로 내 쪽을 보았다. 괜찮으냐고 말을 건네며 무사히 버텨주길 기도했다. 텐트로 몸을 돌리면서 잠시 헤드램프를 바다 쪽으로 비췄을 때, 나는 못 볼 것을 보고야 말았다.

얼음이… 없어?

텐트에서 정착빙 가장자리까지의 거리는 3미터. 어제까지만 해도 정착빙 앞으로 얼어붙은 바다가 이어져 있었다. 마을에서부터 그 언 바다를 걸어왔는데… 그저 새까맸다…. 해빙이 깨지고 바다가 드러난 건가? 바람이 거셌지만 나는 조심스럽게 지네처럼 정착빙 위를 기어가 헤드램프로 바다 쪽을 비춰보았다. 하지만 램프 빛은 어둠을 뚫지 못했고 저 앞이 얼음인지 바다인지 분간할 수 없었다. 도바바바 소리를 내며 불어대는 바람이 무서워서 가장자리까지는 가지 못했다. 얼음이 남아 있다면 분명 조명을 하얗게 반사할 텐데. 새까맣게 보인다는 것은 결국 해빙이 붕괴되었다는 건가?

굉음과 바람에 더해 불안 요소가 하나 더 늘었다. 지금은 소조(小潮)시기니 만조가 되어도 바닷물이 정착빙 위로 밀어닥칠 염려는 없었다. 정착빙 위에 텐트를 친 이유다. 그런데 해빙이 깨졌다면 이야기가 달라진다. 텐트 바로 옆에, 무시무시한 어둠 속에 바다가 시커먼 아가리를 벌리고 있다. 바다에 먹힐 것만 같은 공포가 등줄기를 타고 퍼졌다.

이러다 바닷물이 밀어닥치면? 기압이 내려가 그 영향으로 해수면이 상승하고 자연히 조수가 높아지면 바다는 텐트를 집어삼킬지 모른다. 그보다 정착빙은 안전한가? 정착빙은 조수간만으로 바닷물이 땅 기슭에 한 겹씩 얼어붙어 생긴 움직이지 않는 얼음이어서 바다 표면만 언 불안정한 해빙과는 물론 다르다. 이론상으로야 그렇지만 이런 폭풍이라면 완강한 정착빙도 육지에서 떨어져나가 붕괴될 수 있을 것 같았다. 혼란한 어둠 속, 확실한 것은 아무것도 없었다.

잠자코 상황을 주시하고 있는데 채찍으로 텐트를 때리는 듯한 불길한 소리가 들렸다. 풍향이 뒤엉키면서 바람이 바다 쪽에서 부는 듯했다. 폭풍으로 요동치는 너울의 물마루에서 튀는 바닷물이 텐트로 날아오는 것 같았다. 역시 해빙은 붕괴하고 만 것이다. 나는 확신했다.

위기가 정점을 찍으면 이상하게 배짱이 생기고 자기 목숨에 무관심해지는 순간이 있다. 폭풍은 그대로였지만 어느새 나는 그 포학한 바람에 익숙해져 잠에 빠져들었다.

얼마나 잤을까. 텐트 바깥으로 부드러운 점체(粘體)가 밀려와 침낭을 밀어내는 느낌이 들었다.

뭐지? 손으로 눌러 보니 뭉클했다.

얼굴이 새파랗게 질리는 것이 느껴졌다. 위험하다. 진짜로 조수가 높아진 것이다. 손으로 눌렀을 때 뭉클하고 눅진하다면 셔벗 형태의 얼음이라는 것이고, 이것은 바닷물 특유의 결빙 상태였다. 이제 탐험이 어쩌고저쩌고할 상황이 아니다. 끝났다, 끝났다, 이제 다 끝났어. 탈출하지 않으면 죽는다. 귀를 찢는 폭풍은 여전했고 텐트는 여전히 바닷물을 뒤집어쓰고 있었다. 바깥 사정을 따질 때가 아니었다. 심장이 마구 쿵쾅거렸고 숨이 거칠어졌다. 침착하자, 침착하자. 스스로를 타이르며 서둘러 비옷을 걸치고 모피신을 신고 밖으로 뛰쳐나왔다.

보바바바. 굉음이 머리를 울렸고, 압축된 공기가 굉장한 기세로 빙하를 타고 내려왔다. 맹렬한 바람과 흩날리는 물보라. 혼란 그 자체였다. 헤드램프 불빛으로 주위를 둘러보고는 그래도 잠깐 안도했다. 텐트를 압박한 것은 상승한 조수가 아니라 부서지는 물마루에서 쉬지 않고 뿜어댄 바닷물이 텐트에 부딪혀 눅진하게 언 것이었다. 한가득 고여 있으니 착각할 만도 했다. 그렇다고 상황이 덜 심각한 것은 아니었다. 사납게 날뛰는 폭풍 탓에 주변은 엉망으로 얼어 있었다. 썰매 러너(runner)도 얼음투성이가 되어 정착빙과 한 덩어리가 되었고, 손잡이에는 상고대처럼 거대한 새우 꼬리 모양의 얼음이 뻗어 있었다. 텐트는 내려앉기 직전이었다. 로프에는 바닷물이 들러붙어 통통한 무만 한 얼음이 달려 있었고, 본체는 옆에 쌓인 눅진한 얼음에 우그러져 있었다.

개는 썰매 옆에 웅크린 채 얼음에 덮여 있었다. 죽었나?

"어이, 살아 있지?"

큰 소리로 부르자 개는 뭉그적대며 일어나 근처를 어슬렁댔다. 개를 신경 쓸 여유가 없었다. 내가 죽어도 개는 저 알아서 마을로 돌아갈 것이다. 개는 내버려두고, 텐트를 찌부러트리려고 하는 해빙을 삽으로 긁어내고 로프에서 얼음을 제거하고 다시 로프를 단단히 묶었다.

기온은 영하 20도. 밖에 나와 겨우 10분 작업했을 뿐인데 바닷물과 얼음 바람을 쉴 새 없이 맞은 탓에 나는 어느새 얼음 갑옷을 입고 있었다. 몇 년 전 디스커버리 채널에서 폭풍우 치는 베링 해에서 조업하는 게잡이 어선 다큐멘터리를 본 적이 있다. 참 처참한 작업이구나 생각하며 헛웃음이 나왔더랬는데, 지금 내 상황은 더 지독했다.

백곰 모피 장갑, 바다표범 모피신, 비옷이 죄다 흠뻑 젖었다. 등에 들러붙은 얼음을 떼어내고 텐트로 기어 들어갔다. 텐트 입구 장막을 닫자 이제 어떻게 되든 상관없어졌다. 나는 벗은 비옷과 바지를 텐트 구석에 아무렇게나 던져놓고 반은 자포자기하는 심정으로 침낭에 몸을 맡겼다.

잠시 후 돌연 바람이 약해지고 굉음도 순식간에 잦아들었다. 쉬지 않고 불던 폭풍은 시작될 때 그랬듯 산발적인 돌풍으로 바뀌었다. 어둠의 밑바닥에서 광포한 바람이 웅웅거리던 소리도 줄어들었다. 이윽고 바람이 완전히 멈추고 주위는 무음의 세계로 돌아왔다.

＊

폭풍은 40시간 만에 잠잠해졌다.

나는 방공호에서 공습을 견뎌낸 전쟁 난민처럼 부스럭거리며 침낭에서 기어 나왔다. 시계를 보니 오전 10시. 일단 젖은 장비를 천장에 널고 난롯불을 최대한 키워 두 시간쯤 말렸다. 태양이 없으니 물건을 말리려면 불로 덥히는 수밖에 없는데, 이런 일을 겪고 보니 앞으로 연료가 얼마나 더 필요하게 될지 걱정이었다. 옷이 어느 정도 말랐을 즈음 아침을 먹고 오후 1시쯤 밖으로 나왔다.

개는 내가 나온 것을 알고 몸을 부르르 떨었다. 온 털에 얼음이 붙은 것 말고는 평소와 같은 모습이었다. 목줄을 풀어주니 산책하며 내 작업이 끝나기를 기다렸다.

남쪽 하늘에는 아득히 먼 아래쪽에 있을 태양의 존재를 짐작케 하는 아주 희미한 빛이 퍼지고 있었다. 그것만으로도 밝게 느껴졌다. 정착빙 가장자리를 경계로 해빙은 완전히 떠내려간 상태였고 시커먼 바다에는 잔물결만이 일고 있었다. 지금은 평화롭지만 언제 다시 폭풍이 불지 몰랐다. 어스름 속에서 출렁이는 바다를 보며, 여기에서 빨리 벗어나야 한다고, 텐트를 걷고 빙하 중간에 안전한 캠프지를 찾아야 한다고 되뇌었다. 나는 개의 얼음을 털어주고 텐트를 철수했다. 썰매와 텐트의 스커트 부분이 얼음에 뒤덮여 작업은 더뎠다. 끝이 뾰족한 쇠막대로 텐트와 썰매 주변 얼음을 깨부수었다. 가느다란 텐트 끈과 썰매에 장비를 고정하는 스트랩 등 줄이란 줄은 전부 정착빙과 한 몸이 된 탓에 하나하나 파내야 했다.

정신없이 얼음을 깨부수다 어떤 불안이 뇌리를 스쳤다.

어? 이상하다.

썰매에 단단히 고정해둔 천측용 육분의가 보이지 않았다. 근방을 수색했지만 어디에도 없었다. 큰일이다. 설마, 바람에 날아갔나? 썰매로 돌아와 황급히 살펴보니 육분의를 고정한 버클이 풀려 있었다.

어젯밤 밖에 나와 확인했을 때는 분명 무사했는데. 그 뒤로도 무시로 최대 풍속을 갱신하며 바람이 불더니만 순간 가해진 풍압에 버클이 풀린 듯했다. 기가 막혀 말이 안 나왔다.

육분의는 엄청 중요한 장비였다. GPS라는 기술에 의존하지 않고 천측을 통해 방향을 잡기로 한 이번 여행에서만큼은 그랬다.

나는 모험 여행에서 GPS 쓰기를 싫어하는데, GPS를 쓰면 여행에서 내가 멀어지는 기분이 들어서다.

지도와 나침반을 봐가며 내가 서 있는 곳을 확인하고 나아갈 방향을 잡는 것은 길을 내며 걷는 모험이나 산악 여행에서 얻을 수 있는 창조적 기쁨 중 하나다. 경험과 기술을 동원해 지형을 파악하고, 그것을 다시 지도와 비교해 현 위치를 추정한다. 단박에 맞으면 순수하게 기쁠 따름이고, 그 자체가 재미있어진다. 극지방에서는 이동 거리가 길어서 위치 특정에 실패하면 영영 방향을 잃게 되고, 이는 곧 목숨을 잃는 길이다. 그러니 길 찾기는 목숨을 연장하는 기술이기도 하다.

GPS에 내 위치를 알려달라고 하는 것은 자기 목숨을 기계에 내맡기는 셈이고, 이는 탐험의 이유를 저버리는 것이나 다름없다. 물론 GPS는 확실히 안전하고 편리하다. 편리와 안전이 현대인이 추종하는 최상의 가치라는 사실은 안다. 허나 시스템 바깥으로 나서는 탐험 여행에서는 아니다. 얼마나 자력으로 행동하고 자기 힘으로 목숨을 이어가는가, 모험의 재미는 목표지에 깃발을 꽂는 결과가 아닌 어떻게든 나아가는 과정에 있다고 생각한다. 그러니 GPS를 안 써야 진짜 탐험이다, 적어도 나는 그렇게 생각한다.

판단하고 결정하는 과정을 겪지 않으면 바깥 세계를 지각할 기회를 빼앗긴다. 자동차 내비게이션을 떠올려보자. 내비게이션을 쓰면 좀처럼 길을 외우지 못한다. 몇 번이나 같은 길을 운전하는데 내비게이션이 없으면 헤맨다. 아마 한번쯤 그런 경험이 있을 것이다. 인간이 본래 가진 지각 능력을 기술에 넘긴 탓이다. 인간의 신체 기능을 연장시키는 것이 기술의 본질이기는 하다. 어떤 기술이 개발되면 인간은 자기 머리로, 자기 손으로 하던 작업을 기술에 위탁한다. 작업 효율이 높아지고 일 처리가 신속해져 크게 보면 사회는 발전하겠지만, 개인은 어떤가. 작업 기회를 잃는다. 작업하며 만든 바깥 세계와의 접점은 이제 커다란 구멍으로 남는다. 옛날에는 운전할 때 도로 지도를 보면서 지형지물을 확인했고 운전자는 그렇게 길을 기억했다. 바꿔 말하면 바깥 세계를 저장하고 자기 세계를 연장했다. 그런데 자동차 내비게이션 때문에 이 과정은 생략되었고, 운전자는 바깥 세계에 관여할 기회를 잃고 툭하면 길을 까먹는 건망증만을 얻는다. 편리해지는 대신 인간은 외부 세계와의 접촉면을 잃고, 지금까지 지각할 수 있었던 외부 세계는 개인에게서 슬그머니 떨어져 나간다. 그렇게 개인의 세계는 빈약해진다.

육분의를 망실한 것은 그런 의미에서 치명적이었다. 누누이 말했듯, 이번 탐험의 목표는 어딘가에 도달하는 것이 아니라 극야를 있는 그대로 몸이 지각하도록 내버려두고 이 과정에서 극야 세계란 과연 무엇인지 곰곰 숙고하는 것이었기 때문이다. 극야를 지각하고 내 세계에 극야를 구축하려면 당연히 이 어둠에서 혼자 힘으로 길을 찾으면서 극야와 끊임없이 부딪혀야 했다. 텐트 안에서 감자 칩을 씹어가며 버튼을 누르는 것만으로 정확한 좌표를 알 수 있다면 어둠에 서 있는 나를 느낄 기회는 어디에서 얻는단 말인가. 역시 천측을 고수해야 한다. 추위에, 바람에 덜덜 떨면서 별을 관측할 때에야 비로소 극야는 내 코앞에 나타난다. 손으로 계산한 위치가 믿음직하지 않아 찜찜한 시간을 보내야 어둠과 별의 세계인 극야를 조금 알게 될 것이다. 나는 무슨 일이 있어도 GPS는 절대 쓰지 않겠다고 다짐하고, 육분의로 별을 보는 법을 익히려 애썼다. 천측을 독학했고, 전 남극월동대장과 전 국토지리원 천측 전문가에게 자문을 구했고, 극지방에 올 때면 극한 상황에서도 천측을 할 수 있게 훈련을 계속했다. 인터뷰를 할 때면 육분의를 한 손에 들고 사진을 찍었고, '천측으로 북극 탐험에 도전하는 탐험가' 내용으로 기사가 나갔다. 게다가 사라진 육분의는 이번 탐험을 위해 일본 유일의 육분의 제

조사인 다마야 계측 시스템 주식회사가 특별히 개발해준 것이었다. 나만의 비밀 병기! 다마야 사가 송별회까지 열어주었는데…. 여하간 그 중요한 육분의가 출발 지점에서 불과 15킬로미터 지나온 곳에서 바람과 함께 사라졌다. 공들인 준비들이 무색해지고 말았다. 나는 망연자실했다.

하지만 없어진 건 없어진 거다. 나는 좋게 생각하기로 했다. 육분의도 없지만, GPS도 없다. 내 탐험의 필수조건은 변함없는 것이다. 천측을 할 수 없으니 지도와 나침반에만 의존할 수밖에 없고, 길 찾기는 한층 어려워질 테지만 극야와의 접촉점이 엄청나게 늘어나고 극야의 성질을 더 잘 알게 될 것이다. 어쩌면 잘된 일이었다.

물론 뜻대로 흘러가지만은 않을 것이다.

2012년 12월부터 시작된 극야 탐험 기획은 불운이라고 밖엔 할 수 없는 역경에 계속 부딪혀왔다. 한창 여행 중에 강제 퇴거 처분을 받았고, 백곰이 저장소를 망가뜨렸고, 빙하에 짐을 다 올리지 못했다. 그리고 육분의마저…. 불운이 계속되는 걸까. 신경이 쭈뼛 섰다.

*

그날부터 빙하를 오르기 시작했다. 초입에서 한동안은 빙하와 토사 퇴적지 사이에 있는 눈 경사면을 루트로 삼았다. 경사가 하도 가팔라서 짐을 쪼개 조금씩 썰매에 싣고 개와 함께 옮기기를 반복했다.

그러는 사이 밤하늘에 달이 떠올라 깜깜한 밤바다에 아름다운 빛을 드리웠다. 달빛이 검은 바다에 그린 노란 직선이 파도에 일렁였다. 아직은 반달이지만 지금까지의 칠흑에 비하면 충분히 밝았고 단번에 시야가 열렸다. 늦은 밤까지 빙하를 오르락내리락하다가 빙퇴석 중간에서 자고 다음 날 다시 빙하 위로 나왔다.

빙하에는 눈이 적었고 푸른 얼음이 그대로 드러나 있었다. 미끄럽고 울퉁불퉁해 썰매를 한 대씩 옮기는 데도 고전을 면치 못했다. 무거운 썰매는 좀처럼 앞으로 나아가지 않았고 개도 얼음 위에서는 발톱이 제 역할을 못해 힘을 못 쓰는 것 같았다. 잠시 쉴 때마다 사지를 대자로 뻗고 누워서는 이런 일은 하나도 재밌지 않다는 듯 부루퉁한 얼굴을 했다.

등반을 시작한 지 3일째. 빙하 위에 쌓인 눈이 제법 많아졌고, 그 덕분에 얼음의 요철이 메워져 속도가 났다. 날씨는 쾌청했고 바람도 없었다. 텐트 밖으로 나갔더니 얼마 지나지 않아 달이 떴다.

달이 뜨면 극야의 세계는 무채색의 침울한 세계에서 장렬하리만치 아름다운 공간으로 바뀐다. 지금껏 그림자조차 제 존재를 드러내지 못하던 단색 공간에 노란빛이 닿는 순간, 갑자기, 정말이지 극적으로 밝아져서 빙하 위에 가늘게 뻗은 눈의 습곡(褶曲)마저 단번에 솟아오른다. 그림자는 제 존재 의미를 찾고 발밑의 루트가 명료해진다. 눈과 얼음이 창백한 빛을 띤 채 죽어 있던 공간은 마치 다른 혹성이라도 된 듯 환상적인 세계가 된다. 극야 여행이 우주여행과 다를 바 없다고 생각되는 순간이다.

하지만 달빛에 속아 호되게 당하기도 했다.

달빛이 비치자 나는 헤드램프를 끄고 자벌레 마냥 천천히 썰매를 끌며 빙하를 올랐다. 달이 있을 때 조명을 끄고 걸으면 먼 곳까지 보여 걷기가 수월하다. 적설이 차츰 많아지자 오르기가 편했고, 어스름한 달빛에 눈이 익숙해져 시야가 한결 좋았다. 그렇게 등반을 하는 동안 나는 조금씩 대담해져갔다.

물론 대담하다고 해서 알몸으로 오른다든가 하는 그런 짓을 한 건 아니다. 이전까지는 아래에 두고 온 썰매를 잃어버리지 않으려고 썰매가 시야에 들어오는 범위까지만 올라갔다. 그런데 이제 달도 떴겠다 괜찮겠지 싶어 아래에 둔 썰매가 보이지 않는 곳까지 올라가서 거기에 먼저 끌고 간 썰매를 두고 나머지 썰매를 가지러 내려갔던 것이다. 그런데 딱 이만큼의 방심 때문에 하마터면 여행이 중단될 뻔했다.

이동을 시작하고 다섯 시간쯤 지났을까. 썰매 한 대를 빙하 경사면에 옮겨두고 나머지 썰매를 가지러 200미터쯤을 내려갔다. 아래쪽 썰매를 발견하고 개와 함께 다시 올라가던 중, 상념에 빠지고 말았다. 지금은 내용도 기억나지 않는 그저 그런 일들이 꼬리에 꼬리를 물고 떠올랐다. 그러다 퍼뜩 정신을 차렸다. 그만, 그만, 잡생각은 위험해, 슬슬 썰매가 보여야 되는데, 하고 주위를 둘러보았다. 하지만 눈을 씻고 봐도 썰매가 보이지 않았다. 어라? 분명 여기 어딘데, 생각하며 그대로 계속 올라갔다. 그러다 절대로 여기까지는 오지 않았다고 확신할 수 있는 평탄한 곳까지 오고야 말았다.

이상하네. 나는 고개를 갸웃했다. 지나쳤나…. 짐이 가득 실린 썰매는 높이가 1미터가 넘었다. 100미터 정도 멀어져도 너끈히 보였는데, 귀신이 곡할 노릇이었다.

썰매 자국을 더듬어 올라온 길을 내려갔지만 눈이 어찌나 단단한지 러너가 자국을 남기지 못해 흔적이 끊겨버렸다. 기억과 감각을 총동원할 수밖에 없었다. 썰매를 끌고 다니면서 찾는 건 무리였다. 개를 썰매에 묶어두고 혼자 탐색에 나섰다. 남겨둔 썰매를 기점으로 우선 경사면 왼쪽으로 150미터 정도를 찾아봤지만 발견되지 않았다. 더 멀리 갈 수는 없었다. 헤드램프 불빛에 개의 눈이 퍼렇게 반응하는 것으로 기점의 썰매 위치를 가늠했는데, 더 가면 이마저도 시야에서 사라질 것이었다. 기점으로 한 번 돌아와 반대쪽을 뒤졌지만 역시 없었다. 처음 수색한 위쪽을 다시 가보고, 왼쪽 경사면 위쪽도 가봤지만 허사였다.

금방 찾을 수 있겠거니 가볍게 생각했는데 백방을 뒤져도 발견되지 않자 초조해졌다. 잃어버린 썰매에 방한 장비가 실려 있었다. 텐트, 방한복, 난로, 침낭 전부. 남아 있는 썰매에 실린 것은 개 사료와 연료 같은 하등 쓸모없는 물자뿐이었다. 영하 20도. 썰매를 끌면 땀이 배어나는 정도의 추위지만 방한복이 없으면 몸이 식는 건 한순간이었다.

혹시 썰매가 경사를 따라 저절로 미끄러져 어디 움푹한 데에 빠진 건 아닐까? 그렇게 생각하니 좀 더 아래쪽을 찾는 게 나을 것 같아서 기점의 썰매를 조금 아래로 이동시켰다. 여기저기를 찾아봤지만 썰매는 없었다.

슬슬 추위가 뼛속까지 스며들었다.

"야, 못 찾겠어."

내 속을 아는지 모르는지 개는 코를 골며 태평하게 자고 있었다. 한 대 쥐어박고 싶었지만 엉뚱한 데다 화풀이한들 무슨 소용이랴.

몸이 점점 차가워지니 초조가 불안으로 변해갔다. 벌써 두 시간을 넘게 찾았는데, 코빼기도 안 보인다는 게 말이 안 됐다. 정말 저절로 미끄러져서 아래로 내려가 버렸나? 이 추위에 방한복도 난로도 침낭도 없이 잔다면 얼어 죽는다. 이대로 썰매를 못 찾으면 마을로 돌아가야 한다. 그러나 일단 마을로 돌아가면, 어두워서 썰매는 결국 못 찾게 될 테고 이번 탐험은 중단될 것이다. 4년을 준비하며 인생 최대 여행이라고 수선을 떨었는데 썰매를 잃어버려서 중단하다니, 이게 무슨 꼴인가. 귀국해서 사건의 전말을 말하면 앞에서야 위로를 받겠지만 뒤에서는 비웃음을 당하겠지. 나는 뒷일을 상상하며 힘없이 웃었다. 어쨌든 마을로 돌아갈지 말지 결정하지 않으면 위험할 만큼 추워졌다.

떨어지는 기온과 마을로 돌아가는 시간을 계산하면 수색에 허용된 시간은 앞으로 고작 두 시간. 달은 냉혹할 정도로 아름다웠다. 나의 초조함엔 관심 없는 초연한 모습에 괜히 부아가 치밀었다. 마지막으로 혹시 개가 썰매 냄새를 맡아 길을 안내해주지 않을까 기대하며 좀 더 아래를 찾아보기로 했다. 개를 앞세우고 50미터쯤 내려갔을 때 들쑥날쑥한 눈 그림자와는 확연히 다른 검은 그림자가 보였다. 혹시⋯ 두근거리는 심장 박동을 억누르며 잰걸음으로 다가갔다.

"우왓! 우와, 우와, 우왓!"

너무 기뻐서 환성이 절로 나왔다. 여행을 계속할 수 있어! 소리치며 개를 끌어안았다. 세 시간을 헤맸는데, 썰매는 등반 루트에서 고작 오른쪽으로 30미터 비켜 있었다.

＊

썰매를 찾고 한 시간을 더 움직였고, 다음 날인 12월 11일에도 빙하 등반을 계속했다. 기온 영하 24도. 점차 겨울의 북극다워졌다. 어젯밤에는 침낭에 들어가 있으니 제법 따뜻했다. 그런데 아침이 되고 전날 저녁 식사로 비축해둔 에너지가 고갈되자 오소소 소름이 돋았고 몸이 식었다. 출발한 지 일주일, 몸이 야금야금 축나기 시작한 것이다. 그래서 극지방에 오기 전에 꼭 하는 일이 있다. 단것을 입에 달고 다니고, 자기 전에 컵라면을 먹고, 송별자리에는 되도록 고기가 빠지지 않게 한다. 몸에 지방분을 비축해야 하기 때문이다. 이번에도 평소 72킬로그램이던 몸무게를 80킬로그램까지 불렸다.

얼음 위를 달리면서는 샐러드유가 듬뿍 들어간 특제 초콜릿을 섭취했고, 아침저녁으로 먹는 요리에 바다표범 기름을 넣어 지방을 유지하려 했으나 너무 맛이 없어서 일일 규정량을 채우지 못하고 있었다.

12시 50분에 일어나 오후 4시에 출발했다. 이렇게 어정쩡한 일정은 순전히 달 때문이다. 극야 여행은 태양의 움직임을 따르는 하루 24시간제를 써먹기 어렵다. 무시하는 건 아니지만, 지금처럼 달이 떠 있을 때는 달의 정중 시각을 중심으로 이동 시간을 짜는 게 합리적이다. 태양은 없고 빛은 달에서 나오니까. 달도 태양처럼 남중 때 고도가 가장 높고 밝아 시야가 좋아진다. 머지 않아 보름달이 되려 하는 달은 한밤중에 제일 높이 뜬다. 그러니 가능한 한 오후 늦게 일어나 이동해야 더 오래 달빛을 누릴 수 있다.

달은 태양과 달리 움직임이 복잡해서 매일 같은 시각에 남중하지 않는다. 남중시각은 매일 한 시간씩 늦어진다. 해상보안청을 통해 알아본 결과, 2016년 12월 11일 북위 78도 서경 70도 부근 달의 남중 시각은 오후 11시 45분, 다음 날은 오전 0시 46분, 다다음 날은 오전 1시 47분이었다. 이에 맞춰 나도 매일 한 시간 늦게 일어나 한 시간 늦게 출발해야 한다. 달이 지배하는 극야 세계에서는 하루 24시간이 아닌 25시간을 쓰는 셈이다.

길을 나서고 얼마간 오른쪽 산에 가렸던 달이 능선 위로 둥실 떠오르자 빛이 온 사방으로 퍼져 빙하가 푸르스름하게 빛났다. 바람은 없었다. 자벌레 마냥 한 걸음 한 걸음 발에 힘을 주고 100킬로그램에 육박하는 썰매를 끌면서 이제는 좀 완만해진 빙하를 올랐다. 뒤에서 개가 쌕쌕거리며 숨을 헐떡이는 걸 보니 저도 온 힘을 다하는 모양이었다. 놓고 온 썰매가 보이는지 뒤를 돌아보며 확인했다. 보일락 말락 하면 끌던 썰매를 세우고 나머지를 가지러 되돌아갔다. 왔다 갔다 하면서 시간을 배로 썼기 때문에 등반 4일째에도 여전히 빙하의 중턱을 넘어서지 못했다. 그래도 쾌청하고 바람이 없어 다행이었다. 블리자드도 벌써 한 방 맞았겠다, 빙하 하나 오르면서 블리자드를 두 방이나 맞는 재수 없는 인간은 없을 거라고 안심하며 여유롭게 등반을 이어갔다. 갈 길이 멀었다. 초반부터 조급해서 좋을 게 없었다.

그런데 한 곳에서 블리자드를 두 방이나 맞는 재수 없는 인간이 여기 있었다.

세 시간 정도 걸었을까. 저 앞의 빙하 양옆 산 위에서 묘하게 하얀 무언가가 넘쳐흐르더니 협곡을 따라 천천히 흘러내리는 것이 보였다. 빙상에서 안개가 피어오르나 했는데, 아무래도 의심스러웠다. 꼭 눈사태가 일어났을 때 날리는 눈가루처럼 느리고 어지럽게 움직이며 빙하로 흘러들었다. 안개가 빙하에 도달해 지면에 부딪혀 튀는 것을 보자 불현듯 오사마 씨의 말이 떠올랐다.

"강한 블리자드가 발생하면 빙상에서 눈보라가 폭포처럼 단숨에 떨어져. 그땐 집을 기둥째 뽑을 것처럼 바람이 불어."

이건가? 그 순간 하얀 안개가 연막처럼 자욱해지더니 미풍이 뺨을 때리기 시작했다. 미풍은 3초 후에 초속 3미터의 산들바람으로, 5초 후에는 초속 4미터의 바람으로 강해지더니 눈 깜짝할 사이에 초속 8미터의 돌풍이 되었다. 이동에 지장을 줄 세기는 아니었지만, 이 상태가 계속되면 어찌 될지 몰랐다. 곧바로 평평하고 단단한 설면을 찾아 텐트를 치기 시작했다.

겨울 극지 여행에서 텐트는 없어선 안 될 장비다. 바람에 날아가면 큰일이므로 강풍이 부는 와중에 텐트를 칠 때는 신중에 신중을 기해야 한다. 바람은 물론이고 눈발도 심상치 않았다. 나는 일단 바람이 불어오는 쪽에 썰매를 놓고 썰매와 텐트를 로프로 묶은 후 페그를 찔러 박고 바깥쪽 스커트 부분에 눈을 얹었다. 그러고는 폴을 천천히 세웠다. 억지로 세우면 풍압에 폴이 두 동강 날 수 있으니 일부러라도 천천히 해야 한다.

텐트를 치는 동안 바람이 더 세졌다. 금방 초속 15미터의 된 바람이 되었고 눈이 자꾸 눈에 들어왔다. 기분 탓인지 눈보라의 설량이 평소보다 많다는 생각이 들었다. 텐트로 들어가 맨 먼저 모피신과 후드의 모피 안에 들어간 엄청난 양의 가루눈을 쏟아 냈다. 바람이 아무리 심해도 일단 텐트 안에 들어오면 안심이다. 빙하의 한가운데라 위치상으로는 바람이 매우 강해지는 장소였다. 하지만 며칠 전 빙하 아래쪽에서 당한 것처럼 위에서 후려갈기는 불연속적인 거센 돌풍이 아니라 같은 방향에서 일정한 세기로 부는 보통의 극지 바람이었다. 이대로 내일은 텐트에서 느긋하게 쉬어도 좋겠다고 여유를 부리며 침낭으로 파고들었다.

… 그럼 그렇지, 내 낙관적인 예상은 보기 좋게 빗나갔다. 밤이 되자 바람은 한층 더 강해져 텐트를 날려버릴 듯했다. 바깥은 지옥이었다. 눈보라가 비명을 지르며 휘몰아쳤다. 가만히 눈을 떴다. 눈이 텐트에 부딪히는 소리가 들렸다. 때때로 정체를 알 수 없는 금속성 폭발음이 들려와 심장을 얼어붙게 했다. 마치 항만에서 거대한 크레인이 움직일 때 내는 소리와 흡사했다.

무슨 소리지?

내가 지금 지난번 블리자드를 만났을 때 들었던 굉음의 근원지, 그러니까 폭풍의 중심에 들어와 있는 게 틀림없었다. 무심코 위를 봤더니 폴이 구겨져 부러질 것 같았다. 손을 뻗어 안쪽에서 눌러 폈다. 태양이 지지 않는 백야라면 공포는 반으로 줄었을 것이다. 안타깝게도 지금은 숨 막히는 어둠뿐인 극야다. 소리는 어둠에 편승해 더 큰 공포로 변했다.

바람의 힘이 조금씩 약해졌고, 나는 잠에 빠져들었다.

다리가 무지근해 눈을 뜨니 텐트 입구 쪽이 눈의 무게를 이기지 못하고 눌려 있었다.

겨울 산을 등반해본 사람이라면 알겠지만, 자다가 텐트가 눈에 짜부라진 것을 알아차리면 일단 침낭에서 몸을 빼지 않고 텐트 안쪽에서 밀거나 발로 차 쌓인 눈을 털어낸다. 밖으로 나가는 것은 선택지에 없다. 나는 언제나처럼 침낭 안에서 텐트를 마구 찼다. 하지만 눈이 많이 쌓였는지 꿈쩍도 하지 않았다.

아아, 귀찮게.

밖은 여전히 바람 소리가 요란했다. 침낭에서 나올 엄두가 나지 않았다. 편안한 이불에 있다가 불유쾌한 상황이 틀림없는 밖으로 나가려면 대단한 결단력이 필요하다. 바깥 상황이 비참하면 비참할수록 인간은 현실에 눈감게 되고 만사가 귀찮아진다. 자기 목숨에도 무관심해져서는 지금 괜찮으니까 쭉 괜찮겠거니 하며 한없이 도망만 치고 싶어진다. 내가 그렇다. 그것도 자주 그렇다. 이때도 그냥 자고 싶었다. 결과적으로는 아무 일 없을 테니, 더 자고 싶기만 했다. 그러다 문득 예전에 읽은 글이 생각났다. 겨울 산을 등반하다가 폭설에 텐트가 망가져 대원들이 사망한 사건을 다룬 조난 보고서였다. 그 사람들도 귀찮아서 우물쭈물하다가 갑자기 쏟아진 눈에 매몰됐겠구나 싶었다. 상태가 어떤지만이라도 봐두자고 마음을 고쳐먹고 헤드램프를 켰다.

램프로 텐트 안을 비춘 순간, 상황이 좋지 않음을 느꼈다. 텐트 면적이 반으로 줄어 있었다. 눈보라라면 지금까지 극지 여행에서 신물이 날 만큼 겪었다. 눈은 기껏해야 바람이 불어오는 쪽에 쌓이지 텐트 전체를 둘러싸며 쌓이는 경우는 한 번도 없었다. 바깥을 확인하려고 방한복을 챙겨 입었다. 텐트 문을 열려는데, 입구가 이미 눈에 완전히 깔려서 출입구를 여닫는 끈을 꺼낼 수가 없었다. 큰일이었다. 나는 필사적으로 눈을 밀었다. 때리고 발로 차고 어깨로 들이받았다. 쉬지 않고 밀어낸 덕에 눈이 내리누르는 힘이 약해졌고 간신히 끈을 끄집어내서 입구를 열 수 있었다. 열자마자 눈이 텐트 안으로 우르르 밀려 들어왔다. 천신만고 끝에 바깥으로 나왔는데… 기가 막혀 입이 딱 벌어졌다. 텐트는 정말 절반이 파묻혀 있었고, 주변은 어마어마하게 눈이 쌓여 고지대가 되어 있었다. 무덤이 되기 직전이었던 것이다.

일각을 다투는 상황이었다. 나는 곧바로 삽을 들고 눈을 치우기 시작했다. 적설량이 굉장했다. 빙상 위에 쌓여 있던 눈이 바람에 한꺼번에 옮겨진 걸까? 입자가 굵은 눈이 강한 바람을 타고 온몸을 탁탁 소리가 날 정도로 때려댔다. 눈이 많기로 유명한 일본의 겨울 산 '쓰루기다케'(劔岳)에 서 있는 것 같았다.

그때 개가 힘없는 소리로 짖었다. 처음 듣는 소리였다. 짖는다기보다 우는 것 같았다. 놀란 마음에 개가 있는 쪽을 보니 썰매에 묶어둔 목줄이 눈에 파묻혀 몸을 움직이지 못하고 있었다. 개마저 묻힐 판국이었다. 서둘러 목줄을 풀어주었더니 개는 맹렬한 기세로 뛰쳐나가 눈보라 치는 어둠 속으로 사라져버렸다.

믿을 수 없었다. 이게 무슨…. 이 블리자드 속으로 도망치다니…. "우야미릭크! 우─야─미─릭─크!"

개가 사라진 쪽을 향해 이름을 외쳤지만 내 목소리는 눈보라의 아우성에 묻히고 말았다. 말도 안 돼. 폭풍에 질려 마을로 돌아가버렸나…. 나는 멍하니 어둠 속을 쳐다봤다. 개가 없으면 이 무거운 썰매를 도저히 끌 수 없다. 무엇보다 여행할 마음이 없어진다. 개 없이 극야 여행을 하는 것은 불가능하다. 나와 우야미릭크의 관계가 고작 이 정도 시련에 끊어질 만큼 얄팍한 것이었던가. 여러 가지 감정이 뒤섞인 채 그 자리에 박힌 듯 서 있었다. 그렇게 1, 2분이 지났을까. 어둠 저편에서 헤드램프 빛에 반사돼 반짝이는 두 개의 작고 푸른 빛이 엄청난 속도로 다가왔다.

"돌아왔구나!"

개는 내 코앞까지 와서 급정지하더니 앞다리를 뻗어 배를 보이고 누웠다. 그러고는 평소처럼 '배를 문질러주세요, 우헤헤헤' 하는 얼굴로 혓바닥을 날름거렸다. 매몰의 공포에서 벗어나 기쁜 나머지 근방을 뛰어다녔던 모양이다. 그렇다. 이 정도 블리자드는 시오라팔루크의 개에게는 일상적인 일이다.

개는 잠시 혼자 두고, 나는 제설 작업을 계속했다. 우선 입구 주변의 눈부터 치워야 했다. 대충 해서 나아질 것 같지 않아 작업복으로 갈아입은 후 본격적으로 삽질을 했다. 바람이 불어가는 쪽 상황이 심각했다. 죽어라 파도 다른 쪽 눈을 치우는 사이에 다시 쌓였다. 어중간히 해서는 도저히 감당이 안 될 것 같아서 텐트 주변으로 2미터 폭의 눈을 치우기로 했다.

생존을 건 제설 작업이었다.

도바바바. 눈보라가 휘몰아치는 가운데 중노동을 했지만 위기를 감지한 뇌하수체에서 대량의 아드레날린이 분비되는지 오히려 집중력이 비정상적으로 높아졌다. 살을 에는 듯한 바람과 눈을 맞으며 텐트를 구출하고, 눈 벽을 허물고, 공간을 넓혀 바람의 통로를 만들어주려 했다. 텐트 입구에서 빙하 아래쪽으로 바람이 흘러가도록 길을 내면 눈이 내려앉지 않고 날아가지 않을까. 제설에 일가견이 있군, 하고 자찬하며 힘차게 눈을 긁어댔다. 하지만 텐트 주위를 한 바퀴 돌아 처음 위치로 와 보니 눈이 처음처럼 쌓여 있었다. 헛짓을 했다는 생각에 허탈해졌다.

네 시간 동안 눈을 치웠지만 상황은 똑같았다. 이대로 텐트에서 자는 것은 자살 행위였다. 그럼 블리자드가 멎을 때까지 삽질을 할 것인가. 이 또한 불가능했다. 폭풍설 속에서 별로 택하고 싶진 않지만, 텐트를 이동시키는 수밖에 없었다.

일단 텐트 안으로 들어가 장비를 봉지에 넣고 날아가지 않게 끈으로 한데 묶어 밖에 내놓았다. 다시 나와 텐트 주변 눈을 치우고 페그를 뽑은 후 텐트를 접었다. 하지만 접은 텐트 위로 눈이 자꾸 쌓여 그 무게로 텐트가 옴짝달싹하지 않았다. 빨리 움직이지 않으면 눈만 쌓일 터였다. 전력을 다해 눈을 긁어냈지만 긁은 자리에 다시 눈이 쌓이는 건 순간이었다. 미칠 노릇이었다. 겨우겨우 텐트를 눈보라가 만든 근처의 고지대 위로 옮겼다. 썰매는 애저녁에 눈에 파묻혀 보이지 않았다. 텐트를 고정할 썰매가 사라졌으니 텐트가 날아가지 않도록 갖은 주의를 기울였다. 텐트가 날아가면 모든 게 끝난다. 바람이 불어오는 쪽의 스커트에 눈을 얹어 눌러주고 페그를 단단히 박았다. 폴을 슬리브에 끼우고, 호흡을 가다듬고, 전용 스트랩에 천천히 힘을 주었다. 신중하고 침착해야 했다. 일으켜 세우자마자 엄청난 풍압을 받았지만, 스커트에 올려둔 눈과 페그로 버텨낼 만했다. 텐트를 다 치고 짐을 옮기고 텐트로 들어가 한숨 돌렸다. 시계를 보니 일곱 시간이 지나 있었다. 한숨이 절로 나왔다.

다음 날 블리자드가 그쳐 썰매를 구출했다. 두 대 모두 푹 파묻혀 있었는데, 그나마 손잡이 끝부분이 10센티미터 정도 빼꼼 솟아 있어 그것에만 집중했다. 썰매를 다 꺼내는 데 두 시간이 걸렸다.

드디어 다시 빙하를 오를 세 번째 채비가 끝났다.

나를 버리다

빙하를 다 오른 것은 12월 14일이었다. 마을을 출발한 지 9일째, 발이 묶였던 것을 감안하면 표고 차 1000미터의 빙하를 등반하는 데 꼬박 일주일이 걸린 것이다. 몹시 힘든 날들이었다. 세 번이나 저승사자와 동행할 뻔했다. 국내 겨울산 등반이었다면 "엄청 대단한 산이었다" 같은 제목으로 글을 써서 블로그에 올려 자랑도 하고, '좋아요'를 수없이 받았을 것이다. 그러나 유감스럽게도 이 기나긴 여행에서는 고작 전체 일정의 10분의 1을 소화한 것에 지나지 않았다.

고생은 했지만 난코스였던 메이한 빙하를 올라왔다는 점에서 마음이 놓였다. 블리자드를 그렇게 걱정했는데, 보란 듯이 블리자드를 두 방이나 맞고도 다치지 않고 무사히 등반해냈으니 순조롭다면 순조로운 초반이었다. 다행히 달은 아직 둥글고 환했다. 달이 질 때까지는 앞으로 열흘이 남았다. 열흘 동안 빙상과 툰드라를 지나 아운나르톡 저장소에 도착하는 것이 목표였다.

다음 날, 안개 때문에 시계가 나빴다. 휴식 겸 하루를 이대로 머물기로 했다. 밤이 계속될 뿐이니 밤이란 말이 의미가 없었지만, 아무튼 저녁 8시에서 9시쯤엔 날이 개었다. 나는 밖으로 나와 개와 장난을 치며 놀았다.

2014년 겨울, 시오라팔루크에 처음 왔을 때 우야미릭크는 한 살이었다. 개썰매를 끌어보긴커녕 마을 밖으로 나가본 적도 없는, 그야말로 애기였다. 그런데도 이 개를 선택한 데는 몇 가지 이유가 있었다. 몸집이 커 힘이 셀 것 같았고 성격이 차분해 수월하게 길들일 수 있을 듯했다. 썰매 끄는 훈련을 받아본 적 없으니 처음부터 내 스타일에 맞게 기를 수 있으리란 기대도 있었다.

하지만 이 모든 그럴듯한 이유를 넘어서는 하나의 이유가 있었다. 우야미릭크는 너무너무 사랑스러운 얼굴을 가지고 있었다. 성격보다는 외모를 먼저 보고, 첫인상으로 물건이나 사귈 사람을 선택하는 내겐 참으로 합당한 이유가 아닐 수 없었다. 지금은 다른 개들과 자주 싸우면서 전혀 다른 얼굴이 됐지만, 그땐 정말 귀여웠더랬다. 마을에서 제일 예쁜 개였다(솔직히 우야미릭크의 여동생이 더 사랑스러웠지만 암컷은 임신하면 일을 할 수 없으므로 단념했다).

백곰의 출현을 경고하고 썰매를 끌 놈인데 얼굴만 보고 선택하다니 어리석다고 비난할지도 모르겠다. 나 역시 얼굴로 개를 선택한 것이 꼭 결혼 상대를 선택한 이유를 묻는 질문에 "성격만 봤어요"라고 단언하지 못하는 것처럼 괜히 찔린다. 그런데 개에 관한 책을 읽다 보니 개를 얼굴로 고르는 것이 결코 바보 같은 짓이 아니며 인류와 개의 진화사 관점에서 볼 때 매우 합리적인 선택이었다는 것을 알게 되었다.

개와 늑대를 구별하는 큰 특징 중 하나가 개의 네오테니(neoteny)화이다. 네오테니란 유아기의 특징을 남긴 채 어른이 되는 현상을 가리키는 생물학 용어로, 진화에 유리하다고 알려져 있다. 개는 늑대에 비해 머리가 작고, 가로 폭이 넓으며, 이빨이 작고 코가 짧다. 또한 나이를 먹어도 장난기 많은 어린아이 같은 특징을 가지고 있어 개는 늑대가 네오테니화한 동물로 여겨진다. 그게 생존에 유리했기 때문이다. 후기 구석기시대에 늑대가 인간과 접촉하는 동안, 개는 인간에게 빌붙어야만 가혹한 생존 경쟁에서 살아남을 수 있다고 판단했을 것이다. 스스로를 가축화하고 인간에게 길들여지기를 선택한 매우 특이한 종인 것이다. 그렇다면 개의 네오테니화가 이해된다. 인간에게 귀여움을 받는 것이 자연선택에서 우위를 차지할 방법이었다. 결과적으로 옛 선사인들도 개를 고를 때 얼굴로 선택하지 않았을까. 그러니 얼굴에 반해 개를 선택한 내 행동은 진화적 관점에서 볼 때 지극히 자연스러운 것이었다.

이날 나와 개 사이에 인간과 개의 진화사를 뛰어넘는, 어떤 면에선 거의 시원(始原)까지 가는 사건이 하나 있었다.

아침(이라고 부르긴 하겠지만 계속 밤이다)에 나는 평소와 달리 텐트 밖에서 큰일을 보기로 했다. 원래 텐트 바닥에 매직테이프로 여닫을 수 있는 구멍이 있어서 보통은 텐트 안에서 볼일을 본다. 하지만 그날은 날씨가 온화해 밖에서 시원하게 볼일을 보고 싶었다.

나는 바지를 내려 엉덩이를 살짝 내밀고 재빨리 앉아 볼일을 보려고 했다. 그러다 문득 뒤를 돌아보니 개가 네오타니화한 귀여운 얼굴로 이쪽을 보며 묘하게 열정적인 시선을 내 엉덩이로 보내고 있었다.

촉이 왔다. 아하, 똥을 먹고 싶은 게로군.

이건 내 개뿐만 아니라 개과 전반에 해당하는 욕망이다. 개는 인분을 매우 좋아한다. 이번에 나는 하루 평균 800그램의 개 사료를 준비했는데, 그것만으로는 부족했던지 개는 내가 텐트를 철수할 때면 꼭 '그' 구멍으로 달려와 언 눈을 파고 돼지처럼 게걸스럽게 똥을 먹어치웠다. 맛있게 똥을 먹는 그 모습을 매일 봐왔기 때문에 나는 개의 시선을 느끼자마자 바로 알아차릴 수 있었던 것이다.

솔직히 궁금했다. 밖에서 볼일을 보면 개는 과연 어떤 반응을 보일까. 날씨는 핑계고 그래서 일부러 나와서 볼일을 본 것이다. 기대에 찬 개의 촉촉한 시선을 느끼며 나는 그의 기대에 부응하기 위해 대량의 변을 내보냈다.

그런데 예상치 못한 일이 일어났다. 개가 갑자기 내 등 뒤로 다가오는가 싶더니 아직 내용물을 다 내보내지도 않은 내 항문에 콧등을 갖다 대고는 더는 참을 수 없다는 듯이 구멍에서 나오는 똥을 덥석덥석 받아먹기 시작했다. 내가 똥을 다 누자 뭔가 부족하다는 듯이, 세상에 맙소사, 내 똥구멍을 능숙한 혀 기술로 날름날름 핥기 시작했다.

"아흐."

나도 모르게 입에서 경망스러운 소리가 새어 나왔다. 전혀 예상치 못한 개의 행동에 당황스러웠고 한편으로는 짜르르 떨렸다. 찰나이긴 하지만 이 품위 없는 행동을 계속하도록 내버려둘지 갈등했다. 하지만 죄책감이랄까, 인간의 내면에 들러붙은 현대인으로서의 보잘것없는 윤리 의식이 반사적으로 얼굴을 내밀었다.

"야, 하지 마. 안 돼. 저리 가."

짐짓 경고하며 손으로 개를 물렸다. 개는 더 용을 쓰며 항문에 혀를 갖다 대려 했지만, 나는 한 손으로 개를 저지했다. 안 돼, 안 된다고, 참으라고!

깜깜한 어둠 속에서, 아무도 모르게, 내 엉덩이 주위에서는 몇 센티미터를 두고 치열한 공방전이 벌어졌다.

뒤처리를 마치고 나는 조금 후회했다. 중요한 대목에서 현대인의 윤리 의식이 방해를 하고 말았지만, 개를 그대로 자유롭게 놔두었다면 어쩌면 나와 개는 3만 년의 시공을 넘어 크로마뇽인이 늑대개를 길들였던 그 순간으로 돌아갈 수 있었을지도 모른다.

다음 날도 나는 일부러 밖으로 나와 개 앞에서 여봐란듯이 볼일을 봤지만 개는 더 이상 반응하지 않았다. 지금까지 내가 한 번 금지한 것은 두 번 다시 반복하지 않도록 개를 엄하게 훈련한 결과겠지만, 핥도록 내버려두리라는 각오까지 한 마당에 개에게 개무시를 당하자 괜히 더 수치스러웠다.

이동을 재개했다. 빙상은 경사 없는 설면이 대부분이라 대체로 스키를 신고 걸었다.

빙하에서 100킬로미터쯤 떨어진 아운나르톡 저장소까지의 빙상 루트는 과거의 경험을 바탕으로 정리되어 있었다. 메이한 빙하를 오른 후, 오른편에 있는 다른 빙하의 가장자리를 7킬로미터 정도 진북 방향으로 전진한다. 지난번과 같다면 7킬로미터를 가면 오른쪽 큰 빙하에 크레바스가 보일 테고, 그것을 기준으로 진행 방향을 지금까지의 진북에서 북북서 335도로 꺾는다. 그 각도로 빙상을 쭉 직진하다가 적당한 곳에서 빙상에서 내려가 툰드라 지대로 진입한다.

그런데, 이번엔 크레바스가 보이지 않았다. 달이 뜨면 보일까 기대했지만 전혀 보이지 않았다. 달빛에 설면이 빛나면 헤드램프 없이도 발밑의 눈 상태를 알 수 있을 만큼 밝아진다. 그래서 극야의 달빛은 뭐든지 다 눈앞에 드러내주는 위대한 존재 같지만, 실제로는 분명 조금 먼 오른쪽에 있을 크레바스조차 비추지 못한다.

나는 7킬로미터라는 거리를 감으로 판단해야 했다. 고작 7킬로미터이지만 적당히 넘어갈 수는 없었다. 정확하게 진북으로 7킬로미터를 전진한 후 오차 없이 335도 방향으로 침로(針路)를 바꾸지 않으면 앞으로의 길 찾기가 전부 엉망이 된다. 그러므로 이 지점만큼은 정확해야 했다. 허나 기준점이 될 크레바스가 보이지 않는 이상 무슨 수로 '정확하게' 따질 수 있을까. 나는 걷는 속도와 시간을 기초로 거리를 따져 침로를 변경했다.

침로 변경 포인트 부근에서 눈보라를 만나 또 하루를 정체했고, 다음 날에야 길을 떠날 수 있었다.

여기서부터는 왼편에 있는 또 다른 큰 빙하의 원두부(源頭部)로 내려가 골짜기의 사스트루기(sastrugi) 지대를 통과한 후 다시 경사가 심한 오르막을 올라야 했다. 두꺼운 구름이 달빛을 가린 탓에 어두워서 주위 지형을 알 수 없었다. 하지만 침로 변경 포인트에서 한동안 걷다 보니 머릿속에 있는 그림과 비슷한 분위기여서 일단 루트에서 벗어나진 않았다고 판단하고 계속 직진했다. 사스트루기 지대를 지나 급경사의 설면을 오르자 썰매 때문에 속도가 뚝 떨어졌다. 나도 개도 거친 숨을 몰아쉬었고 녹초가 되었다. 땅에 대고 저주를 퍼붓는 사이 경사는 완만해졌다.

고된 등반이 끝나고 잠시 한숨 돌리는가 싶었는데 고난은 오히려 그때부터 시작이었다. 앞으로 갈 빙상은 지형상 특징이랄 것이 전혀 없는 평평한 눈과 얼음의 사막이었기 때문이다. 밝은 계절에는 남서쪽 빙상 건너편으로 산들이 보여 대강의 위치를 잡을 수 있지만 극야라서 그마저 보이지 않았다. 이번에도 달빛은 아무 쓸모가 없었다.

빙상과 툰트라 지대는 메이한 빙하에 버금가는 난코스였다. 이렇게 밋밋하고 무표정한 이차원 공간이 또 있을까. 지형적 특징이 없어 지도는 사실상 무용지물이었고 육분의는 애초에 날려먹었으니 위치를 특정할 방법이 없었다.

한 가지는 확실했다. 진방위로 335도 방향으로 잡은 지금의 경로를 벗어나면 절대로 안 된다는 것. 왜냐하면 빙상 너머 툰드라 지대에서부터는 진북으로 침로를 바꿔야 하는데, 잘 가면 아운나르톡 저장소로 가는 골짜기에 들어설 테지만, 만일 빙상 위에서 침로를 잘못 바꾸면 그대로 올바른 루트를 벗어나 저장소로 가는 골짜기를 놓치고 이상한 골짜기를 지나 해안으로 나가버릴 우려가 있었다. 해안 지형은 어디든 비슷비슷하고 그린란드 북부 해안선은 단조로워서 내가 저장소의 동쪽에 있는지 서쪽에 있는지조차 파악할 수 없게 된다. 한번 위치를 잃으면 마을로도 갈 수 없게 되고 그걸로 끝이다. 끝은 곧 죽음이다.

　　그래서 가능한 한 달이 떠 있는 동안 저장소까지 가고 싶었다. 저장소에만 도착하면 위치를 제대로 특정할 수 있고, 이후엔 해안선을 따라 북쪽으로 전진하는 일만 남는다. 불안은 해소되고 헤맬 염려도 없어질 것이다. 완벽하진 않지만 극야에서 믿고 의지할 것이라곤 달빛뿐이다. 하필 동지가 코앞이라 극야가 극에 달해 있었다. 그렇지 않아도 컴컴한데 달은 자꾸 작아졌고 달이 아예 안 뜨는 시기엔 눈을 뜨고 있어도 감은 듯한 어둠이 시작돼 헤맬 가능성이 커진다. 어떻게든 환할 때 이 이차원의 무간지옥을 지나 저장소로 가고 싶었다. 그곳에 가면 평정을 찾을 수 있을 터였다. 달이 지평선 아래로 완전히 잠기는 날은 12월 24일, 오늘은 12월 20일. 뭐라고? 벌써 20일이라고? 날짜를 보고 깜짝 놀랐다. 분명 여유가 있다고 생각했는데, 달이 질 때까지 5일밖에 안 남았다니. 개에게 엉덩이나 핥게 하고 눈보라에 발이 묶이는 사이에 시간이 다 가버렸다. 게다가 달의 움직임에 맞춰 하루를 25시간으로 계산했으니 어느새 24시간을 기준으로 하는 날짜를 앞질러 있었다. 시간이 빠르게 지나고 있었다. 이 말인즉슨 달이 기울고 빛이 약해진다는 뜻이다. 월령이 20을 넘어섰다. 삭망월이 평균 29.5일이므로, 월령 20이라 함은 인간의 일생이 80년이라고 할 때 쉰을 지난 나이가 된다.

달이 죽고 있다. 서두르지 않으면 달이 지고 만다. 나는 초조해졌다.

그날은 밤 0시에 기상해 아침을 먹고 새벽 3시에 출발했다.

여행 초반에는 블리자드에 얻어맞고 빙하를 등반하느라 기운이 빠져 극야병에 걸릴 틈이 없었다. 하지만 불면증은 끈질기게 날 괴롭혔고 이날도 밤을 꼴딱 새웠다. 일어날 시각이 되어 헤드램프를 켜고 보니 내 콧김 때문에 결로가 생겨 텐트 천이 새하얘져 있었다. 그뿐 아니라 북극에서 정말로 추위가 심해졌을 때 나타나는 특유의 '서리 고드름'이 장구벌레처럼 대롱대롱 매달려 있었다. 몸을 뒤척이면 얼굴 위로 떨어져 사람을 불쾌하게 만드는 서리다. 콧김에 흔들리는 '서리 고드름'을 빤히 보면서 나는 드디어 본격적인 추위가 왔음을 실감했다. 아니나 다를까 밖으로 나와 썰매 온도계를 보니 영하 32도였다. 영하 30도를 밑도는 기온은 이번 여행에서는 처음이었다.

똑같이 '춥다'라는 말로 밖엔 설명할 길이 없지만 영하 20도와 30도는 확실히 다르다. 영하로 떨어질 일이 거의 없는 도쿄에 살다 보면 영하 20도나 30도나 매한가지라 생각될 수도 있다. 하지만 겪어보면 생각이 달라질 것이다. 영하 20도대는 일상적인 추위의 연장선이지만, 영하 30도대는 생리적 한계를 시험한다. 곧이라도 육체가 소모되어 죽을 것 같은 예감이 절로 드는 추위이다. 그런데 그 영하 30도의 세계도 일주일쯤 겪으면 몸이 적응한다. 영하 40도까지는 아무렇지 않고 초당 15미터로 부는 눈보라 속을 별다른 위기감 없이 지날 수 있게 된다. 히말라야를 등반할 때 저산소 상황에 적응하는 것처럼 인간의 육체는 추위에 대응할 수 있게 설계된 것 같다. 추위에 익숙해지면 육체적으로나 정신적으로 스트레스를 덜 받는다. 영하 30도가 바로 그 적응을 위해 넘어야 하는 첫 번째 문턱이다.

처음 맞는 영하 32도에 몸이 뻣뻣해졌다. 두 시간 정도 걸은 후엔 특별 제작한 방한복을 껴입고 10분 정도 쉬면서 행동식을 먹거나 차를 마셨다. 다시 걷기 시작했지만 방한복을 벗을 엄두가 나지 않았다. 발끝에 냉기가 고이고 손가락은 백곰 장갑을 벗는 순간 온기를 빼앗겼다. 코와 뺨이 동상에 걸려 따갑고 아팠다. 썰매 러너는 제 기능을 못했다. 부드럽게 미끄러지려면 러너와 맞닿는 눈이 마찰열로 녹아 윤활유 역할을 해주어야 하는데, 이렇게 기온이 낮으면 눈이 녹지 않아 모래 위에서 썰매를 끄는 것처럼 힘들다.

달은 이제 꽤 기울었고 빛이 약해졌다. 빙상 표면은 바람에 패여 사스트루기가 광활하게 퍼져 있었다. 어둠 속에서 썰매를 끌며 가다가 쉬고 쉬다가 가며 나와 개는 사스트루기를 하나하나 힘겹게 넘었다.

개는 하루 중 전반에는 거친 숨을 몰아쉬며 전력을 다했지만 후반에는 거친 숨소리가 들리지 않았다. 게으름을 피우는 것이 분명했다. 훈련이 부족하긴 했지만 이렇게 추운 극지 여행에서 썰매를 끌지 않는 개만큼 괘씸한 존재는 없다. 썰매에 자기 먹을 사료도 실려 있는데! 피로와 추위가 누적되면 개에 대한 화를 억누르기 힘들었다. 거친 숨소리가 들리지 않으면 나는 뒤를 돌아 "야! 끌라고!" 하며 호통을 쳤다. 얼굴도 자연히 잔뜩 구겨졌을 것이다. 벌컥 화를 내면 개는 겁에 질려 열심히 썰매를 끌었다. 하지만 오래 가지 못했다. 하루 이동을 마치면 개는 몸을 웅크리고 앉았다. 유난히 기운이 없어 보여 혹시 극야병에 걸렸나 의심되었다.

일곱 시간 반쯤 걸었을 때 가벼운 눈보라가 일었다. 별이 보이지 않아 이동을 멈췄다. 별은 경로를 알려주는 표식이다. 별이 사라지면 똑바로 전진하기가 무척 어려워지고 경로를 이탈할 수 있어 섣부르게 움직이지 말아야 한다.

이튿날은 기온이 더 떨어져 영하 34도를 기록했지만, 손수 만든 바다표범 모피 바지를 입으니 하반신이 따뜻해지고 발가락 냉기도 사라졌다. 이날도 일곱 시간 반을 걷고 이동을 종료했다. 앞으로도 몇 개월이나 남은 여정이었다. 장시간 이동은 삼가고 체력을 보존하면서 나아가기로 마음먹었다.

하루 이동을 끝내고 텐트에 들어가 제일 먼저 하는 일은 난롯불을 붙이는 것이다. 불기운 없이는 손이 시려 작업을 할 수 없다. 난로에 손을 녹이고, 방풍복 안쪽에 붙은 서리를 수세미로 떼어내고 모피신에 엉긴 눈도 세심하게 털어낸다. 그러고 나면 텐트용 방한복을 입고 양말을 갈아 신고 텐트용 신발을 착용한다. 벗은 장갑과 모피신과 땀에 젖은 행동복을 빨래집게로 널고, 그 밑으로 난로를 옮겨 말린다. 장비 손질이 끝나면 커피와 수프를 마시고 눈을 녹여 저녁 식사를 준비한다. 저녁 식사는 수분을 날린 쌀인 알파화미와 베이컨, 바다표범의 지방, 건어물 등을 냄비에 넣고 카레나 김치 양념 등의 조미료로 간을 해 끓인 것이다. 토끼라도 잡으면 그 고기를 먹고 준비한 식량은 예비 식량으로 빼놓는다. 아침에는 라면에 고기, 지방, 건어물을 먹고, 행동식으로 초콜릿, 에너지 바, 견과류, 말린 과일 등을 먹는다. 하루 5000킬로칼로리를 섭취할 수 있는 양이다.

저녁을 먹고 나면 옷 말리기에 몰두한다. 매일 같이 완벽하게 말리지 않으면 장갑이며 양말이며 계속 축축한 상태로 남아 있다. 옷이 축축하면 스트레스 지수가 치솟기 때문에 건조에 많은 시간을 할애했다. 일기를 쓰는 동안 옷가지를 천장에 널어 난로 열기로 말린다. 다 마르지 않으면 아직 축축한 행동복이나 방한복을 입은 채로 등산용 첼트(zelt, 간이 천막—옮긴이)를 뒤집어쓰고 그 안에서 난로를 약하게 피운다. 이러면 첼트 안의 온도가 올라가 옷에서 수증기가 모락모락 피어오르며 잘 마른다. 잘못하면 일산화탄소 중독으로 죽을 수 있는 위험한 방법이니 신선한 공기가 첼트 안으로 유입되도록 각별히 주의해야 한다.

12월 22일, 마침내 동지를 지나 달력상으로 극야가 반환점을 돌았다. 어둠이 정점에 도달하는 날이자 서서히 어둠이 걷힐 것을 예고하는 날. 새까만 어둠의 동지는 지평선에서 한참 멀어진 태양이 조금씩 가까워지는 경사스러운 날이기도 하다. 옛 탐험대는 태양의 부활을 기념해 동짓날을 축하했다고 한다.

그러나 깜깜한 빙상을 행진하고 있는 내게 언제 부활할지 모르는 태양은 없는 것이나 다름없었다. 극야에 들어온 지 2개월이 넘자 태양이 뜨는 밝은 세계가 어떤 세계였는지 가물가물했다. 내 관심사는 오직 달이었다. 달이 지고 찾아오는 진정한 어둠, 진정한 극야가 내 머릿속을 장악했다. 해상보안청이 제공하는 '월출몰과 정중 시각 및 방위각과 고도각 계산' 표에 따르면, 이날 월령은 22.6이며 정중 시 고도는 8도, 24시간 중 열 시간만 떠 있는다고 되어 있었다. 참고로, 만월 시에는 정중 고도가 30도이고 24시간 내내 회전해 천공을 돈다.

일주일 사이에 달은 급속도로 쇠약해졌다. 이틀 뒤엔 모습을 아예 감출 것이다. 사멸 직전의 달빛은 사위어가는 숯불처럼 미약해져 있었다.

달이 떠 있는 동안 아운나르톡까지 가고 싶었지만 지금은 그마저도 바랄 수 없었다. 오두막까지는 고사하고 앞으로 이틀 안에 빙상만이라도 넘고 싶을 뿐이었다. 내 계획은 현실에 치여 계속 하향 조정되었다.

풀어야 할 숙제도 있었다. 빙상 끄트머리에서 툰드라로 가는 내리막은 경사가 매우 심하다. 보통은 급경사의 설면이지만, 눈이 없으면 푸른 얼음이 그대로 노출된 빙벽일 가능성이 높았다. 지금은 초겨울이라 눈이 적어 빙벽 상태일 것이다. 그러면 아이스 스크루와 로프를 이용해 썰매째 짐을 내려야 한다. 그보다 앞서 너무 깜깜해서 빙벽을 못 보고 전진하다가 추락할지도 모른다. 2014년 2월에 처음 빙상을 여행했을 때는 이번 루트보다 훨씬 동쪽에서 빙상을 내려갔는데 완전 얼음투성이어서 '빙벽 타기'를 했다. 이 어둠 속에서 빙벽은 여러모로 위험하다. 빙상 가장자리는 꼭 달빛이 있는 동안 넘고 싶었다.

과거 여행 경험을 토대로 빙하를 다 오른 시점에서 빙상을 건널 때까지 너댓새가 걸릴 것으로 계산했다. 그때보단 느리게 걸었지만, 어제와 그저께 나름 선방했으니 거리를 벌었을 것이다. 적어도 10킬로미터는 걸었으리라. 그저께 후반부터는 아주 미묘하지만 내리막으로 접어든 느낌도 있었다. 빙상 루트 중간의 최고점은 넘었다는 뜻이다. 거기서 하루 반을 더 걸었으니 거리만 놓고 보면 오늘 빙상을 넘고도 남았다.

오늘은 돌파할 수 있겠지.

그런 기대를 안고 동짓날의 이동을 개시했다. 오전 4시 15분이었다.

＊

출발할 때 기온은 영하 34도. 다행히 바람이 거의 없었다. 썰매는 무겁고 나는 거친 숨을 자꾸 몰아쉬었다. 입 언저리에 닿는 모피 후드에 입김이 하얗게 얼어붙었다. 땀은 옷 안쪽에 이슬로 맺혔다.

나는 335도 방위로 곧장 빙상을 내려가는 루트를 걸었다. 똑바로 가면 툰드라 지대로 내려가기 쉬운 포인트가 정확하게 나온다. 그곳에서 진북으로 가면 아운나르톡 오두막으로 향하는 골짜기가 나올 것이다. 각도가 동쪽으로 어긋나면 급경사의 빙벽을 만날 테고, 서쪽으로 벗어나면 오두막은 멀어지고 이상한 장소로 흘러들 것이다. 지금 각도가 틀어지면 그 오차가 끝까지 말썽을 일으킨다. 오두막으로 가는 골짜기를 만나기는커녕 내 위치를 특정할 수 없는 곳에 이르고 말 것이다. 혼란이 밀어닥치고 어떻게든 어둠을 헤치고 돌아가려고 시도하겠지만 결국 실패해 굶어 죽을 수도 있다. 335도에서 벗어나는 일은 없어야 한다.

하지만 어둠 속에서 일정한 방위를 유지하며 걷기란 결코 간단한 일이 아니다.

침로가 어긋나지 않게 나는 여러 차례 멈춰 서서 헤드램프를 켜고 웨이스트 파우치(waist pouch)에 달린 나침반의 각도를 확인했다. 나침반을 보고 최대한 정확하게 335도 방위로 몸의 방향을 맞춘 후 밤하늘을 뚫어지게 보며 어느 별이 진행 방향과 가장 가까운 곳에 있는지 찾았다. 그리고 그 별에서 벗어나지 않도록 신경 쓰며 걸었다. 살짝 벗어났나 불안해지면 멈추고 나침반의 각도를 확인했다. 종일 끈질기게 걷고 방위를 보고 걷고 별을 보고를 반복했다. 별을 주시하며 벗어나지 않도록 온 신경을 쏟았다.

매일 열심히 별을 쳐다보고 있자니 별마다 개성이 보이기 시작했다. 내 생명줄을 쥔 별들은 가스와 먼지와 암석이 응축된 무기물이 아니라 살아 있는 유기체인 것만 같았다. 살아 있다고 생각하니 성격이 보였고 개중에 유독 도드라지는 녀석들이 있었다. 예컨대, '여름의 대삼각형'으로 유명한 거문고자리의 베가가 그렇다. 베가는 분명 여자였다. 그것도 매우 아름다운 여자. 기품이 넘치고 고귀하고 미색이며 보석 왕관을 쓴 여왕 같았다. 왜 여자라고 생각했는지는 잘 모르겠다. 베가는 휘도(輝度)가 높아서 청백색으로 매우 밝게 빛나는 별이다. 하얀 얼음처럼 반짝이는 모습이 다이아몬드를 연상시키고 백인 영화배우 케이트 블란쳇을 상기시킨다. 일본에서 베가는 1년에 단 한 번 칠석날에 견우성 알타이르와 만나기를 손꼽아 기다리는 직녀성으로 알려져 있다. 옛날부터 누가 봐도 여자로 보이는 별인가 보다.

하지만 한편으로 내게 베가는 직녀처럼 다소곳하다기보다 좀 괴팍하고 무서운 구석이 있는 여자였다. 아마도 캐나다 북극권을 겨울에 여행했을 당시에 베가가 있는 서쪽 하늘에서 항상 강풍이 불었기 때문일 것이다. 베가는 입을 오므려 찬바람을 내뿜고 채찍을 휘두를 것 같은 매서운 눈의 여왕으로 밤하늘을 군림했다.

베가와 정반대 위치에서 빛나는 마차부자리의 카펠라는 남성적인 왕이었다. 별의 왕이라고 하면 보통은 항성 중에서 가장 휘도가 강한 시리우스를 꼽지만 시리우스는 적위(赤緯)가 낮아서 북극권의 하늘에서는 보기 어렵다. 뭐랄까, 카펠라는 왕은 왕인데 시리우스가 없는 밤하늘을 대신하는 왕이랄까. 말하자면 정통성을 물려받은 왕이 아니라 섭정이나 내각총리대신 같았다.

확실히 카펠라가 이끄는 마차부자리는 예쁜 오각형이어서 자연스럽게 원탁이 떠오르고 원탁 하면 회의가 떠오르고 회의 하면 내각이 생각나기는 한다. 또 밝긴 하지만 베텔기우스나 아르크투루스나 알데바란처럼 정열적으로 타오르는 새빨간색이 아니라 평범한 노란색을 띠어서, 카펠라는 권력을 잡고는 있지만 인간적으로는 매력이 없는 시시한 별처럼 보인다. 왠지 모르게 나는 옛날부터 카펠라가 그닥 마음에 들지 않았는데, 이 별이 권력 의지가 강하다는 것을 알았을 때야 비로소 내가 카펠라를 탐탁치 않아 한 이유도 알 것 같았다.

카펠라가 권력자가 될 수 있었던 것은 군대라는 폭력 기구를 장악하고 있기 때문이다. 카펠라가 이끄는 마차부자리, 즉 내각이 반시계 방향으로 돌아 천구의 저 위쪽으로 이동하면 거기에 끌려오듯 오리온자리가 지평선에서 힘차게 솟아오른다. 밤하늘에서 오리온자리의 존재감은 압도적이다. 그리스 신화에서 오리온은 바다의 신 포세이돈의 아들이자 뛰어난 사냥꾼으로 묘사된다. 누가 봐도 오리온자리는 사냥꾼의 활의 힘, 즉 무력을 생각나게 한다. 이 오리온 기갑 사단을 이끄는 것은 폭발 직전의 적색 거성인 노장 베텔기우스이고 후미를 지키는 것은 백색 전투 대장 리겔이다.

하지만 베가가 제아무리 기품 있고 카펠라가 독재자인들 그들은 결국 세속의 왕이다. 천구라는 우주에서 이 세속의 왕들을 지배하는 것은 북극성이다. 북극성은 2등성으로 휘도가 낮아 엷은 연무라도 끼면 웬만해선 육안으로 잘 보이지 않는다. 그런 면에서는 좀 곤란한 별이지만, 우주의 중심인 것은 의심할 여지가 없다. 아무리 밝고 용감하게 잘난 척해도 모든 별은 결국 북극성을 중심으로 반시계 방향으로 회전하고 하루가 지나면 원래 위치로 되돌아오는 존재에 지나지 않는다. 영원히 같은 궤도를 빙빙 돌 수밖에 없단 점에선 인간과 마찬가지로 덧없고 무상한 존재이기도 하다. 그러나 북극성은 아니다. 북극성은 모든 별의 움직임을 관장하는 부동의 한 점, 시간과 공간을 넘어서는 천구의 축이며 생과 사의 무상을 초월한 영원의 존재이자 신이다.

엷은 안개만 피어올라도 숨어버리는 좀 믿음직스럽지 못한 신인 북극성의 자리를 분명히 알려주는 것이 지극성이라고 불리는 북두칠성과 카시오페아자리다. 선명한 이 두 별자리는 북극성과 아주 가까운 매우 높은 위치에서 회전한다. 북두칠성의 국자 맨 앞에 있는 두 개의 별 메라크와 두베를 잇는 선의 연장선과, 카시오페이아자리의 W자 양끝 선을 연장했을 때 생기는 교차점과 가운데 꼭짓점을 지나는 선이 만나는 위치에 언제나 북극성이 자리한다. 그런 의미에서 북두칠성과 카시오페이아자리는 신의 가장 측근에서 시중을 드는, 일명 북극성교의 대천사 미카엘과 가브리엘에 견줄 수 있다.

그러고 보니 천구가 북극성을 중심으로 하는 만다라 구조처럼 보이기도 했다. 북극성이 대일여래(大日如来)로서 우주의 중심을 잡고, 그 옆의 높은 곳을 대천사가 수호하고, 그보다 하층의 세속계에는 덧없고 인간적인 별들이 이야기를 쓰고 있었다.

별에 눈을 두고 걷다 보니 이런 대은하 이야기가 자꾸 떠올랐다. 몸은 움직이지만 머릿속은 한가했으니까. 고대 그리스인들이 밤하늘을 보며 신화를 지은 것이 이해가 됐다. 그 시대에 긴 밤을 보낼 여흥이라고는 밤하늘의 별을 보는 것뿐이 더 있었겠나. 색도 빛나는 정도도 모양도 다 다르니 이름을 붙이고 이야기의 주인공으로 끌어들이기 좋았다.

역시 내가 최애한 별은 여왕 베가였다. 아름다웠고, 내가 걷는 동안 적당한 높이로 눈앞에 나타났기 때문에 더 그랬다. 어쩐지 이번엔 바람도 베가 쪽에선 불어오지 않아 얼음장 같은 눈의 여왕 가면을 벗은 수수하고 상냥한 처녀 같은 느낌을 주었다.

매일같이 별들에게 보이지 않는 메시지를 받으며 전진했다. 그런데 문제는 빙상의 끝이 가까워질 기미가 전혀 안 보인다는 데 있었다.

지금쯤이면 빙상의 가장자리가 가까워지면서 내리막이 확실해지고 눈이 줄어들고 우툴두툴한 얼음이 나타났을 것이다. 하지만 내리막은 고사하고 평평한 길이 이어졌다. 이상하네, 슬슬 내려가야 할 것 같은데…. 의문을 품은 채 걷기에 집중했지만 지형은 변하지 않았다.

뭐라도 보였으면 대략적인 위치를 대번에 알았을 텐데, 쇠멸해버린 달빛은 힘이 없었다. 눈앞은 불길한 어둠으로 가득했다.

이만 멈추고 텐트를 치고 들어와 앉았다. 옷가지에 붙은 서리를 털고 커피를 끓이면서 지도를 살폈다. 오늘은 빙상 끝에 도달할 줄 알았건만, 그럴 낌새가 보이지 않았다. 어제와 그제 걸은 거리가 생각보다 짧았던 모양이라고 일단 결론을 내렸다. 순조롭다면 내일은 빙상을 내려갈 수 있으리라 기대하며 잠을 청했다.

다음 날. 오늘은 달의 시간 대신 태양의 시간으로 돌아가기로 했다. 달은 떠 있었지만 달빛은 없는 것이나 마찬가지였다. 그렇다면 태양의 정중 시각에 하늘이 어렴풋하게나마 밝아질지 모른다. 그쪽에 기대를 걸고 길을 나섰다.

그리고 별에 의지해 걷고 또 걸었다. 태양의 정중 시각이 되었

지만 하늘은 깜깜했다. 세상은 극야의 어둠에 갇혔고 오직 별들
만 깜박였다.

별을 보면서 나는 또 망상에 빠져들었다. 어둡고 춥고 아무
것도 없는 공간에서 단조로운 육체 운동만 반복하다 보니 나도
모르게 의식이 붕 뜨고 현실과 멀어졌다.

출발하자마자 정면에 마차부자리의 카펠라가 보였다. 북극
의 권력자, 밤하늘의 총리대신. 밝기만 하고 보잘것없는 권력에
매달리는 평범한 빛에 곧 질려버렸다. 카펠라를 중심으로 하는
오각형 내각을 보며, 일본으로 따지면 내각부가 있는 나가다초
가스미가세키 근처겠네 따위의 몽상을 이어갔다.

보자, 그러면 오리온자리는 군대니까 방위성이 있는 이치가
야겠군. 나는 밤하늘에 도쿄 지도를 포갰다. 공교롭게도 나는 이
치가야의 아파트에 살고 있었다. 비록 오리온자리의 반대편, 그러
니까 방위성이 있는 신주쿠구 방면이 아니라 길건너 반대쪽인 치
요다구 방면이긴 했지만. 정확히 말하자면, 마차부자리가 나가다
초 가스미가세키 근처니까, 거기서 문예춘추 출판사 앞을 통과
해 고우지마치오오도오리(麴町大通り)를 지나 니혼TV 거리를
쭉 오리온자리 쪽으로 향해 가면 야스쿠니도오리와 만나게 되고
JR 이치가야 역 앞에 도착하는데, 우리 집은 그 바로 앞에서 조
금 오른쪽으로 들어가면 있었다.

여기 놓을 만한 별자리가 있나 하고 보니 딱 맞는 별이 보였

다. 쌍둥이자리의 카스트로와 풀룩스. 쌍둥이자리는 나머지 별들이 어두워서 이 두 별만 나란히 있는 듯 보이는 수수한 별자리지만, 마차부자리 왼쪽 아래에서 단정하게 반짝이며 시선을 끈다. 이 두 별 또한 예전부터 내가 여성으로 의인화해왔는데, 우리 집에는 아내와 딸, 두 여자가 있으니 쌍둥이자리는 '우리 집'을 상징하는 별로 낙점되었다. 이걸 발견한 내가 기특했다.

그날부터 쌍둥이자리는 '우리 집 별'이었고, 볼 때마다 아내와 딸을 떠올렸다.

우연히도 '우리 집 별'은 내가 오후쯤 출발할 때 정확히 눈앞에 위치했기 때문에 꼭 아침에 출근하려고 집을 나서는 기분이 들었다. 물론 난 현실 세계에서 출근 따윈 하지 않았다. 여하튼 '우리 집 별'을 표식으로 삼아 335도 방위로 걷다가 천구가 반시계방향으로 회전해 '우리 집 별'이 오른쪽 위로 벗어나면 표식이 되는 별을 바꾸었다. 나를 도울 다음 별은 대천사 미카엘 북두칠성이었다. 북두칠성은 국자 머리 부분부터 순서대로 두베, 메라크, 페크다, 메그레즈, 알리오츠, 미자르, 알카이드까지 일곱 개 별이 이어진다. 도쿄로 따지면 대충 긴자 근처겠군. 회전해가는 일곱 개 별을 순서대로 표식으로 삼았는데, 그땐 마치 긴자의 술집 일곱 군데를 순례하고 다니는 인기 작가가 된 기분이었다. 북두칠성이 지나가면 내가 가장 멋진 별로 꼽는, 화염에 싸인 고고한 적색 항성 아르크투루스가 표식이 된다. 그리고 마지막 대미는 여왕 베가가 장식한다. 베가가 표식이 되는 때는 한밤중이어서 그런가. 어쩐지 베가짱이라고 불러야 할 것 같았다. 긴자를 전전하다 들어간 마지막 술집에서, "지명할 사람이 있나요?" "베가짱 불러주세요." "지명료는 별도로 2000엔이에요." "네." 따위의 대화를 마친 끝에 베가짱과 데이트하러 나가는 데 성공한 기분을 만끽하며 이동을 마쳤다.

베가든 베가짱이든 중요한 건 이날도 빙상을 내려가는 데 실패했다는 것이다. 오늘은 끝나겠지, 오늘은 끝나겠지 하다가 여기까지 왔다. 이 다음 날도 오늘은 끝나겠지라는 생각으로 출발했건만 마찬가지였다. 빙상은 여전히 평평했고 끝이 없어 보였다.

벌써 12월 23일이었다. 예전에 세 번이나 이 루트를 걸었는데 매번 사나흘 만에 통과했다. 물론 극야가 아니었고 짐이 적었다. 이 점을 감안해서 계산해도 50킬로미터 거리는 5일이면 충분했다. 최악의 경우라도 그랬다. 그런데 난 지금 꼬박 6일을 걸었다.

하는 수 없이 다음 날도 계속 걸었다. 걸으면서 몇 번이나 뒤를 확인했다. 지나온 설면이 내리막처럼 보였지만 어쩌면 내리막이 아닐지도 몰랐다. 여전히 오르막이었나. 극야에 빙상의 경사를 육안으로 알아챌 가능성은 거의 없었다. 12월 20일에 분명 빙상의 꼭대기를 지나 내리막에 들어섰다고 판단했으니 난 지금 최소 나흘을 내려가고 있는 셈인데, 그럴 수가 없었다. 나흘을 내려왔다면 빙상을 내려왔어야 한다.

혼란스러웠다. 별을 보며 바보 같은 망상이나 하고 앉아 있었다니.

진행 방향이 잘못됐나?

불안이 나를 얽어맸다. 나는 몇 걸음 만에 멈춰 서서 나침반 방위를 확인했다. 그리고 지도를 꺼내 내가 설정한 335도라는 침로에 착오가 없는지 확인했다. 하루에 다섯 번이고 열 번이고 확인했다. 지도를 접은 자리에 구멍이 날 정도로 자주 확인했다. 하지만 아무리 열심히 봐도, 지도가 해어질 정도로 봐도 내가 설정한 335도라는 침로는 맞았다. 그리고 나는 정확히 335도로 나아가고 있었다.

나는 올바른 방위로 하루 일곱 시간 반에서 여덟 시간을 걷고 있었다. 체감상 시속 2킬로미터로 걸었으니 적어도 하루 10킬로미터는 걸었을 테고, 일주일을 종일 걸었으니 단순하게 계산하면 이동거리는 70킬로미터였다. 그런데 기껏해야 50킬로미터인 빙상이 끝나지 않았다고? 그럼 남은 가능성은 역시 방위가 잘못된 것이다. 내 침로가 틀린 것이다.

다시 제자리였다. 나침반과 지도를 재확인했지만 침로는 틀리지 않았다.

혼란이 더 커졌다. 혹시 내가 나침반이라든지 335도라든지 그런 수준이 아니라 좀 더 다른 차원에서 근본적인 실수를 저질렀나? 북쪽과 남쪽을 헷갈렸다든가… 설마 출발한 마을이 시오라팔루크가 아니었나? 멍청한 생각 말자. 하지만 며칠 동안 남북을 완전히 잘못 알고 역주했을 수 있어. 머릿속에서 말도 안 되는 불안이 들끓었다.

극야에 시각 정보를 빼앗기자 평소엔 생각지도 않았던 데서 불안이 싹트고 자랐다. 불안을 잠재울 수가 없었다. 광활한 어둠과 혼돈뿐인 이 세계는 언어의 논리가 통용되지 않았다. 나침반이 틀렸다면? 결국 나침반도 인간이 발명한 계측 기기이고 고장이나 오류의 위험은 언제나 있다.

유일하게 믿을 수 있었던 것은 하늘에서 어렴풋이 빛나는 북극성뿐이었다.

나는 목이 빠지도록 몇 번이고 북극성을 올려다보았다.

내가 있는 곳은 대략 북위 78도. 북극성이 고도 78도 높이에서 빛나고 있으니 사실상 머리 위지만, 완전 일직선상은 아니고 정수리에서 12도 각도로 진북 쪽으로 기울어 있었다. 북극성을 보면 진북 방향을 확인할 수 있었다.

나는 걷다 말고 멈춰 서서 오른손을 북극성 쪽으로 높이 치켜들고 북극성이 기울어져 있는 방위를 향해 최대한 정확하게 연직(鉛直)으로 팔을 내려 진북 방향을 확인했다. 거기서 내 침로인 335도 방위를 다시 확인했다.

방위는 옳았다. 나침반은 고장이 아니었고 나도 355도 방위로 잘 가고 있다고 생각했다. 그래도 불안은 가시지 않았다. 내가 맞았다면 이제 풍경에 변화가 있을 만도 했다. 빙상 너머 툰드라 지대 언덕이나 골짜기 같은 지형 정보를 미약하게나마 얻을 수 있을까 싶어 어둠 속에서 눈을 크게 떴지만 그 끝은 또 다른 어둠뿐이었다.

불안이 올라올 때마다 북극성을 올려다봤다. 그리고 침로를 확인했다. 걷다가 또 불안해지면 북극성을 향해 오른손을 올렸다 내렸다 했고 또 걸었고 또 멈췄고 또 별을 보길 수 없이 반복했다.

이때 우주의 축, 부동의 한 점인 북극성은 천공의 중심에 자리 잡고 있어서 내겐 완전무결의 신이 되어 있었다. 북극성이 내가 옳은 방향으로 가도록 계시를 내려주었고, 나는 계시를 받고 안도하곤 했다. 북극성을 올려다봤다기보다 우러러봤다고 해야 할 것 같다. 절대자에게 구원을 비는 중생의 심경이었으니까.

그리고 깨달았다.

밝은 계절에 빙상을 걸었을 때 나는 내 보속(步速) 감각에 꽤 자신이 있어서 그것을 토대로 거리를 계산하고 위치를 추정했다. 지금까지 거기에 큰 오류는 없었고 늘 여행을 무사히 끝낼 수 있었다. 이 광막한 땅을 GPS 없이 걷는 자신감의 근거이기도 했다. 그런데 곰곰 생각해보니 그때 내가 내 위치를 꽤 정확하게 알 수 있었던 것은 저 멀리 풍경이 보였기 때문이다. 결국 내 신체 감각만으로 위치를 알았던 적은 없었던 셈이다. 어둠이 시각을 차단하고 다른 감각에만 의존해 판단해야 하는 상황이 되자 내 계산은 대번에 착오를 일으켰고 실제보다 더 많이 걸었다고 오판한 것이다.

북극성은 틀릴 수 없으니, 틀린 것은 내 신체 감각이었다. 극야라는 독특한 환경에서 걷는 속도를 지각하는 어떤 신체 기관이 오작동한 것이다. 증폭된 불안을 걷어내기 위해서는 지금까지 믿었던 내 신체 감각을 버려야 했다. 감각에 기댄 판단을 그만두어야 상황을 타개할 수 있었다. 북극성이 가리키는 방위만을 믿어야 한다. 한 점 의심 없이 의지하고 북극성의 말씀에 매달려 나아가야 한다. 그래야 불안이 움트지 않는다.

극야의 암흑 속에서 나는 나를 버리고 오로지 별을 믿어야 했다. 어쩌면 그때 신앙의 원초적 형태를 경험했는지도 모른다.

그러던 어느 날, 정체불명의 불덩어리를 보았다.

여기가 어디쯤일까? 잘 가고 있는 걸까? 끝없이 그런 생각을 하면서 전방의 별을 보며 걷고 있던 때였다. 왼쪽 전방 몇 킬로미터 앞에서 붉고 둥근 불꽃이 일순간 타오르듯 강렬하게 빛났다. 보자마자 유성인가 싶어 하늘을 보았다. 유성은 실제로 자주 출현해서, 하루에 다섯 번이고 여섯 번이고 본 적도 있었다. 하지만 그 불덩어리는 빙상 바로 위에서 빛나는 듯했다. 위치도 이상했고 색도 주황 계통으로 부자연스러웠다.

불덩어리는 어둠 속에서 작열하듯 빛나다가 몇 초 후에 사라졌다.

나는 그것이 근처 거주민의 등불이라고 확신했다. 틀림없었다. 연유는 모르지만 누군가가 아운나르톡 오두막으로 개썰매를 타고 가는 중이리라. 불덩어리는 썰매 뒷부분 손잡이에 거는 랜턴 불빛이 분명하다. 지금 잠깐 안 보이는 건 빙상의 언덕 뒤쪽으로 들어갔기 때문이겠지.

불덩어리의 정체를 알고 나자 나는 띌 듯이 기뻤다. 일단 사람이 있다는 것. 같은 방향이라면 불덩어리는 다시 나타날 테고 내 존재를 알아차리면 가까이 올 것이다. 이렇게 깜깜한데 GPS 없이 나오진 않았겠지. 일단 마주치면 GPS 좌표 데이터를 물어보자. 그럼 내가 어디 있는지 알겠지. 더 불안해하지 않아도 돼. 역시 요즘 같은 세상엔 IT지. 천구의 신보단 GPS가 더 확실하고.

하지만 불덩어리는 영영 자취를 감추었다. 아까 불덩어리를 봤던 방향으로 눈을 돌려봤지만 두 번 다시 타오르지 않았다.

*

12월 24일, 이동을 마치려는데 빙상이 내리막으로 접어드는 낌새가 느껴졌다. 다음 날은 하루 쉬었고, 26일에 길을 나서자 경사가 심해지면서 빙상의 끝을 예고했다. 발밑도 변했다. 지나온 길은 단단한 설면이었다면, 이때부터는 울퉁불퉁한 얼음 지대로 변해 있었다. 북극성의 인도에 따라 침로가 틀리지 않음을 믿음으로써 마침내 길이 열린 것이다.

썰매를 끌며 우툴두툴한 경사면을 335도 방위로 비스듬히 돌파해 내려갔다. 남은 문제는 빙벽이 되었을지 모르는 마지막 내리막이었다. 경사가 점점 가팔라졌다. 하지만 아래쪽엔 어둠이 고여 있어 어디가 빙상의 끝인지 알 수 없었다. 끝부분이 빙벽일지 몰라 조심조심 걷던 중에, 땅이 불쑥 튀어 나온 지점을 사선으로 가로지르다가 썰매 한 대가 균형을 잃고 뒤집어졌다. 동시에 썰매 손잡이에 걸어둔 봉지가 빠져 엄청난 속도로 경사면을 따라 미끄러지기 시작했다.

이런! 재빨리 썰매에 연결한 카라비너(karabiner, 금속 고리—옮긴이)를 풀고 봉지를 쫓아 경사면을 내달렸다. 하지만 봉지는 매끄러운 비닐 시트 천으로 겉을 보강한 것이라 가속도가 붙어 눈 깜짝할 사이에 어둠 저편으로 사라져버렸다. 50미터 정도 쫓았지만 문득 신발에 체인 스파이크를 부착하지 않았다는 사실을 깨달았다. 만약 미끄러져 구르기라도 하면, 아래가 빙벽일 경우 수십 미터를 추락해 죽을 수 있었다. 나는 멈출 수밖에 없었다.

봉지 안에는 촬영팀이 맡긴 일안 리플렉스 카메라와 보온병, 방한장갑 등 치명적이라고까지는 할 수 없지만 꽤 중요한 장비가 들어 있어서 잃어버리면 곤란했다. 나는 썰매로 돌아가 발에 체인 스파이크를 부착하고 썰매에도 급사면용 브레이크 줄을 걸었다. 기필코 찾고야 말겠다고 다짐하며 봉지가 미끄러져 사라진 방향으로 헤드램프를 비추며 천천히 발을 옮겼다.

조명을 비춰봤지만 눈이 너무 딱딱하게 굳어 있어서 봉지가 굴러떨어진 자국이 남아 있지 않았다. 불빛 너머에는 무엇이든 집어삼키는 암흑이 이어지고 있었다. 중력을 느끼며 나는 신중하게 내려갔다. 그런데 70-80미터 정도 내려간 곳에 어찌 된 영문인지 봉지가 우뚝 멈춰서 있었다. "앗싸!" 나도 모르게 환호성을 질렀다.

근데 봉지가 어떻게 멈췄지? 여기만 평평하기라도 한가?

가까이 가보니 봉지가 멈춘 곳은 정말 평평했다. 어째서 여기만? 빙상의 경사면 한가운데에 왜 이런 평평한 장소… 영 꺼림칙해 자세히 보니 발밑의 설면에 작은 자갈이 섞여 있었다.

자갈이라… 빙상에 자갈? 퍼뜩 떠오르는 생각이 있어 달려가 보니 봉지가 멈춘 곳 앞으로 평평한 지면이 이어졌고 자갈과 바위가 드러나 있었다.

그랬다. 빙상이 아니라 툰드라 지대였다.

"앗싸아! 빙상 끝!"

쭉 내리막이겠거니 생각했던 터라 더 신났다. 나는 환호하며 개를 끌어안았다. 사정을 모르는 개는 내 흥분에 어리둥절해할 따름이었지만.

별것 아니었다. 봉지를 뒤쫓아 내달린 경사면이 그동안 내가

빙벽이면 어쩌나 걱정했던 빙상의 끝이었다. 어두컴컴하니 앞이
보이질 않아 거기가 끝인 줄 꿈에도 몰랐던 것이다.

어둠의 미로

내가 극야 세계에 빠진 건 앱슬리 체리 개러드가 쓴 『세계 최악의 여행』(*The Worst Journey in the World*) 때문이었다. 남극 탐험의 고전으로, 영국의 영웅적인 탐험가 로버트 팰컨 스콧의 탐험 일정을 기록하고 그 비극적인 결말을 후대에 남긴 명저이다.

1911년, 스콧은 동료 네 명과 함께 당시 그 누구도 도달하지 못한 남극점을 향해 출발했다. 그리고 1912년 1월 17일, 가혹한 추위와 험난한 빙하 등반을 이겨내고 마침내 남극점에 도달한다. 하지만 그곳에서 그들을 기다리고 있던 것은 그들보다 남극점에 먼저 도착한 탐험대의 텐트와 노르웨이 국기였다. 같은 시기에 남극점 최초 도달을 목표로 탐험 중이던 노르웨이 탐험가 로알 아문센이 세계 최초의 위업을 먼저 달성했던 것이다. 아문센은 스콧에게 자신의 승리를 선언하는 잔혹한 편지까지 남겼다 (편지 내용은 다음과 같다. "친애하는 스콧 대령님. 당신이 우리 다음으로 이 지역에 도착한 첫 번째 사람이 될 것 같으므로 이 편지를 호콘 7세께 발송해주시기를 부탁드립니다. 텐트 안에 남아 있는 물건들 중에서 쓸모 있는 것이 있으면 부담 갖지 말고 사용하십시오. 무사히 귀환하시기를 빌며." 아문센은 자신이 네덜란드로 귀환하지 못할 경우를 생각해 이 편지를 남극점 최초 도달의 증거로 남긴 것이었으나 결과는 정반대였다—옮긴이). 실의에 빠진 채 돌아선 스콧 탐험대를 기다린 것은 또 다른 고난이었다. 갑작스러운 추위와 휘몰아치는 블리자드에 대원들은 손발 동상과 체력 고갈로 괴로워하다 한 명 한 명 설원 위에 쓰러져갔다. 스콧을 비롯한 대원 세 명은 식량과 연료가 있는 저장소를 코앞에 두고 텐트 안에서 목숨을 잃었다.

그야말로 세계 최악의 여행이다. 내가 이 책을 읽은 것은 대학생 때 탐험부 친구와 베이징에서 칭다오로 향하는 열차 안에서였다. 나는 스콧과 대원들의 모습이 영 이상했다. 동상에 괴로워하고 픽픽 쓰러지는 동료의 죽음에 그들은 딱히 슬퍼하지 않았고 극히 담담하게 마치 주변에 굴러다니는 돌을 보듯 대했다. 그들은 죽음을 예견된 운명으로 받아들였다. 다 알고 탐험에 나선 듯한 인상이었다. 뭔가 죽음에 무감각하게 된, 망가진 사람들에게서 풍기는 섬뜩함이 있었다. 극지방이란 인간에게 죽음을 강제로 주입하는 끔찍한 곳이란 생각이 자리 잡은 것도 이 책 때문이었다.

이 책의 제목이 '세계 최악의 여행'이 된 데에 남극점 최초 도달 경쟁에서 패한 영국 탐험대 전원이 사망한 비참한 결말이 한몫을 했다는 건 누구나 알 만하다. 나도 처음엔 그렇게 생각했다. 하지만 최악의 사정이 하나 더 있었다. 이 책의 저자인 체리 개러드를 포함한 세 명의 대원은 스콧 등이 극점을 목표로 하기 직전 겨울에, 당시 생물학상의 수수께끼를 해명하는 데 필요한 황제펭귄 알을 손에 넣기 위해 원정대 기지에서 124킬로미터 떨어진 곳까지 목숨을 건 썰매 여행을 감행했다. 남극의 겨울이므로 당연히 칠흑 같은 어둠의 극야였다. 이 암흑 속 썰매 여행이야말로 체리 개러드에게 '세계 최악의 여행'이었다.

로스 섬이라는 작은 섬을 다녀오는 한 달 남짓한 소규모 썰매 여행이었으나 최악은 최악이었다. 우선 엄청난 혹한기였다. 영하 40도도 고마울 지경이었다. 기온은 영하 50도대를 넘나들었다. 모피신 안에서 발이 얼었다. 발이 얼지 않게 하려면 발을 끊임없이 움직이는 수밖에 없었다. 모자와 머리카락이 얼은 채 엉겨붙어 텐트에 들어간 후 한참 있어야 모자를 벗을 수 있었다. 조심성 없게 몸을 움직였다가는 모피옷까지 이상한 모양으로 얼어서 굳었다. 손발은 항상 동상에 시달렸다. 차원이 다른 혹한이었다.

하지만 무엇보다 이 여행이 세계 최악이었던 것은 어둠 때문

이었다고 체리 개러드는 썼다. 위도라도 낮았으면 낮에는 좀 밝았
을 텐데, 이들의 여행 무대는 남위 77도 30분에서 50분으로 북
극으로 치면 시오라팔루크와 다르지 않은 고위도 지방이어서 낮
밤 없이 어두웠을 것이다. 출발일이 동지 직후인 6월 27일이었고
복귀가 8월 1일이었으니 극야의 한가운데에 있었던 것이다. 그 시
절에 헤드램프가 있었겠나 회중전등이 있었겠나. 조명이라곤 달
빛과 양초뿐이었으니 사실상 구석기인의 장비였다. 그러하니 썰
매 끄는 줄은 안 보이고 난로가 어딨는지도 알 수 없었다. 나침반
을 읽으려면 매번 성냥 상자를 먼저 찾아야 했다. 아무것도 보이
지 않았던 탓에 아침에 일어나 출발할 때까지 네다섯 시간이 필
요했다.

체리 개러드는 이렇게 썼다.

에반스 곶에서 크로지어 곶까지 여행하는 데 19일이 걸렸
는데 그 지독함이란 체험해보지 않은 이는 모른다. 이런
여행을 한 번 더 반복하려는 인간은 이루 말할 수 없이 어
리석은 인간이다. 그것은 필설로 다하기 어려운 것이었다.
… 큰 고통 없이 죽을 수만 있다면 죽고 싶을 만큼 괴로웠
던 날도 있었다. … 우리를 그렇게 만든 것은 암흑이었다.

이 극단적인 추위와 어둠 속에서 그들은 하루에 기껏해야 10킬

로미터밖에 이동하지 못했다. 3-4킬로미터밖에 못 간 날도 있었다. 블라자드에 텐트가 날아가 죽음에 직면하기도 했다. 말이 소규모 여행이지, 아마 당시 장비로 이런 환경을 여행하는 것은 신체 한계에 도전하는 일이었을 것이다.

20대였던 나는 스콧 원정대의 기록에 충격을 받았다. 이런 지옥 같은 암흑 공간이라니. 과학의 발전에 기여하겠다는 숭고한 대의명분이 있었다고는 하나 황제펭귄 알 하나를 얻기 위해 죽음의 세계로 직진했다니. 머리로 전부 이해하기 어려웠을 뿐 아니라 괜히 꺼림칙한 기분마저 들었다.

그 충격은 10년에서 15년이라는 긴 잠복기를 거쳐 형질전환을 일으켰다. 망가진 인간에 대한 불쾌한 공포는 그들이 경험한 어둠의 세계에 대한 순수한 호기심으로 바뀌었다. 그사이 나 또한 등산과 탐험을 하며 극야를 외계가 아닌 현실로 인식할 수 있게 되었다. 자료들에서 본 극야는 이제 부정의 대상이 아니었다. 어느새 나는 극야에 매력과 동경을 품었다.

극야 탐험을 결정한 후 나는 스콧 탐험대 말고도 눈에 띄는 다른 기록이 없는지 조사했다. 그러나 그들만큼 깊은 어둠을 여행한 기록은 찾을 수 없었다. 유명한 일본인 탐험가 우에무라 나오미는 북극권을 1만 2000킬로미터 여행하던 중에 극야를 맞기도 했다. 첫 번째는 1974/75년 북위 70도에서 73도 부근에서, 두 번째는 1975/76년 북위 68도에서 69도에서였다. 하지만 비교적 저위도라 스콧 탐험대만큼의 암흑은 경험하지 못했다. 실제로 우에무라 나오미가 쓴 책에는 극야로 인한 불안이나 공포가 거의 드러나지 않는다. 그가 두 번째 겨울을 보낸 캐나다의 캠브리지 베이 주변은 대낮에 너댓 시간은 환해서 별로 극야 같지 않다. 남아프리카 출신으로 북극권 일주라는 원대한 여행을 한 모험가 마이크 혼도 2002년 12월 하순에 북위 73도의 캐나다 아틱 베이(Arctic bay)에서 썰매를 끌고 남하했는데, 이 역시 고위도는 아니다. 2006년 겨울에는 극지방 모험가로 명성이 자자했던 노르웨이의 보르게 우슬란트와 팀을 짜 극야 기간에 도보로 북극점에 도달하는 말도 안 되는 모험을 성공시켰다. 이것은 아마 북극점을 둘러싼 모험 역사상 힘들기로 1, 2위를 다투는 위업이었다고 생각한다. 하지만 얼마나 어두운 밤을 통과했느냐의 관점에서 보면, 출발이 1월 22일, 도착이 3월 23일이었으므로 꽤 환한 시기였을 것이다.

　　스콧 탐험대와 비견할 만한 것으로 더 오래된 탐험이 하나 있다. 19세기 말, 북극점 최초 도달자로 이름을 남긴 미국의 탐험가 로버트 피어리의 기록이다. 그는 극야를 개썰매를 타고 돌파했다고 전해진다. 피어리가 북극점에 최초로 도달했다고 여겨지는 때는 1909년 4월인데(참고로 지금은 피어리가 이때 극점에 도달하지 못했다는 주장이 유력하다), 제대로 극야를 여행한 건 그보다 10년 전인 1898/99년에 시도한 첫 북극점 도달 원정 때였다.

피어리는 1898년 여름 캐나다 최북단에 있는 엘즈미어 섬까지 증기선으로 북상했으나 북위 79도 30분 지점의 뒤르빌 곶(Cape d'Urville)에서 유빙(流氷)에 가로막혀 정박할 수밖에 없었다. 하지만 인류 최초의 북극점 도달이라는 야망에 불타던 피어리는 포기하지 않았다. 조금이라도 극점을 향해 전진할 요량으로, 정박한 가을부터 초겨울 사이 탐험에 동행한 이누이트들에게 사향소와 바다코끼리 사냥을 시켜 고기를 비축했다. 그리고 12월에서 1월 사이에 330킬로미터를 더 가야 나오는 콩어 기지(Fort Conger)로 물자를 옮긴다는 계획을 세웠다.

이 고위도에서, 그것도 한창 동지일 때 움직인다는 것은 기존과는 전혀 다른 전략이 필요하단 소리였다. 라일 딕은 『사향소의 땅』에서 당시 피어리가 '극지법'(極地法)이라고 나중에 알려진 방법을 실험했다고 썼다. 그는 아직 달빛이 남아 있던 11월 하순에 이누이트에게 썰매 두 대를 주고 먼저 출발시켰다. 이누이트가 맡은 임무는 뒤르빌 곶에서 100킬로미터 떨어진 곳까지 물자를 옮기는 것이었다. 이후 달이 자취를 감춘 시기엔 썰매와 장비를 정비하며 때를 기다렸다. 달이 나온 12월 20일, 피어리 본대 두 명과 이누이트 네 명이 뒤르빌 곶을 출발했다. 달이 떴다고는 하나 태양은 없었으므로 시야는 막혔고 루트 사정도 최악이었다. 엘즈미어 섬은 험준한 절벽이 솟아 있어 해안선을 따라 형성된 정착빙의 폭이 좁고 구불구불했다. 게다가 조수 압력으로 융기한 해빙이 길을 가로막았다. 그러면 정착빙에서 해빙으로 내려와야 하는데, 정착빙과 해빙 사이는 조수간만으로 얼음이 쉽게 깨져 난빙대를 이루었다. 이들은 달빛에 의지한 채 도끼로 얼음을 깨부수며 앞으로 나아갔다.

로렌스 곶의 북쪽 정착빙은 몹시 거칠어서 썰매로 전진하기가 무척 힘들었다. 얼어붙는 북풍이 그들의 전진을 몇 번이나 막아섰다. 피어리는 이누이트 둘과 개 몇 마리를 데포세 곶 근처에 남겨두었다. 식량은 바닥을 보였고 달빛도 급속히 엷어졌다. 피어리 탐험대는 비틀거리며 난빙대를 넘어 가까스로 베어드 곶에 도착했다. 눈이 움푹 패여 생긴 구멍 속에서 선잠을 자고 레이디프랭클린 만의 거칠게 돌출된 다년빙을 지났다. 열여덟 시간을 걸어 이 만의 북쪽에 도착했을 땐 개가 한 마리 줄어 있었다. 잡아먹어야 했으니까. 탐험대는 쇠약해진 아홉 마리의 개와 망가진 썰매를 이곳에 버리고 떠났다.
—『사향소의 땅』 중에서

1월 6일 피어리는 콩어 기지에 도착했지만, 이 극야행을 강행함으로써 그가 지불한 대가는 결코 만만치 않았다. 얼어버린 발가

락 여덟 개를, 북위 81도 45분의 초극지에 위치한 의료 설비이라
곤 전혀 없는 허름한 나무 오두막에서 절단해야 했다.

극지 생활 기술의 전문가인 이누이트에게 상당 부분 의지하
긴 했지만, 피어리의 극야행은 역사에 기록될 만한 탐험이었다.
그들의 무대는 내가 어둠 속을 방황했던 그린란드 북서부의 바
다 건너편이었다. 거짓말을 좀 보태면 엎어져 코 닿을 곳이었다.
나는 그와 거의 같은 위도의 장소에서 거의 같은 시기에 거의 같
은 암흑 속을 걷고 있었다.

피어리가 뒤르빌 곶을 출발한 그날로부터 118년 6일 후, 나
는 드디어 암흑의 빙상을 넘어 툰드라 지대로 나왔다.

*

빙상이 갑작스레 끝나버리자 나는 반쯤 정신을 놓고 깜깜한 허
공을 바라보았다. 달은 없었고 태양 빛 부스러기도 없었다. 끝을
알 수 없는 어둠의 융단이 툰드라 지대를 뒤덮고 있었다.

너댓새면 끝날 줄 알았던 빙상 종단에 열흘이나 걸렸다는
게 믿기지 않았다. 이 방향이 맞는지에 대한 불안에서는 해방됐
으니 그나마 다행이었다. 하지만 이건 역주행은 하지 않았다는
데서 오는 안심이었지, 아운나르톡 오두막으로 가는 루트에 제대
로 들어섰는가 하는 문제에서는 여전히 불안했다. 335도 방위로

걸으려고 무진 애를 썼지만 실제로 그랬는지는 알 수 없었으니까. 350도로 걷든 315도로 걷든 빙상은 끝나게 돼 있다. 나는 지금 내가 어디 있는지 모른다.

한탄해봐야 무슨 소용이랴. 일단 335도로 내려왔다고 전제하고 다음 계획을 세우기로 했다.

툰드라 지대를 약 30킬로미터 가로지르면 아운나르톡 오두막이 나온다. 평소대로 루트를 잡는다면 빙상을 내려온 곳에서 진북 방향에 있는 표고가 비교적 높은 구릉지를 우선 목표로 삼는다. 나는 여기에 '툰트라 중앙고지'라는 이름을 붙였다. 이 중앙고지의 꼭대기에 도착해 서쪽으로 향하는 골짜기로 내려간다. 골짜기는 점점 넓어져 오른쪽으로 완만하게 꺾이면서 오두막이 있는 해안으로 연결된다. 이 골짜기 끝은 폭포이므로 해안 바로 앞에서 왼편의 작은 안부(鞍部)를 넘어 지류를 타고 내려가야 한다. 꽤 복잡한 루트이다.

툰트라 지대는 지도상으로는 골짜기와 구릉지가 뒤얽힌 지형이지만 실제로는 매우 평탄하다. 지도에서 강의 흐름이 보이는 골짜기 안으로 들어서도 어디가 골짜기인지 전혀 모를 정도다. 시야가 트여 있을 때도 알 듯 말 듯한데, 극야, 그것도 동지, 그러니까 눈을 뜨고 있어도 감은 것과 다름없는 상태에서 '꽤 복잡한' 루트를 찾는 것은 거의 불가능할 것 같았다.

내가 어딨는지가 확실치 않으니 진북으로 가면 되는지조차 아리송했다. 그래도 움직여야 했다. 달은 이미 저물었고, 해를 넘겨 1월 2일이 될 때까지 달은 뜨지 않을 것이다. 탐험을 떠나기 전에는 나도 달이 뜨지 않는 시기에는 피어리처럼 움직이지 않으려 했으나 일정이 여의치 않았다.

빙상을 내려와 좀 걸으니 눈이 딱딱하게 굳어 길처럼 된 설면이 이어졌다. 헤드램프로 비춰보니 주위가 단구(段丘)를 이루는 듯했다. 아무래도 길처럼 보이는 설면은 어느 단구의 골짜기의 원두(源頭)인 모양이었다. 양안 단구는 자갈로 뒤덮인 지표가 바람에 의해 다 드러나 있었다. 썰매를 끌기 힘들 것 같았다. 걷는 것이 훨씬 수월한 골짜기를 걷기로 했다. 골짜기 폭은 5미터 정도였고, 우연인지 한동안은 똑바로 북쪽으로 이어져 있었다. 어쨌든 내 침로와 같은 방향이라 다행이었다.

이 골짜기는 어디로 향해 있을까, 어디로…. 가능하면 이대로 걷기 편하게 이어지기만 해도 좋겠다.

덴마크 그린란드 지리측량국이 작도한 25만 분의 1 지도를 보면, 지금 이 골짜기는 북쪽에 자리한 골짜기 세 개 중 하나였다.

그중 두 개는 인접해 있고, 북서쪽 포르세 만(Force Bugt)으로 흘러드는 커다란 골짜기의 원류부와 닿아 있다. 이 원류부는 예전에 한번 통과했던 곳이니, 내가 지금 만약 둘 중 어딘가에 있는 거라면 올바른 루트에서 크게 벗어나진 않은 셈이다. 진행 방위 335도를 잘 지켜서 빙상을 건넜다는 증거가 된다. 이를 전제로 북쪽으로 골짜기를 걷다가 본류와 합류하는 지점에서 그대로 진북으로 돌파하면 중앙고지가 나올 것이다.

하지만 셋 중 나머지 하나에 들어왔다면 보통 골치 아픈 일이 아니다. 나머지 골짜기는 다른 두 골짜기에서 동쪽으로 15킬로미터 떨어져 있으며, 투프츠(Tufts) 강이라는 골짜기의 원류와 닿아 있다. 투프츠 강을 똑바로 내려가면 아운나르톡의 오두막 동쪽에 있는 후미가 나온다. 그런데 그 후미의 지형이 매우 복잡해서 헤맬 공산이 컸다.

게다가 내가 지금 올바른 골짜기에서 15킬로미터 벗어난 투프츠 강 원두에 있는 거라면 빙상을 335도가 아니라 355도 방위로 건넜다는 말이다. 설마 방위를 동쪽으로 20도나 잘못 잡고 걸었으려고. 근데 난 내 위치에 자신이 없었다. 빙상을 비뚜름하게 건넜을 가능성이 아주 없진 않았다.

여하튼 골짜기를 진북으로 내려가자 몇 번인가 좌우로 꺾어졌고 이내 자갈 많은 얕은 여울로 변해 주변의 단구와 분간이 안 됐다. 헤드램프로 비춰봐도 골짜기가 어디로 흘러가는지 감이 안 잡혔다. 골짜기를 시야에서 놓치면 지형적 단서가 사라진다. 지도를 보며 여러 가능성을 검토했지만, 보이는 게 없으니 결국 내가 어딨는지 짐작하지 못한 채 자갈 단구를 오르고 억지로 썰매를 옮기며 진북을 향해 걷고 또 걸었다.

하루를 자고, 다음 날은 방위를 잡아줄 중앙고지의 언덕 능선이 보이길 바라며 가장 밝은 오후에 텐트에서 나왔다. 태양 빛으로 지형을 가늠할 수 있을까 기대했지만 어림없었다. 태양은 여전히 지평선 아래서 잠자고 있었고, 몹시도 미약한 박명만이 남쪽 빙상의 귀퉁이에 어렴풋이 스미고 있을 뿐이었다. 내가 향하는 북쪽은 그저 검었다.

영하 35도. 연일 영하 30도 이하의 날씨가 계속되었으니 몸도 익숙해졌겠거니 싶어 이날은 모피 바지 대신 활동성이 좋은 고어텍스 바지로 바꿔 입었다. 하지만 고어텍스는 춥디 추웠고, 발가락 끝까지 온기가 전달되지 않았다. 눈이 약하게 흩날렸고 별도 구름에 가려졌다.

잠시 내리막이 이어지더니 갑자기 오르막이 나타났다. 썰매를 한 대씩 끌어 올렸고, 다시 내리막이 나온 지점에서 이동을 마쳤다. 텐트에 들어가 옷을 벗고 서리를 털어냈다. 잠깐 쉬며 지도를 천천히 들여다봤다. 툰드라로 들어온 뒤 내리막, 오르막, 내리막이라. 이런 울룩불룩한 지형이 눈에 띈 지점은 늘 다니던 정답 루트 부근이었다. 위치를 의심했던 만큼 이동하면서 배후 지형을 주의 깊게 살폈는데, 전반적으로 완만하게 서쪽으로 내려가는 듯 보였으니 이 또한 정답 루트와 일치했다.

역시, 거의 맞게 가고 있는 거 같은데⋯. 바닥 쳤던 자신감을 살짝 회복하고 침낭에 몸을 누였다.

다음 날. 혼란은 빨리도 찾아왔다. 전날 내가 추정한 위치가 옳다면 출발하고 내리막을 지나면 다시 오르막에 접어들어야 했다. 그런데 어찌 된 영문인지 난 계속 내려가고 있었다. 환장할 노릇이었다.

어제는 내리막에서 오르막이었고, 오늘은 계속 완만하게 내리막….

지도를 닳도록 꺼내서 봤지만 정답 루트 주변에 이런 지형은 없었다. 혹시 몰라 켜본 시계의 고도계는 이상한 고도만 알려줄 뿐이었다. 고도계란 기압의 변화를 고도로 환산해 알려주는 장치여서 저기압이나 고기압 상태에선 오작동하기 쉬워 도움이 되지 않았다. 고도계는 무용지물이고, 주위를 돌아봐도 헤드램프 불빛이 닿는 만큼만 보이니 지형 파악은 언감생심이었다. 오르막인지 내리막인지를 발바닥이 쏠리는 감각이나 썰매를 끌기가 버거운지 수월한지 같은 신체 감각만으로 판단해야 했다. 최선을 다해 집중했지만 맞았다는 확신이 안 들었다. 발바닥은 내려가는 것 같지만 올라가고 있을지도 모른다. 분명 오르막이라고 생각하고 힘을 줬지만 내려가는 중이었을 수도 있다. 정답 루트 가까운 곳에 지금 내가 걸어온 지형이 없는 이상 두 가지 가능성을 배제할 수 없었다. 포르세 만으로 향하는 다른 골짜기의 수계에 들어와 있거나 동쪽으로 한참 떨어진 투프츠 강 수계에 들어와 있거나. 이 두 골짜기는 흘러가는 방위가 다르니 수로가 어느 방향으로 기우는지만 볼 수 있으면 어느 골짜기에 있는지 정도는 알았을 것이다. 정말 뭐라도 보이면 당장 알았을 것이다. 하지만 지금은 아니었다. 몸이 어설프게 알려주는 정보로는 어림도 없었다. 당연히 내가 지금 있는 곳이 잘못된 골짜기여도 알 방법이 없다. 아무것도 모른 채 돌진하는 것이다. 이렇게 오두막까지 갈 수 있을지 막막했다.

지도를 다시 꺼냈다. 작은 실마리라도 찾으려고 지도와 지형을 번갈아 보는 동안 땅은 어둠 속에서 납작하게 몸을 엎드렸다. 모든 것이 모호했고 지도는 어디와도 맞지 않는 것 같았다.

어디일까, 여기는. 환상 속인가. 내려가는지 올라가는지도 모르겠고, 오른쪽이 높고 왼쪽이 낮아 보이지만 반대인 것도 같았다. 달은 빛을 거두었고 안개마저 희뿌옇게 내려앉아 거리감도 잃었다. 불분명하고 불확실한 세계. 앞으로 나아가고 눈을 홉떠 보지만, 바깥 세계에서는 아무 반응이 없었다. 뭐가 뭔지… 붕 뜬 느낌이었다. 유체 이탈한 것처럼 실체는 내 몸뿐이고 주변은 모두 허상 같았다. 할 수 있는 것은 나침반의 진북을 놓치지 않는 것뿐이었다.

빙상에서는 방위에만 집중하면 됐지만 툰트라에서는 지형의 변화를 읽어야 했다. 탐험을 떠나기 전에는 아무리 최악의 경우라도 나침반이 가리키는 대로만 가면 문제없을 거라고 단순하게 생각했다. 하지만 현실은 만만치 않았다. 나침반과 별만 믿을 일이 아니었다. 방위를 맞춰 직진하면 골짜기의 수로를 벗어나 도저히 썰매를 끌 수 없는 땅과 만났다. 이도 무시하고 전진하면 해안 쪽 절벽과 맞닥뜨릴 게 뻔했다. 썰매를 끌고 내려갈 수 있는 루트를 찾아 우왕좌왕하는 사이 오두막에 도착하기도 전에 식량이 동나 죽을지도 모른다. 툰드라 내륙에서 절벽을 피해 바다로 나가는 루트는 몇 없었다.

이러다 이상한 데로 나가면 어쩌지. 두려웠다. 해안으로 나가도 아운나르톡의 동쪽으로 나왔는지 서쪽으로 나왔는지 아리송할 것 같았다. 그땐 해안선을 따라 오로지 동쪽으로 50킬로미터 위치에 있는 이누아피슈아크 저장소를 목표로 하는 수밖에 없다. 지금은 엉망이지만 나간 곳은 무조건 이누아피슈아크의 서쪽이므로 해안을 따라 동쪽으로 가면 언젠가는 이누아피슈아크에 도착한다. 물론 도착해서 저장소를 찾을 수 있을지는 별개의 문제다. 어둠에 숨은 저장소를 발견하기 전에 먹을 것이 떨어져 하릴없이 철수하게 되진 않을까. 마을에서 아운나르톡까지 2주일을 잡았는데, 23일째인 오늘도 아운나르톡에 도착하지 못했다.

잘못된 루트에 들어와 있다고 생각하자. 발바닥 감각으로 설면의 경사각을 예민하게 느끼려 노력하며 걸었다. 보자, 여기가 투프츠 강 수계라면 이만큼쯤 걸었으니 이 지류 근처일 테고 그러면 설면이 이 정도 각도여야 하는데… 하는 식으로 말이다. 여하튼 지금 각도로 봐선 투프츠 강 수계는 아니었다. 예상할 수 있는 최악의 상황을 모두 검토해보지 않고는 여길 빠져나갈 수 없었다.

　오르락내리락을 반복했다. 발바닥은 내가 지금 작은 골짜기의 원두를 여럿 지났다고 알려주었다. 나는 한층 더 발바닥에 신경을 쏟고 설면의 방향을 파악하는 데 집중했다. 걷고 또 걷는 사이 발밑에 눈이 줄어들고 부서진 돌들이 쌓인 비탈길이 나타났다. 어둠 속 거무스레하게 돌무더기인 듯한 작은 봉우리가 윤곽을 드러냈다.

　봉우리의 기슭에 가까워지자 발밑에 토끼 똥과 발자국이 보였다. 순간 토끼 두 마리가 내 눈앞을 가로질러 어둠 속으로 사라졌다.

　작은 봉우리… 토끼… 아! 중앙고지!

　나는 중앙고지를 세 번이나 넘어봤다. 평범하게 밝은 계절이기는 했지만. 귀여운 봉우리 비탈의 돌들, 여기저기 흩어져 있는 토끼 똥, 땅 위의 자갈들이 머릿속에 잠들어 있던 중앙고지에 대한 기억 영상과 기가 막히게 맞아떨어지는 것 같았다. 그저 감일뿐이었지만 꽤 자신 있는 감이었다.

　지도를 펼치니 선 하나가 눈에 들어왔다. 내가 빙상 끝에서 이 선을 지나 중앙고지 한쪽에 도달했다면, 지금까지 내 발바닥이 느낀 오르내림의 감각이 다 설명되었다. 정답 루트에서 서쪽으로 2킬로미터 정도 벗어난 지점이었지만 바로잡을 만한 선상에 있었다.

갈 수 있겠다.

발바닥의 감각과 기억과 지도가 맞아떨어지자 의혹이 걷히고 걸음에 힘이 실렸다.

행운이 계속 따랐다. 한결 가벼운 마음으로 텐트를 치고 있는데 토끼 한 쌍이 다시 나타났다.

사냥감이다. 토끼는 20미터쯤 거리에 있는 듯했다. 어둠 속에서 사냥감을 겨냥하기는 처음이었다. 총포 끝에 있는 가늠쇠와 가늠구멍을 맞추고 토끼가 구멍 안에 들어오게 총포를 조정해 겨냥했다. 손에 익지 않으면 상당히 어렵지만, 오는 길에 여러 번 연습한 덕에 비교적 순조롭게 겨냥할 수 있었다. 방아쇠를 당기자 총소리가 정적을 깨고 어둠 속에 울려 퍼졌다. 요행히 총알은 다리 부근에 명중했다. 토끼는 합선된 로봇처럼 몸이 제멋대로 움직이는 듯 깡충깡충 뛰었다. 오른쪽으로 몸을 틀어 도망가는 토끼를 한 번 더 겨누어 방아쇠를 당기자 급소에 명중했다. 토끼는 발랑 뒤집어져 꼼짝도 하지 않았다.

총소리를 들은 개는 신선한 고기를 먹을 수 있다는 기대감에 흥분해 컹컹 짖으며 토끼 사체로 몸을 확 틀었다. 몇 차례 함께한 여행을 통해 총소리 다음엔 맛있는 고기가 있다는 것을 알게 된 것이다. 개를 저지한 후, 그 자리에서 토끼 가죽을 벗기고 해체해 내장과 머리를 개에게 주었다. 개는 어둠 속에서 두 눈을 번뜩이며 아주 맛있게 먹기 시작했다.

*

지형의 추이가 나쁘지 않았다.

전날 본 작은 봉우리를 오른쪽으로 넘은 뒤 다시 북쪽으로 걸으니 서쪽으로 내려가는 작은 골짜기가 왼쪽에 나타났다. 동쪽으로는 다른 작은 봉우리가 어렴풋이 보였다. 역시 중앙고지가 틀림없었다. 자갈이 섞인 설면을 지나자 다시 서쪽을 향해 내려가는 골짜기가 나타났다. 내가 지형을 제대로 읽었다면 이 골짜기만 내려가면 완벽한 정답 루트, 즉 아운나르톡으로 연결되는 골짜기로 들어설 것이다. 확률은 70퍼센트 안팎이었다. 하지만 30퍼센트의 오답 확률을 무시할 수 없어 안전하게 그대로 북상하는 쪽을 택했다. 자갈이 섞여 있던 땅이 점점 광활한 설면으로 바뀌었다. 얼마 후 양쪽으로 적잖이 높은 언덕이 등장하면서 좁아진 길을 통과했다. 어딘지 모를 골짜기로 또 들어선 모양이었다.

다음 날, 출발하면서 등 뒤로 남쪽을 확인하니 전날 통과한 좁은 길목이 지평선 아래서 연기처럼 올라온 희미한 태양의 빛을 받아 어렴풋이 보였다.

기시감이 들었지만 또렷하게 기억나지 않아 그냥 지나쳤다.

그리고 어제 들어온 골짜기인 듯한 설면을 내려갔다. 잠시 후 골짜기는 광대무변의 허허벌판이 되었다. 여전히 어둡고 눈이 내리기 시작해 다시 혼란스러워졌다. 여름이면 물이 흐를 수로를 따라 걸으려고 내려왔는데 골짜기가 이렇게 넓어지다니. 갈피를 못 잡고 걷다 보니 기슭에 올라 능선을 향해 올랐던 것 같다. 경사랄 것도 없어서 오르고 있다는 감도 없었다.

그렇게 경사면을 헤매다 보니 어쩌면 여긴 골짜기가 아닐 수 있겠다는 생각이 들었다.

헤드램프의 조도를 올리고 수로로 판단되는 길에 눈을 고정하고 다시 내려갔다. 물이 흘렀던 곳의 눈은 단단해서 다른 설면과 달리 퍼석퍼석하지 않으니까. 수로를 벗어나면 나도 모르는 사이에 해안 절벽을 향해 가버려 길이 끊기지 않을까 겁이 나기도 했다. 온통 신경을 쏟아 걷는데 뒤에서 개의 거친 숨소리가 들려왔다. 눈이 퍼붓는 깜깜함 어둠 속에서 나는 설면 위의 헤드램프 빛 한 점에 의지한 채 개의 숨소리에 맞춰 단조로운 움직임을 이어갔다. 어둠이라는 폐쇄된 공간, 극도의 시야 제한, 단순 운동의 반복이 중첩된 결과인지, 집중력이 이상하리만치 높아졌고 가벼운 트랜스(trance) 상태가 찾아왔다. 살려고 미친 듯이 눈을 퍼냈던 날처럼, 아무도 없고 아무것도 없는 어둠 속에서 삼매경에 올라 행진하는 것은 묘한 쾌감을 불러일으켰다.

나는 지금 극야 세계의 심부(深部)로 들어가고 있었다.

빙상을 건너는 내내 뿌리칠 수 없었던 이 막연하고 종잡을 수 없는 모호한 기분. 시각을 앗아간 어둠이 내 존재 기반을 흔드는 느낌. 단단하고 흔들림 없는 세계에서 외떨어져 표류하는 느낌. 살아 있지만 허무하고 불안한 느낌. 극야 세계의 본질이 여기에 있는 것 같았다.

생각은 꼬리에 꼬리를 물고 이어졌다.

인간이 어둠을 본능적으로 꺼리고 무서워하는 것은 원시시대에 육식 동물에게 습격당했던 집단 무의식 때문이 아니라 보이지 않는다는 사실이 존립 기반을 위협하기 때문이 아닐까.

빛이 없으니 알 것 같았다. 인간은 자기 존재를 어떤 시간과 공간 안에 뿌리내려야 비로소 안정을 찾는데, 그러려면 빛이 필요하다. 빛이 있어야 다른 사물의 존재를 알고 내가 여기 있다는 사실을 실감할 수 있다. 저 산과 이 산 중간에 내가 있다는 객관적인 공간감은 나라는 실체 인식과 상당히 연결된다. 그리고 이는 시간에 따른 자기 행동을 설정하는 것과도 직결된다. 오늘은 두 산 사이의 강을 따라 내려가 바다에서 낚시라도 해볼까 하는 식이다. 미래에 내가 언제 어디에서 무엇을 할 수 있을지 예측하는 동안 나는 살아 있는 실체이며, 적어도 그 동안에는 죽음의 불안에서 해방된다. 빛이 공간과 시간을 관장하고 인간의 존립 기반을 안정시킨다. 인간에게 미래를 내다볼 안정감과 힘을 준다. 사람들은 이를 희망이라 부른다. 빛은 미래이자 희망인 것이다.

빛이 없으니 안정의 근간이 되는 공간을 파악할 수 없게 된다. 산을 볼 수 없으니 내가 어디 있는지 구체적으로 알 수 없고,

어디 있는지 모르니 가까운 미래에 내가 잘못된 곳에 있을지 집에 돌아가 있을지 예측할 수 없다. 당장 몇 시간 뒤에 살아 있는 나를 상상할 수 없는 것이다. 공간감을 잃은 나는 다가올 시간마저 내 것으로 만들지 못한 채 부유하고 흔들린다. 어둠은 인간에게서 미래를 빼앗는다.

어둠에 죽음의 공포가 항상 붙어 다니는 것은 그래서가 아닐까. 어둠과 저승, 어둠과 죽음으로 연결되는 공포의 본질은 자기 안에 구축된 생존 예측 시스템이 어둠에 의해 오작동한다는 데 있다.

빙상에서 헤매던 때부터 나는 빛이 있을 때는 너무나 당연해서 의식조차 못했던 안정감을 잃어버린 채 부유하는 듯했다. 실체는 저기 두고 둥둥 떠다니는 유체 이탈이 일어난 것 같았다. 실 끊어진 연이라고 해야 할까. 살아 있지만 내 의지와 상관없이 떠도는 느낌. 이 감각, 이것이 바로 극야의 성질일지 모른다. 이 성질은 계속되는 밤에 숨어 있는 것이 아니라 그 안으로 들어온 내 마음 상태와 반응할 때 실체가 드러난다. 두려움과 불안이 가시지 않고, 달빛을 구걸하고 북극성에 절대 복종하며, 거의 있는지도 몰랐던 발바닥 감각으로 지형을 읽으려고 애쓰며 살려고 발버둥치는 것, 이것이 극야 세계에 제대로 들어왔다는 증거이다.

나는 전율했다. 이 끝나지 않을 듯한 불안감은 내가 제대로 극야를 체감하고 있다는 증거니까.

북극해로 가는 것도 이번 탐험의 목표지만, 진짜 목표는 극야 세계를 예리하게 인식하는 데 있었다. 누누이 말했듯 탐험은 인간을 둘러싼 시스템의 그물망을 벗어나는 것이 핵심이다. 상식, 과학, 관습, 법, 기술 같은 눈에 보이지 않는 요소들로 직조된 시스템을 탈출해야만 발견할 수 있는 것을 찾아 나서는 것 말이다. 지도를 채우고 미접촉 부족을 만나는 탐험의 시대는 끝났다. 지도에 더 그려넣을 땅은 이제 없으며 100년 전엔 미접촉 부족이었던 이들도 지금은 아이 생일에 스마트폰을 선물한다. 시오라팔루크에 사는 이누이트 모두가 페이스북 유저다. 페이스북을 하지 않는 사람은 나뿐이었다. 그들은 내게 "이 편한 걸 왜 안 쓰죠?" 하고 묻기까지 했다.

미지가 사라진 지금, 옛날 같은 탐험은 의미가 없고 재미도 없을 터였다. 막상 하면 즐거울지 모르겠지만, 낡은 탐험을 하면서 새로운 이야기를 쓸 수 있을 리 만무할 테니 작가이기도 한 나로서는 재미랄 것이 없었다. 그런 내게 극야는 내가 생각한 새로운 탐험에 딱 어울렸다.

24시간 불이 꺼지지 않는 도시는 밤에도 낮처럼 밝다. 그런 현대인에게 수십일 간 계속되는 밤은 완벽히 미지의 영역이다. 극야를 알 길도 없지만 극야가 무엇을 불러오는지도 알 수 없다. 항상 빛에 둘러싸인 채 인공 에너지로 문명을 유지하는 지금, 밤과 낮, 태양과 달, 별, 그리고 빛과 어둠에 우리는 점점 감응하지 못한다. 있든지 말든지 사는 덴 상관없다고 무시한다. 하지만 극야 세계에 오면, 현대 시스템에서는 주변으로 밀려난 것들이 내 목숨줄을 쥐고 흔든다. 이번 탐험이 제대로 성공한다면, 나는 내가 잊고 있었던, 지구상 거의 모든 사람이 개의치 않았던 밤과 낮에 대해, 태양과 달과 별에 대해, 그리고 무엇보다 빛과 어둠에 대해 소중한 무언가를 깨우치게 될 것이다.

약속된 바도 없고 오직 혼란뿐인 세계. 시스템 밖은 그렇다. 실제로 극야 세계는 혼란 그 자체였다. 나는 존재 자체를 의심하기까지 했다. 그리고 빛에 매달렸다. 내가 어둠에 떨고 별에 반응하고 빛을 갈구하는 것은 극야에 제대로 입성했다는 명백한 증거이기에 나는 전율했던 것이다. 이것은 새로운 탐험의 성공을 의미했다.

의미를 따지자면 기뻤지만, 난 지금 불안하고 불쾌했으며 그저 죽고 싶지 않다는 본능에 충실하고 있었다. 빨리 이 극단적인 혼돈에서 벗어나 내일을 내다볼 수 있는 적당히 질서 잡힌 영역으로 되돌아가고 싶었다. 혼란을 겪을수록 극야 세계에 들어왔다는 만족감을 느꼈지만, 한편으론 현재 위치를 파악해서 얼른 오두막에 들어가 안정을 취하고 싶은 모순된 감정으로 머릿속이 복잡했다.

*

다음을 예측할 수 있게 된 건 그날 느지막해서였다. 골짜기는 여전히 너무 넓어서 골짜기가 맞는지 의심스러웠다. 웨이스트 파우치에 달린 베어링 나침반으로 수로가 향하는 방위를 확인하니 대략 정방으로 30도 정도였다.

어라? 이건 또 무슨 일이야.

나는 내가 아운나르톡으로 가는 골짜기, 즉 본곡(本谷)에서 동쪽으로 3킬로미터쯤 떨어진 지류에 들어와 있다고 생각하고 있었다. 의심하지 않았다. 하지만 그 지류에 있다면 수로는 거의 진북, 즉 0도 방위로 향해야 한다. 그런데 몇 번이나 나침반을 확인해도 바늘은 30도를 가리켰다.

희한하네.

다시 주변을 확인했다. 골짜기 양쪽을 둘러싼 능선이 저 멀리서 희미한 어둠 속에 묻혀 있었다.

그 장면을 보자마자 섬광처럼 싸한 느낌이 스치고 지나갔다.

설마 내가 지금 본곡에 있는 건가?

그렇게 생각하니 앞뒤가 모두 들어맞았다. 30도라는 각도마저 본곡이 흘러가는 방향과 딱 들어맞았고, 흐릿하게 보이는 너른 골짜기 형태도 과거 기억과 일치했다. 아! 문처럼 좁아졌던 거기! 아운나르톡에서 본곡을 올라올 때 늘 봤던 데였다. 중앙고지로 들어서는 지점만의 독특한 지형이었던 것이다.

의심의 여지가 없었다. 어제 나는 내가 원하던 곳에 정확히 들어왔던 것이다. 빙상에서부터 확신 없이 전진한데다 툰드라에 입성해서는 지형 파악에 애를 먹었던 터라 틀림없이 정답 루트에서는 벗어났을 거라고 생각했는데, 세상에, 하지만 난 결국 정답을 맞혀버렸다!

이제 마무리만 남았다. 이 본곡을 따라 그대로 내려가면 해안 바로 앞에서 폭포가 되기 때문에 고생한다는 말을 오시마 씨에게 들었다. 그러니 해안선 직전에 왼쪽으로 들어가 작은 안부를 넘어 지곡을 내려가는 편이 좋았다. 지곡으로 가는 입구는 Y자 모양이니 놓치진 않겠지만, 그것도 밝을 때나 그렇지… 슬그머니 걱정이 되었다.

그날, 수로에 쳤던 텐트를 걷고 출발했다.

한참을 걸으니 눈이 어둠에 익숙해져 보랏빛 하늘 아래로 본곡 오른쪽 기슭의 능선이 보였다. 컴컴한 와중에 위치를 가늠하려 안간힘을 쓰다 보니 의식이 예민해졌는지, 평소엔 기억력이 나쁜 편에 속하는데 능선의 윤곽을 보자 기억이 선명하게 되살아났다. 기억을 더듬어가며 지도를 보니 지곡으로 이동하는 안부의 입구가 이 근처라는 확신이 들었다.

헤드램프의 조도를 한껏 올리고 입구가 있을 왼쪽 기슭을 주의하며 걷다 보니 기억 속 설면이 나타났다. 썰매와 개는 아래에 두고 스키를 신고 확인차 조금 올라가 봤다. 설면은 양쪽에 늘어선 바위 때문에 도로처럼 좁아졌고 오른쪽으로 굽어지며 서서히 평평해졌다. 그리고 안부로 이어져 그다음은 거의 진북으로 내려가는 경사로 변했다. 아운나르톡으로 향하는 지곡 입구가 틀림없었다.

기적이었다. 달도 없는 극야에 이 작은 입구를 발견하다니. 흥분한 채 개가 있는 곳으로 돌아와 함께 썰매를 끌고 설면을 다시 올라갔다. 안부를 넘어 딱딱한 눈의 경사면을 단숨에 내려갔다. 헤드램프를 껐다. 어둠에 익숙해진 눈이 주위를 희미하게 인식했다. 왼쪽 멀리 곡두벽(谷頭壁) 같은 절벽이 보였다. 그 모습이 훤히 보였다기보다 육안으로 어스름하게 확인은 할 수 있었다. 어쨌든 봤던 지형이었다. 쉬지 않고 움직였더니 옷이 땀으로 흠뻑 젖었지만 신경 쓰지 않고 내리막을 내달렸다. 토끼가 눈을 파헤치면서 생긴 흔적이 곳곳에 있었다. 마지막에 이르자 급사면이 되어 스키를 벗고 썰매에 제동용 로프를 걸고 해안으로 내려갔다. 토끼 두 마리가 도망치는 모습이 다시 빛을 쏘기 시작한 헤드램프에 걸렸다.

해안으로 내려오니 고속도로처럼 멋지게 쭉 뻗은 평평한 정착빙이 이어졌다. 바다엔 조수간만으로 아무렇게나 삐죽삐죽 튀어나온 얼음들이 어둠 속 유령처럼 허옇게 퍼져 있었다. 오랜만에 보는 바다였다. 건너편 육지를 보니 평탄한 설원 끄트머리에 둥근 형상이 매우 특징적인 산이 우뚝 솟아 있었다.

아운나르톡이었다. 아운나르톡이 아니면 내 손에 장을 지진다고 확언할 수 있었다.

정착빙 위에는 토끼 발자국이 여러 개의 길이 되어 나란히 달리고 있었다. 툰트라의 퍼석퍼석하고 걷기 힘든 눈과 달리 딱딱하고 매끈매끈해서 정말 좋았다. 나와 개는 오랜만에 걷는 딱딱한 지면을 음미하며 동쪽으로 향했다. 30분쯤 걸으니 인공적인 사각형의 음산한 그림자가 극야의 어둠을 비집고 나와 있는 것이 보였다. 오두막이었다. 다가가 오두막을 눈앞에서 보니 신기했다. 정말 대단한 여정이 아니었나.

완벽해. 너무 완벽해. 난 천잰가 봐.

대학 탐험부에 들어가 이즈(伊豆) 7도 중 하나인 고즈 섬에서 신입생 환영 합숙이랍시고 산중 텐트 없이 2박 3일을 보낸 지 어언 20년. 나는 달랑 지도와 나침반만 들고 여기저기를 들쑤시고 다녔다. 그 20년이, 동지에 그믐달밖에 없는 지구 최악의 암흑에서, 개성 없이 편평하기만 한 빙상과 툰드라를, 등고선이 100미터에 한 줄뿐인 25만 분의 1 지도 한 장만으로 건넌 오늘 결실을 맺은 것이다.

나는 벅차올랐다. 이렇게 정확하고 완벽하게 도착할 줄이야. 이번엔 내가 생각해도 정말 대단했어.

… 이때까지만 해도 난 대단했는데.

실패를 예감한 밤

아운나르톡 오두막에 도착한 것은 새해가 밝은 1월 1일이었다. 마을을 출발해 2주일이면 도착할 것으로 예상했지만 실제로는 두 배인 27일이 걸렸다.

제일 먼저 백곰이 습격했다던 오두막을 확인하러 갔다.

아운나르톡에는 두 개의 오두막이 있다. 새 오두막은 문이 튼튼하고 석유난로가 있어서 지금도 시오라팔루크나 카낙크 마을 사람들이 백곰 사냥을 나왔을 때 종종 사용한다. 하지만 낡은 오두막은 입구를 널빤지로 못질해둔 게 다였고 안에는 아무것도 없었다.

2015년 내가 카약으로 옮긴 물자를 저장한 곳은 낡은 오두막이었다.

그 전해에 20킬로그램짜리 개 사료 한 포를 새 오두막에 저장했다가 카낙크 마을 사냥꾼들이 멋대로 가져갔던 슬픈 기억이 있었기 때문이다.

사건의 전말은 이랬다. 2014년 2월부터 3월까지 나는 처음으로 그린란드에 와서 개와 함께 빙상에서 이누아피슈아크와 아운나르톡 일대를 40일 동안 정찰했다. 극야는 끝난 시점이었고 태양이 있었지만 혹한이 이루 말할 수 없는 엄동기였다. 게다가 개는 썰매를 끌어본 적이 없어서 꽤 고생스러운 여행이었다. 당시 여행 중 셉템버 호수에서 사향소 한 마리를 라이플총으로 잡는 데 성공한 덕에 개 사료가 남아버렸다. 그래서 아운나르톡에 도착했을 때 "극야 탐험용 물자. 사용 엄금. 가쿠하타 유스케"라고 영어로 표식을 남기고, 이번 실전 때 쓰려고 새 오두막에 보관해두었다.

다음 해인 2015년 봄, 다시 개와 썰매로 물자를 옮기던 날이었다. 빙상 위에서 백곰 사냥을 나온 시오라팔루크의 오시마 이쿠오 씨를 우연히 만났는데, 내 개 사료가 도둑맞았더라는 소식을 전해주었다. 20킬로그램이면 25일 치 먹이인데… 그 추운 날 고생해서 기껏 갖다놨더니만… 나는 무척 낙심했다. 오시마 씨는 내가 귀국한 후 백곰 사냥을 나선 카낙크 마을 젊은이들이 가져간 것 같다고 덧붙였다. 정말 오두막을 확인해보니 개 사료 말고도 탄환 등이 사라지고 없었다.

물론 나는 외지에서 온 외국인이고 현지인의 오두막을 빌려 쓰는 입장이다. 이누이트의 수렵 문화를 함부로 판단하면 안 된다는 글을 쓰기도 했고, 항상 현지인들과 우호적인 관계를 맺으려 노력하는 자유로운 사고의 소유자이기도 하다. 하지만 이날은 내 물자를 훔쳐간 사냥꾼들에게 "빌어먹을, 백곰한테 잡아먹혀 뒈져버려라" 하고 한바탕 욕을 해주고 싶었다.

이 사건을 기점으로 나는 물자 저장에서 가장 주의해야 할 점은 야생동물의 습격보다 인간의 무단 사용임을 확실히 깨달았다. 이누이트는 자유로운 수렵 문화의 계승자로서 매우 멋진 사람들이지만, 가끔은 너무 자유로운 나머지 다른 사람의 개 사료를 자유로이 가져다 쓰는 사람들이었다. 그래서 다음 해 물자를 옮길 땐 오래된 오두막을 택했던 것이다. 현지인은 거의 쓰지 않는 오두막이었으니까. 문은 빈약했지만 누군가가 갖다놓은 버터나 바다표범 기름에 담근 개 사료가 무사한 걸 보면 야생동물에게 습격당할 걱정은 안 해도 될 것 같았다.

걱정을 할 걸 그랬다. 이미 말했듯 내가 저장해둔 물자는 전멸했고, 덴마크군 개썰매 부대가 이를 발견했다. 부대 대원은, 오두막 입구 널빤지는 무참하게 뜯겼고 식량이 가득했던 가방도 전부 바깥에 내동댕이쳐져 눈에 묻혔으니 포기하라고 전했다.

가장 유력한 용의자는 역시 백곰이다. 고래, 바다표범, 바닷새를 잡아 직접 만든 마른고기를 잔뜩 갖다 둔 것이 화를 자초

한 것이다. 마른고기는 곰팡이가 슬기 때문에 밀봉하지 못하고 통기성 좋은 스포츠 가방에 쑤셔 넣어 두었다. 거기서 맛있는 냄새가 솔솔 멀리까지 퍼져나갔을 테고 백곰이 이를 기가 막히게 알아채고 찾아왔으리라.

내가 아운나르톡에 와서 곧장 오두막으로 간 건 남아 있는 것이 무엇인지 보기 위해서였다.

내 관심사는 등유였다. 북극 탐험에서는 연료가 식량만큼 중요하다. 아니 어쩌면 연료가 더 중요하다. 식량은 토끼나 사향소를 사냥해서 해결할 수 있지만, 연료가 없으면 눈을 녹여 물을 마실 수도 없었다.

덴마크 부대원의 말대로였다. 입구를 가리고 있는 것은 아무 것도 없었고 식량은 깨끗이 털려 있었다. 하지만 입구 주변 눈 아래에 등유 폴리탱크가 흩어져 있는 것을 발견한 나는 마음이 놓였다.

아무리 백곰이라도 등유는 안 먹나 보네.

파서 보니 20리터가 남아 있었다. 약간 황변되었지만 난로 연료로 쓰기엔 아무 문제없었다. 해가 안 뜨니 난로를 피워 물건들을 말리느라 하루에 등유를 400밀리리터 정도 썼다. 20리터면 50일분이니, 마을에서 가져온 기름과 합하면 연료는 여행이 끝날 때까지 충분했다.

등유를 회수해 새 오두막으로 들어갔다. 오두막 안에는 개

썰매 부대가 회수해준 라이플총 탄환 40발, 헤드램프 겸 일안 리플렉스 카메라용 전지 100개, 으깬 감자 1.5킬로그램 등이 남아 있었다. 남은 물자를 꼼꼼히 확인한 후 오두막 안에 텐트를 치고 난로를 활활 피워 침낭과 옷을 말렸다.

매일 말리고 있지만 장비가 바짝 마르지 않았다. 특히 침낭은 땀으로 축축해졌다. 겨울 극지 여행에서 침낭을 말리지 않고 계속 쓰면 안에 주먹만 한 얼음이 우둘투둘하게 생긴다. 자는 동안 흘린 땀이 침낭의 제일 바깥쪽에서 차가운 공기와 만나 얼어붙는 것이다. 이런 현상을 막으려고 이번엔 본체와 외피가 분리되는 침낭을 특별 주문해 얼음이 생기는 바깥쪽을 손쉽게 벗겨내 매일 아침 난로에 말릴 수 있게 했다. 그런데도 한 달쯤 지나니 마찬가지로 땀을 흡수해 묵직해졌다. 침낭 외에도 모피 장갑이나 모피신, 방한복 등 말릴 장비는 많았다. 툰드라의 자갈 위를 걸어 상했을 썰매와 썰매 러너도 보수해야 했다. 나는 달이 밝아질 때까지 3일 동안 오두막에 머물며 쉬기로 했다.

텐트 안에서 모락모락 김이 나는 침낭을 바라보며 이번 탐험의 고비는 확실히 넘겼다고 생각했다.

∗

북극해가 최종 목표인 4개월의 대장정에서 가장 힘든 곳을 꼽으라면 마을에서 아운나르톡까지 오는 이 전반부였다. 만약 이번 여행에서 죽는다면, 그 경우의 수는 두 개였다. 메이한 빙하에서 블리자드를 만나 텐트째 바다로 날아갈 경우가 하나, 지형적 특징이 없어 위치를 특정하지 못하고 빙상과 툰드라를 헤매다 죽는 경우가 하나였다. 죽을 고비는 넘긴 것이다. 빙하에서 블리자드를 두 번이나 만났고, 육분의를 잃어버린 채 달빛도 없는 동지에 빙상과 툰드라를 지나면서 헤매지 않고 오두막까지 왔으니, 나는 살 팔자인 모양이다.

제일 어둡고 제일 위험했던 날들은 갔다. 앞으로는 느긋하게 하면 된다. 여기서부터는 해안선을 따라 걷기만 하면 되니 어둡더라도 헤맬 걱정은 없다. 게다가 너댓새만 걸으면 이누아피슈아크 오두막에 도착한다. 이누아피슈아크에 도착하면 저장해둔 식량을 배불리 먹고 연료도 활활 태워 3주 정도 쉬면서 체력을 회복할 생각이다. 시간이 나면 토끼나 바다표범을 잡아 고기를 든든히 먹어야지. 그 정도 휴식을 취하지 않고는 4개월을 버틸 수 없다. 늘어지게 쉬다가 극야라도 낮에는 좀 밝아지는 1월 말에 이누아피슈아크를 출발할 것이다. 거리만 따지면 이 후반부가 길겠지만, 밝아지면 보통의 극지 탐험과 똑같으니 한결 수월할 것이다. 극야의 불안과 공포가 잦아들 테니 몸이 허락하는 데까지 북상하면 된다. 걸어야 할 날이 길어서 평소보다 좀 힘든 극지 여행이 되는 정도랄까. 이렇게 생각하니 지금까지의 긴장감이 쭉 빠져나가면서 몸이 이완되었다.

푹 쉬면서 텐트 안에서 빈둥댔다. 배터리가 부족할까 봐 짧은 문자 기능만 썼던 위성 휴대전화로, 실로 오랜만에, 아내에게 전화를 걸어 근황을 보고하고 딸아이 목소리를 들었다. 오두막엔 오시마 씨가 그 옛날에 가져온 듯한 22년 전 『주간보석』이 있었다. "무라야마 수상의 신경성 설사가 멈추지 않는다", "메이저리거 노모가 지나온 '좌절'의 시나리오!" 같은 기사를 읽으며 격세지감을 느꼈다.

편안했지만 한 가지 신경 쓰이는 점이 있었다. 주변이 좀 지나치게 어두웠다.

동지는 12월 22일이었고 벌써 열흘 전에 가장 어두운 날이 지났다. 달이 안 떴다고는 하나 낮 12시 전후로는 태양 빛이 지평선 아래에서 스멀스멀 나와 희미하게 번져도 이상할 것이 없는 때였다. 더구나 크리스마스가 지나면 하늘은 점점 밝아진다고 오시마 씨도 말하지 않았던가. 그런데 전혀 아니었다. 하늘은 아운나르톡에 오고 나서 한층 더 진해진 것 같았다. 이상하리만치 어두웠다.

도착한 다음 날인 1월 2일부터 달이 뜰 테고 달이 뜨면 좀 낫겠거니 기대했지만 달은 코빼기도 보이지 않았다.

지형이 문제였다. 달이 뜨지 않는 것을 보고 알았다. 그린란드 북서부의 지형은 빙상과 툰드라를 중심으로 한 땅덩어리가 대부분을 차지하고 아운나르톡은 그 북쪽에 있다. 그러니 지평선 아래에서 새어 나오는 태양의 약한 빛이 빙상과 툰드라에 막혀 도달하지 못하는 것이다. 달도 지금의 고도로는 육지에 가려질 뿐이다. 그러니 낮에도 컴컴하고 달이 뜨는 시점도 달력보다 늦다. 이 지역은 시오라팔루크보다 더 깊은 어둠의 세계였고, 점점 밝아진다는 동지 후에도 한동안 암흑 상태가 계속되고 있었다.

솔직히 이만큼이나 차이가 있을지 몰랐다. 완전 예상 밖이었다. 극지 탐험 역사상 가장 어두운 세계를 여행했다고 생각한 피어리의 무대도 엘즈미어 섬 남쪽 해안이었으니 이 정도로 어둡지는 않았을지 모른다. 무겁게 가라앉은 아운나르톡의 검은 밤을 바라보며 나는 여기가 지구에서 제일 어두운 장소일지 모른다고 생각했다.

*

이렇게 어두운 아운나르톡에서 살았던 옛날 이누이트가 본 풍경은 과연 어땠을까.

아운나르톡과 이누아피슈아크에 있는 오두막은 사람이 지키고 있지 않는, 말하자면 무인 오두막이다. 최근에는 이곳까지 수렵을 하러 오는 현지인도 부쩍 줄어들어 사실 찾아오는 사람이 없었다.

지난 3년 동안 이 지역을 제일 많이 방문한 사람은 다름 아닌 나였다. 2014년 첫 방문 후 이번이 무려 네 번째다. 내 귀에 닿은 소식으로만 따지면, 현지인들 중에서는 2014년 내 개 사료를 훔쳐간 카낙크 사람들이 한 번, 2015년 봄에 오시마 씨가 한 번 들렀을 뿐이다.

물론 예전엔 이렇지 않았다. 이 북방 지역은 수렵을 위한 전진기지였을 뿐만 아니라 그 이전에는 수많은 이누이트가 1년 내내 정착해 살았던 곳이다. 그 증거로, 아운나르톡에서 100킬로미터 이상 동쪽에 있는 카카이초에 이르는 지역 일대 해안선에는 땅이끼와 돌을 섞어 만든 수혈(竪穴)식 주택 같은 고대 주거지 흔적이 지금도 무수히 남아 있다. 내가 물자를 비축한 이누아피슈아크의 오두막도 1990년대 중반까지는 수렵을 위해 여름에 이동하던 가족이 사용하던 것이다.

카카이초에 관한 옛날이야기도 많다. 크누드 라스무센의 탐험기 『극해의 그린란드』(Greenland by the Polar Sea)에 따르면, 이누아피슈아크는 '피가 괴어 있는 거대한 지옥의 연못'이라는 소름 돋는 뜻인데, 여기엔 끔찍한 사연이 있었다. 이야기는 카카이초에서 시작된다.

옛날 카카이초엔 집도 많았고 사람도 많았다. 어느 날 두 아이 사이에 싸움이 붙었다. 필시 하찮은 이유로 시작된 싸움이었을 것이다. 그런데 싸움은 점점 커졌고, 지켜보던 한쪽 아이의 할

아버지가 말참견을 하더니 종국엔 상대 아이를 채찍으로 흠씬 두들겨 패고 말았다. 그러자 이번엔 채찍으로 맞은 아이의 할아버지가 격분해 상대 아이를 죽여버렸다. 살해당한 아이의 할아버지는 눈이 뒤집혔고 마찬가지로 상대 아이를 살해했다. 두 어른이 양쪽 손자를 살해한 사건으로 마을은 발칵 뒤집혔다. 주민들은 어느 살인자 편을 들지 정해야 하는 곤란한 입장이 되었다. 이 문제를 해결하기 위해 주민들은 죄 없는 아이를 죽인 두 노인을 모두 처형했다. 그런데 살인과 처형으로 유혈사태가 이어지자 마을에 착란과 광기가 소용돌이쳤다. 사람들은 아무 의미 없는 살인에 가담하기 시작했다. 공포와 증오에 질린 사람들이 카카이초에서 탈출했다. 남으로 남으로 향하는 동안에도 광기의 폭주는 멈추지 않았다. 피가 바다를 검붉게 물들였으며 후미마다 시체가 떠올랐다. 가장 많은 시체가 떠오른 곳, 그곳이 '거대한 피의 지옥' 이누아피슈아크였다.

그 많던 이누이트는 점점 이 땅을 떠났다. 라스무센이 탐험한 1917년에는 정착민은 거의 없었고, 사냥하러 계절 맞춰 오는 이들이 전부였다고 한다.

라스무센의 『극해의 그린란드』에는 북방 지역에 정착해 살던 마지막 남자의 일화도 실려 있다. 남자의 이름은 '호사북방오리'였다. 나는 극야를 탐험하는 동안 자주 이 남자의 이야기를 떠올렸다. 북극의 대지에 농락당한 그의 인생은 그야말로 '극야스러운' 통곡으로 가득 찬 것이었기 때문이다.

호사북방오리는 원래 이곳 북방 지역보다 좀 더 남쪽에 있는, 사냥감 많고 굶주림과도 무관한 풍요로운 땅에 살고 있었다. 그런데 어느 날 웬 호색한이 나타나서 그의 아내에게 추근대기 시작했다. 무슨 짓을 했는지는 상세히 묘사돼 있지 않지만 젖가슴을 주물렀다든지 희롱을 했을 게 뻔하다. 호사북방오리는 이 색마를 피해 식솔을 데리고 북쪽 땅으로 이주하기로 했다.

이것이 그의 운명을 갈랐다. 예나 지금이나 극지 이동은 간단치 않았다. 이동 중 호사북방오리 가족은 사냥감을 찾지 못해 굶주림에 시달렸다. 그 시절 이누이트 부족은 일가가 굶주리면 아이들부터 희생했다. 부부는 도중에 있는 빈집에 아이들을 하나하나 차례로 남겨두고 나오지 못하게 돌무더기로 막고 떠났다. 돌무더기는 아이들 혼자 힘으로는 끄떡도 하지 않았으니, 사실상 생매장이었다. 그렇게 아이들은 굶주림과 추위로 죽어갔다. 끝까지 남은 아이는 부부가 애지중지하던 한 명뿐이었다. 그 아이만은 모피에 감싸 소중히 썰매에 태우고 있었다. 하지만 굶주림은 계속됐고 마지막 아이마저 썰매에서 내던져야 했다.

부부는 북쪽으로 향했다. 그리고 살아남아 아노이트라는 곳에 도착했다. 아노이트는 아운나르톡에서 서쪽으로 약 50킬로미터 떨어진 곳인데, 당시엔 꽤 많은 사람이 웃으며 사는 땅이었다. 그러나 불가피했다고는 해도 자식을 모조리 죽이고 온 부부에게 다른 사람들과 어울려 유쾌하게 지내는 삶이란 있을 수 없었다. 사냥감이 풍부한 아노이트에 정착했다면 굶주림의 그림자를 피할 수 있었을 텐데, 부부는 계속 북상해 마침내 아운나르톡에 당도했다. 그리고 단둘이 고요히 세상과 단절한 생활을 꾸렸다. 몇 년간 그곳에서 지냈지만 먼 이웃을 방문하거나 하는 일은 없었다. 이따금 부부를 찾아오는 사람이 있었지만 부부는 여전히 어둡고 침울했다. 시덥잖은 말은 단 한 마디도 하지 않았고 옅은 미소도 보이지 않았다.

얼마 후, 부부는 시체로 발견되었다. 창고에는 고기가 충분했다. 최초 발견자는 부부가 자식을 살해한 사실에 괴로워하다 견디지 못하고 아이들 뒤를 좇아 굶어 죽는 길을 택했을 것이라고 추측했다. 아운나르톡 땅에 최후까지 살았던 남자의 비참한 말로였다.

라스무센의 기록에서 호사북방오리가 죽은 것이 약 50년 전이라고 했으니 지금으로부터 150년 전 이야기이다. 죽었을 때 나이가 50세라면 아마 그는 1810년대부터 1860년대를 살았을 것이다. 호사북방오리는 1818년에 이 땅을 밟은 최초의 외지인이었던 존 로스 탐험대를 향해 "태양에서 왔는가? 달에서 왔는가?"라고 물었던, 진짜 달과 진짜 태양을 알았던 이누이트와 동시대인물인 것이다.

1800년대 전반은 그린란드 북서부에 살았던 이누이트에게 전

무후무한 고난의 시기였다. 그들은 거의 멸족 위기에 처해 있었다.

고난의 가장 큰 이유는 전 지구적 기후 변화였다. 15세기 이후 지구는 소빙하기에 접어들었다. 극북 지대의 바다 얼음이 두꺼워져 다년빙이 증가했고 여름이 되어도 바다의 얼음이 녹지 않았다. 여름에 얼음이 녹지 않으면 해안으로 떠밀려 오던 유목(流木)을 구할 수 없어 오두막과 카약 틀을 만들 재간이 없다. 그 결과, 그들의 도구 문화가 급격히 단절되었고 전통은 증발되었다. 19세기가 되자 그들은 카약은커녕 활과 화살을 제작하는 방법마저 잊어버리고 말았다고 한다. 당시 탐험가의 보고에는, 단순한 투석기로 순록에게 돌을 던져 상처 입힌 후 비틀거리는 사냥감에게 달려들어 최후의 일격을 가하는 원시인 같은 사냥 모습이 기록되어 있다. 정착민이 살았던 이누아피슈아크나 아운나르톡이 텅 비게 된 것도 한랭화 때문에 생활이 불가능해졌기 때문일지 모른다.

한랭화와 해빙 면적의 증대는 사냥감의 양을 감소시켰다. 여름에도 얼음이 얼어 있으면 고래나 바다코끼리, 바다표범 그리고 이것들을 잡아먹고 사는 백곰 등이 서식할 수 없다. 동물들은 이누이트의 손이 닿지 않는 남쪽으로 내려갔다. 동물들이야 바다를 자유롭게 헤엄쳐 갈 수 있으니 괜찮았다. 하지만 카약 문화를 잃어버린 인간들은 슬프게도 남쪽으로 갈 수 없었다. 그렇게 그린란드 북서부의 이누이트 정착지는 고립되었다. 서쪽은 바다, 남쪽은 멜빌 빙하, 나머지는 빙상이라는 자연의 거대한 장벽에 둘러싸인 외로운 섬이 되었다. 그래서 19세기 중반까지 이들이 문명과 닿지 않았던 것이다.

문화가 쇠퇴하고 자원이 고갈되니 자연히 인구가 감소했다. 멸족의 소용돌이가 그들을 휘감았다. 일설에 따르면, 1850년대 이 지역 이누이트의 인구는 어림잡아 150명까지 줄었다. 기근이 닥치면 삶의 동반자인 개를 잡아 그 고기를 먹으며 버텼다. 이런 대재앙의 시기에 호사북방오리가 무리와 떨어져 살아가기가 얼마나 힘들었을지 상상이 됐다.

살아남기 버거웠던 이 시기에도 극야는 어김없이 어둠을 몰고왔다. 어둠은 호사북방오리가 그의 자식들을 죽이도록 종용했을 것이다. 해가 없는 겨울에 사냥을 성공하기 어렵다는 사실을 아는 이누이트는 가을까지 열심히 식량을 비축해두었을 것이다. 그리고 사냥을 나가기 힘든 극야에는 서로의 집을 방문해 수다를 떨거나 악기를 연주하고 춤을 추면서 이 불쾌한 계절을 활기차게 보내려 애썼을 것이다. 운 좋게 백곰이 마을 주변에 제 발로 찾아오거나 먼바다에서 우연히 얼음이 깨진 것을 발견했을 때나 가끔 사냥을 나갔으리라. 겨울의 극야는 무척 힘든 계절이었다. 겨우내 먹을 식량을 준비하지 못하면 그나마도 제대로 된 것이 없는 도구를 들고 어떻게든 사냥을 나가야 했다.

극야 사냥 하니까 생각나는 이야기가 하나 있다. 이번에도

라스무센이 쓴 탐험기에 나오는 이야기인데, 『아메리카 북극권을 넘어서』(*Across Artic America*)라는 제목의 이 책은 캐나다 쪽 북미 대륙 불모지대에 사는 카리브 에스키모가 겨울 극야 전에 식량을 양껏 준비하지 못해 굶주려야 했던 상황을 담담하고 생생하게 전하고 있다.

내가 오기 3년 전 심슨 해협에서 열여덟 명이 굶주림으로 사망했다. 그 전해에는 브리타니아 곶 북쪽에서 일곱 명이 굶어 죽었다. 스물다섯이라는 수 자체는 많지 않지만, 전체 인구가 259명인 이곳에서는 엄청나게 큰 규모이다. 대규모 기아 사태는 순록이 발견되지 않는 겨울이면 언제라도 발생한다. 그리고 이런 겨울에는 인육을 먹는 카니발리즘이 결코 드물지 않게 나타난다.

그리고 라스무센은 그 지역의 유명한 사냥꾼이자 예언자로 알려진 남자의 증언을 인용한다.

인육을 먹은 사람은 얼마든지 있소. 좋아해서 먹은 것이 아니라 다만 살아남기 위한 선택일 뿐이오. 대부분은 자신이 저지른 일을 괴로워하지만 그렇다고 그것을 죄라고 생각하진 못하지.

이트킬릭(Itqilik)의 형제 투네크(Tuneq)를 당신도 알 테지. 그와 그의 아내와 함께 지낸 적이 있지 않소? 그럼 그가 쾌활하고 늘 큰 소리로 웃으며 아내에게 다정하다는 것도 알겠구만. 몇 년 전 겨울인가, 사냥에 연거푸 실패했던 때였소. 몇 명이 굶어 죽었고 또 몇 명은 얼어 죽었지. 산 사람의 삶도 죽음 위에 서린 살얼음 같던 시절이었다오. 어느 날 투네크가 느닷없이 미쳐버렸소. 그는 정령이 나타나 아내의 몸을 먹으라고 속삭인다고 말하고 다녔지. 그러고는 아내의 모피 옷을 조각내 잘게 잘라 먹기 시작했다오. 아내의 피부가 군데군데 드러날 때까지 그 짓을 하더니만 어느 날 아내를 칼로 찔러 죽이고 본인이 딱 필요한 만큼 인육을 먹고 죽음을 면했지. 시신의 나머지 부분은 제대로 장례를 치르고 안치했다더군.

다들 그와 똑같은 상황을 참아 넘긴 경험이 있소. 그래서 우린 다른 사람이 이런 선택을 했을 때 잘잘못을 판단할 수 없지. 충분히 만족스럽게 먹을 수 있는 사람은 왜 그런 짓을 하는지 이해 못 할 것이오. 건강하고 먹을 것이 부족하지 않은 인간이 어떻게 굶주림의 광기를 이해할 수 있겠소. 우리가 아는 것은, 모두 살고 싶어 한다는 것, 그거 하나뿐이오.

『주간보석』에 질려 할 일이 없어지면 가끔 바람을 쐬러 밖으로
나왔다. 꼬리를 흔들며 품에 안기는 개를 쓰다듬고 먹이를 뿌려
주었다. 그리고 내리누르듯 조여오는 암흑을 응시했다.

봐봐야 아무것도 없었다. 그저 어두웠고 답답했다. 안개가
자욱했다.

호사북방오리의 이야기가 떠올랐던 것도 이런 때였다. 어두
워도 이렇게 어두울 수가 있나 싶은 아운나르톡의 극야를 옛 이
누이트는 어떤 기분으로 바라봤을까.

눈앞의 극야와 먼 옛날의 극야가 겹쳐졌다. "태양에서 왔는
가? 달에서 왔는가?"라고 묻던 남자가 보았을 어둠을 그려봤다.
그때는 지금보다 어두웠을까? 변함없을까? 호사북방오리는 자
식들을 죽이고 극야의 어둠을 보면서 무슨 생각을 했을까? 그리
고 극야가 끝나고 처음 뜨는 태양을 보며 무슨 생각을 했을까?

그가 겪은 극야가 진짜 극야였다.

내 눈앞의 극야와 같은 어둠이었을까. 다른 어둠이었을까.

*

아운나르톡의 오두막을 출발한 것은 1월 5일이었다. 기압이 낮
은지 여전히 안개가 두꺼웠고 눈발이 약간 흩날렸다. 습도가 높
았고 기온은 영하 18도로 기분 나쁜 미지근함이 감돌았다.

어제까지만 해도 보이지 않던 달은 월령 6.8, 인간으로 치면 스무살 청년으로 성장해 남쪽 언덕 능선 위에 떠 있었다.

실로 오랜만에 달빛이 내려오자 세계가 단숨에 되살아났다.

달은 그믐날 전후 약 열흘 동안 죽어 있다가 부활했다. 오두막 주변으로 펼쳐진 언덕과 절벽과 해빙은 자애로운 달빛에 푸르게 빛났다. 달이 없던 지난 열흘은 '진정한 극야'였고 어둡고 비참했다. 세계는 검었고 바다는 얼었는지 녹았는지 눈으로 판별되지 않았다. 나도 모르게 신경증에 걸렸는지 비탄에 빠진 이누이트들 이야기가 머릿속을 떠나지 않았다. 그랬는데 달이 뜨니 해빙도 보이고 뭐든 다 보였다. 솔직히 말하면 보이는 것 같다는 느낌이 드는 것이었지만, 그래도 뭐든 보이는 것 같으니 절로 의욕이 생기고 모든 일이 잘 풀릴 거란 생각이 들었다. 호사북방오리는 이제 아무래도 좋았다.

달이 떴으니 다시 달의 남중시각을 중심으로 하루 25시간제를 운영하기로 했다.

보자, 보름달은 일주일 후쯤 뜨겠구나.

그 전에 이누아피슈아크 오두막에 도착하겠지. 이누아피슈아크는 해안선이 복잡해서 어두운 때 가면 오두막을 못 찾을지도 몰랐다. 하지만 보름달이 뜨기 앞뒤로는 밝을 테니 날씨가 심하게 흐리지 않는 한 괜찮을 터였다.

달이 차고 기우는 타이밍을 계산해 출발일을 정했다. 극야 세계에서 인간은 달에게 모든 결정권을 넘길 수밖에 없다. 달을 거역할 도리가 없는 것이다. 그 빛이 땅 위에 닿아 인간의 눈과 움직임을 제어했다. 달은 북극성 너머의 절대자이다.

내게 달은 베가와 마찬가지로 여자였다.

　신화에서 태양은 남자고 달이 여자인 경우는 부지기수다. 일본처럼 태양신 아마테라스가 여신이고, 달의 신 쓰쿠요미(月夜見)가 남신인 신화는 드물다. 달은 서서히 성장해 차오르고 보름달이 되면 절정을 맞았다가 다시 서서히 기울어 쇠약해져 어둠에 잠겨 사멸한다. 그리고 며칠 또는 일주일쯤 자리를 비웠다가 다시 나타나 차오르고 쇠약해지길 끝없이 반복한다. 시작과 끝이 없는 달의 영원한 원 운동은 고대인에게 죽음과 부활의 상징이었다. 그런 까닭에 달은, 식물을 자라게 하고 시들게 하며 다시 새싹을 돋게 하는 대지와 아이를 잉태하고 출산하는 어머니와 더불어, 죽음을 거두어들이고 생명을 낳는 생의 신비를 표상했다.

　극야에 몸을 맡긴 내게 태양은 남자였고 달은 여자였다. 죽음과 부활의 상징은 다음 문제고 태양과 달은 운행의 성격이 좀 다르기 때문이었다.

　태양은 이치대로 움직인다. 같은 장소에 있는 한 태양은 한 치의 오차도 없이 매일 거의 같은 시각에 정중(正中)을 지난다. 움직임이 규칙적이므로 다양한 활동의 기준이 된다. 태양의 방위로 시각을 알 수 있고, 반대로 시각을 알면 태양의 위치로 방위를 알 수 있다. 태양은 말하자면 빈틈없이 정확한 공무원 같은 녀석이다. 정직하고 신뢰할 만한 존재인 것이다. 하지만 그만큼 단순하고 변화라곤 없다. 정연하고 논리적이긴 한데 단순하기 짝이 없는, 속이 훤히 다 보이는 남자가 생각나는 것이다.

달은 움직임이 복잡하다. 달력을 놓고 보거나, 달의 운행을 잘 숙지하고 있어야 정확히 예측할 수 있다. 벌써 여러 번 말했지만, 달의 정중시각은 매일 달라지고 고도도 날짜에 따라 크게 변한다. 모양 또한 바뀐다. 어제는 그렇게 휘영청 뜨더니 오늘은 같은 시각에도 뜨지 않고, 어제는 없었는데 오늘은 또 아무 일 없다는 듯 얼굴을 내미니 아무것도 모르고 달을 보면 놀랄 일 투성이다. 규칙에 얽매이지 않고 종잡을 수 없는 달은 어쩐지 감정적인 존재 같다. 남자인 내 눈에는 그것이 별 의미 없는 질문을 하거나 어제까지 별일 없었는데 오늘 대뜸 이별을 통보하고 두 번 다시 연락이 되지 않는 여자처럼 보이는 것이다.

물론 명명백백하게 아름다운 빛 때문이기도 하다.

태양 빛은 아름답다기보다 압도적이다. 넘쳐흐르는 에너지를 한순간에 힘껏 폭발시킨다. 세상을 널리 비추는 힘에 감복하면서도 무식하게 힘만 센 느낌이 없지 않다. 흰 러닝셔츠를 입은 근육이 울룩불룩한 고릴라가 발기한 페니스를 내밀며 사납게 구는 것 같달까. 콕 집어 말하자면 분위기가 없다. 그에 비해 달빛은 아름답고 품위가 넘친다. 어둠을 지울 만큼의 힘은 없지만 한 곳만을 아스라하게 드러내어 유혹한다. 모든 것이 보이진 않아도 보이는 것 같은 착각마저 들게 하는 묘한 매력을 풍긴다. 구름만 끼어도 힘을 잃는 달빛의 그 가냘픔, 연약함, 청순함도 고혹적이다. 보일 듯 말 듯, 속이 궁금한, 손가락을 꼼지락대는 것만 같은 에로틱함이 느껴진다. 그래서 내게 달은 여자다.

극야는 결국 여자가 지배하는 세계인 셈이다. 그녀의 도움을 받아 나와 개는 썰매를 끌었다. 오랜만에 하는 운동에 신났는지 썰매에 연결해주자 개는 몸이 달아오른 듯 이내 뛰기 시작했다. 개에게 끌려가듯 정착빙에서 해빙으로 내려가니 만 안쪽은 두꺼운 새 얼음으로 뒤덮여 있었다. 한참을 해빙 위를 걷다가 얼음 상태가 나빠져 다시 정착빙 위로 올라왔다.

정착빙을 걷고 있는데 묘하게 동그란 눈 덩어리가 보였다. 달빛이 있다고는 해도 속속들이 빛이 닿진 않았기 때문에 꽤 접근해서야 비로소 그것이 토끼임을 알아차렸다. 순간 놀랐지만 얼른 라이플총을 꺼냈다.

이누아피슈아크에 가면 식량이 있겠지만 저장 물자에 고기는 별로 없어서 토끼 고기는 귀중한 단백질 공급원이 되었다. 게다가 식량을 현지 조달할 수 있으면 썰매에 있는 식량은 아낄 수 있으니 행여나 무슨 문제가 생겼을 때 대응할 여유가 생긴다. 토끼를 놓쳐선 안 된다.

조심스럽게 조준하고 숨을 죽였다. 총과 조명과 사냥감이 일 직선이 되도록 배치하는 것은 몇 번을 해도 쉽지 않았다. 어둑한 와중에 집중해서 조준하는 동안 눈이 피로해져 토끼의 윤곽이 흐릿해졌다. 눈에 힘을 주고 보니 토끼가 아니라 눈을 뒤집어쓴 돌덩이 같았다.

뭐야, 토끼가 아니었어? 나는 총을 어깨에서 내렸다.

그때, 토끼가 꿈틀대며 목을 폈다. 곧바로 다시 신중하게 조 준하고 방아쇠를 당겼다. 총성과 함께 토끼가 뒤집어졌다. 귀를 잡고 의기양양하게 썰매로 오니 개가 난리법석이었다. 개의 흥분 을 가라앉히고 토끼를 해체했다. 고기와 간은 내 식량으로 썰매 에 싣고 나머지는 개에게 주었다. 1.5일분의 식량을 번 셈이다.

다음 날부터 상황은 더 좋아졌다. 안개가 걷혀 달빛이 고르 게 퍼졌고 발밑의 눈 상태가 잘 보였다. 헤드램프를 꺼도 눈의 요 철이나 앞쪽 난빙의 그림자가 손에 잡힐 듯 보여 쭉쭉 걸을 수 있었다.

시야가 이렇게 열린 게 얼마 만이지? 지난번 빙상을 걸을 때 도 달은 있었지만 날씨가 나빠 시계도 나빴지. 스무 날 만에야 시 야가 트였네. 이 정도면 백곰이 나타나도 바로 알겠는걸? 좋아!

자신 있게 걷고 있는데… 보았다. 백곰의 발자국이었다. 이번 여행에서는 처음이었다.

어둠 속에서 백곰 발자국을 실제로 보니 마음이 적잖이 동요되었다. 얼른 주위를 둘러봤지만 백곰의 기척은 느껴지지 않았다. 바람도, 소리도 없었다. 익숙한 침묵, 익숙한 어둠. 냉정을 되찾고 어둠에 가만히 눈을 맡겨봤지만 달빛이 있어도 정말 백곰이 다가오면 눈치채지 못할 것 같았다.

"야, 컨디션 어때? 백곰이 나타나면 확실히 짖어야 해."

개에게 말은 했지만 알아들을 리가 있나. 개는 대답이 없었다.

사실 이날 개의 몸 상태는 엉망이었다. 휴식 중에 필요한 도구를 찾다가 가방에 있던 바다표범 모피 자투리를 눈 위에 휙 내던졌는데, 개는 자기한테 주는 줄 알고 그 모피를 덥석 삼켜버렸다. 바다표범 모피는 개한테 맛있는 음식이다. 이누이트들이 쓰는 개썰매 채찍도 방심하는 순간 입으로 직행이니까. 다만, 이 자투리가 신발 수리용인지라 화학약품 범벅이었다는 것이 문제였다.

아니나 다를까 개는 심한 설사로 괴로워했다. 썰매를 끌다가도 멈춰서 설사를 분사했다. 한밤중에는 "포오…" 하는 증기선 기적 소리를 내며 울었다. 이렇게 심한 설사는 처음이었고, 울음소리도 생전 처음 듣는 종류라, 걱정보다도 혹시 다른 종으로 변신하려는 것인가 하는 의심이 앞섰다.

아운나르톡을 떠난 지 얼마 되지 않아 기온이 영하 30도에서 40도 가깝게 곤두박질쳤다. 달은 나날이 고도를 높여 크고 밝아졌고 덕분에 시야는 더 좋아졌다. 정착빙은 더할 나위 없이 반질반질해서 개 혼자 썰매 두 대를 끌었다.

아운나르톡에서 50킬로미터를 더 가야 나오는 이누아피슈아크 땅이 드디어 가까워지고 있었다.

이누아피슈아크에 가면 저장 물자가 있다. 나는 빨리 오두막에 도착하고 싶어 조바심이 났다. 물자를 회수하면 이제 이 여행의 70퍼센트는 끝난 셈이다.

거리만 보면 여기에서 북극해까지가 훨씬 길어서 이누아피슈아크에 도착해도 아직 30퍼센트밖에 소화하지 않은 일정이지만, 이누아피슈아크엔 저장 물자가 있잖은가. 순조롭게 찾기만 하면 그 후에는 텐트에서 먹고 연료도 펑펑 쓰면서 물건들을 말리고 가끔 사냥을 하러 나가는 꿈같은 극야 라이프가 시작된다.

이누아피슈아크에서 머무는 것은 해빙의 결빙 상태가 좋아지길 기다리기 위해서도 필요했다. 이누아피슈아크에서 200킬로미터 북상한 부근에서 캐나다 쪽으로 해협을 건널 계획인데, 오기 전에 본 위성 정보에 따르면 해당 해협은 해마다 2월 이후가 되어야 충분히 얼었다. 그러니 그 전에 건너는 것은 너무 위험했다. 게다가 해협은 북극해에서 흘러드는 해류의 흐름이 빠르다. 설령 결빙됐대도 조수가 심하게 움직이는 시기에는 붕괴될 수 있었다. 만조 전후로 해협을 건너는 것만큼은 피하고 싶었다. 그렇다면 2월 중순 이후에 조수의 움직임이 잔잔한 조금 전후, 2월 17일부터 일주일이 안전했다. 어쨌든 캐나다로 건너가려면 기다려야 한다. 이누아피슈아크에서 도해 출발 지점까지 가는 데 걸리는 시간은 20일, 역산하면 이누아피슈아크에서는 1월 하순에 출발하면 된다. 그때까지는 좋든 싫든 빈둥거리는 수밖에 없다.

이누아피슈아크엔 저장소가 두 곳이다. 하나는 내가 썰매로 운반한 한달 치 물자를 저장해둔 곳으로, 반도의 끄트머리에 있는 오래된 오두막이다. 다른 하나는 영국 탐험대의 것인데, 오두막에서 약 4킬로미터 떨어진 반도 시작점에 있는 작은 만의 해안 근처 돌무더기 아래에 묻혀 있다. 아운나르톡 오두막이 처참하게 털린 것을 본 터라 이누아피슈아크 오두막의 상태가 걱정되었다. 내가 옮겨둔 물자가 멀쩡할 확률은 반반이었다. 오두막이 워낙 낡았고 못질로 보강은 했지만 털겠다고 작정한 백곰을 막을 수 있을 정도는 아니었다. 하지만 영국 탐험대의 물자들은 밀폐 플라스틱 상자에 들어 있는 데다 그 위에 돌무더기를 잔뜩 쌓아두어 더 안전할 것 같았다. 어쨌든 비관할 이유가 없었다. 내 오두막에 문제가 생겼어도 영국 탐험대 것은 무사하리라 확신했으니까. 얼른 확인하고 계획대로 여행을 지속할 티켓을 손에 넣고 싶었다.

1월 8일, 어둑새벽에 해안의 험악한 난빙에서 가까스로 루트를 찾아 정착빙에서 해빙으로 내려섰다. 연안의 해빙이 어둠 속에서 끼익끼익 귀에 거슬리는 소음을 냈다. 이누아피슈아크 반도까지 남은 거리는 불과 수십 킬로미터였다.

반도 주변은 해안선이 들쭉날쭉해서 달이 아니라 해가 떠 있어도 헤맬 만큼 지형이 복잡했다. 달은 떴지만 지형이 한눈에 들어올 만큼 밝진 않았다. 헤매지 않고 저장소를 찾을 수 있을지 어떨지가 이번 극야의 암흑 속에서 넘어야 할 마지막 장벽이라는 생각이 들었다.

나는 우선 이누아피슈아크 반도 끝에 있는, 습격당했을지 모를 오두막으로 향했다. 날씨는 쾌청했고 달도 거의 보름달에 가까운 상태여서 오두막을 찾기에 나쁘지 않은 조건이었다.

이누아피슈아크 반도 직전에 '반도 닮은꼴'이라고 할 수 있는 작은 곶이 돌출되어 있기 때문에 멀리서 보면 진짜 반도와 구별하기 어렵다. 나는 나침반으로 신중하게 진행 방향을 확인하고 별을 표식 삼아 한 발 한 발 조심스럽게 움직였다. 절대 '반도 닮은꼴'로 들어가지 않겠다고 다짐하면서.

그러는 사이 어둠 저 너머에 '진짜 반도'로 보이는 육지의 윤곽이 보였다.

이 정도 달빛이면 아무리 얼간이라도 틀릴 리가 없었다. 나는 전방의 윤곽을 보며 직진했다. 좀 일찍 도착했다 싶었지만, 아무튼 네 시간 만에 반도 끝이라고 믿고 온 육지에 다다랐다.

근데 막상 도착해서 보니 모양새가 이상했다. 지도엔 반도 끝 근처에 작은 섬이 하나 있었는데 여기엔 없어 보였다. 내 기억엔 좀 더 평평했던 것 같은데 어째 좀 울퉁불퉁하기도 했다. 반신반의하며 망망한 어둠 속을 헤치고 해안을 따라 나아갔다.

옳지, 내 능력이 어디 갔겠어?

조금 전 묘한 낌새는 싹 사라지고 오두막 앞 깊은 후미와 똑 닮은 후미가 눈앞에 나타났다. 틀릴 리가 없지, 틀릴 리가. 저 앞에 있는 육지의 돌출부를 돌면 오두막이 나오겠지, 그렇게 생각하고 돌출부를 돌았는데, 어라, 눈앞에 나타난 해안선이 전혀 이해할 수 없는 방향으로 뻗어 있었다.

뭐지, 이건? 나침반을 수차례 확인했지만 지도와 해안선이 도무지 맞지 않았다. 또 시작이군. 어디지? 이누아피슈아크 끝쪽보다 훨씬 앞인가? 아예 엉뚱한 데 와 있는 건가?

달빛이 어스름하게 비치는 어둠 속 저 먼 곳에 주변을 에워싸는 언덕의 윤곽이 보였다. 지형을 살피고 지도를 보고 해안선 방향을 보고 나침반을 확인하고서야 사태를 겨우 짐작할 수 있었다. 아무래도 나는 그토록 헤매지 않으려고 조심했던 '닮은꼴' 곳에 감쪽같이 속아 들어온 것 같았다. 얼간이도 이런 얼간이가 없다.

대략 어디인지 알았으니 나침반을 보며 목표했던 반도를 향해 나아갔다. 진짜 반도와 닮은꼴 사이에 있는 만의 해빙은 조수 간만의 차 때문에 융기와 침강을 반복해 울퉁불퉁했다. 가는 곳마다 빙구(ice mound)와 빙맥(ice ridge)이 형성되어 있었고, 낮은 곳과 갈라진 얼음 사이에는 연질의 눈이 쌓여 있었다. 그 탓에 썰매를 끌기가 더럽게 힘들었다. 몸에 열이 올라 땀이 줄줄 흘렀고 방풍복 안쪽엔 이슬이 잔뜩 맺혔다. 뒤에서는 개가 숨을 몰아쉬는 소리가 들려왔다. 너도 필사적이구나.

어둠 속에서 빙구와 빙맥을 이리저리 헤매다가 방향감각을 완전히 상실해버렸다. 전부 뒤죽박죽이었다. 몇 번이고 빙구에 올라 방향을 따지던 중 앞쪽에 덩치 큰 설산이 보였다. 흐릿한 달빛에 몸을 숨긴 유령 같았다. 목적지 쪽인 것 같았다. 나는 그 산이 반도의 일부라고 판단하고 걸음을 옮겼다.

가까이 갈수록 설산의 몸집이 점점 거대해졌다. 해도 해도 너무 큰데? 말도 안 되게 커서 헛웃음이 나왔다. 북알프스 같네, 꼭. 꽤 가까워진 줄 알았는데 산은 아직 한참 멀리 있었다. 반도 근처에 이렇게 큰 산은 없다.

이누아피슈아크 반도를 지나서 있는 큰 곶까지 온 건가.

뭐가 뭔지 모를 땐 나침반을 따라 전진하는 수밖에 없었다. 신기하게도 멀리 있는 줄 알았던 산이 코앞으로 성큼 다가왔다. 얼음은 자갈로 바뀌어 있었다. 부지불식간에 나는 그 산의 기슭, 그러니까 육지에 올라와 있었다. 가까이에서 보니 산이 아니라 높이 20미터짜리 바위 언덕이었다. 거대했던 설산은 어둠과 달빛이 빚은 신기루였다.

언덕을 돌아 들어가니 지도에 있는 바로 그 작은 섬이 나타났다. 이누아피슈아크 반도 서쪽에 도착한 것이다. 해안선도 지도와 일치했다.

출발한 지 열 시간을 훌쩍 지나서야 마침내 오두막이 있는 작은 만에 다다랐다. 몹시 지쳤지만 한시라도 빨리 물자가 무사한지 확인하고 싶었다. 이러니저러니 해도 벌써 1월 8일, 마을을 떠난 지 35일째였다. 썰매에 싣고 온 식량과 개 사료가 간당간당했다. 한 달 치 식량을 확보해야 안심이 될 것 같았다.

만일에 대비해 라이플총을 메고 썰매는 그 자리에 둔 채 해안을 따라 발달한 난빙을 넘어 육지로 올라갔다. 곧 눈에 익은 광경이 펼쳐졌다. 예전에 마을 사람들이 썼던 낡은 썰매의 잔해가 눈에 파묻혀 있었다. 썰매를 지나쳐 경사를 오르니 눈을 뒤집어쓴 오두막의 지붕이 보였다. 걸음을 재촉했다.

오두막이 코앞이었다. 언뜻 보기엔 멀쩡했다.

곧장 입구로 향했다. 오두막 입구는 터널 형태였고 안쪽에 작은 문이 있었다. 물자를 옮기고 나서 문을 고정하려고 묶어둔 노끈과 로프도 변함없었다. 문은 완벽하게 닫혀 있었다.

"좋아, 좋아."

마음이 놓였다. 앞으로 한 달은 걱정 없이 갈 수 있다. 그럴 리는 없겠지만 행여나 영국 탐험대의 물자가 없어졌어도 살아서 마을로 돌아갈 수 있을 만큼의 식량은 확보한 셈이다. 꺼내는 건 내일 하기로 하고, 한번 봐두기나 할까.

로프를 푸는 손놀림이 가벼웠다.

*

오두막 안은 텅 비어 있었고 깜깜했다.

헤드램프로 훑은 바닥엔 옛 거주자가 남긴 쓰레기가 흩어져 있었다.

수상했다. 아침 식사용으로 저장해둔 한국산 신라면 빈 봉지 하나가 바닥에 쓸쓸히 떨어져 있었다.

물건은 더플 백 안에 넣어두었던 터라 봉지만 떨어져 있을 순 없는 노릇이었다. 급히 오두막 왼편으로 고개를 돌렸다. 보이는 것이 없었다. 마땅히 있어야 할 빨강, 검정 더플 백이 흔적도 없이 사라져버렸다.

여기도 털린 건가?

자세히 보니 바닥엔 알파화미와 보온병도 떨어져 있었다. 당혹스러웠다. 문은 잘 닫혀 있었고 동물이 침입한 흔적은 눈곱만큼도 없었기 때문이다.

어떻게 이럴 수 있지?

헤드램프로 샅샅이 살피고 나서야 그 이유를 알았다. 천장이 뚫려 있었다. 누군가가 지붕을 박살 내고 거대한 구멍을 뚫어놓았다.

이유는 하나, 백곰이었다. 백곰이 다 먹어치워버린 것이다.

너무 큰 충격에 나는 멍해졌다. 눈을 꿈뻑이며 천장에 뚫린 구멍을 쳐다봤다. 달빛에 연보라색으로 밝아진 밤하늘이 보였다.

아냐, 포기하지 말고 뒤져보자. 뭐라도 남아 있겠지.

나는 마음을 다잡고 바퀴벌레처럼 오두막 바닥에 널부러진 쓰레기 위를 기어 다녔다. 등유 5리터가 든 폴리탱크가 뒹굴고 있었지만, 백곰의 발톱에 찢겨 연료는 새고 없었다. 또 발견한 2리터 짜리 폴리 탱크엔 등유가 남아 있었지만, 역시나 찢겨서 눈이 들어가 쓸 수 없는 상태였다.

뚫린 구멍 바로 밑에는 천장재로 사용된 땅이끼 덩어리가 수북했다. 이끼를 치우고 바닥을 더듬었지만 아무것도 없었다. 깡통을 일일이 흔들고 삭은 잡지를 들춰봤지만 허사였다. 가방이 있었던 자리를 다시 뒤졌을 때 기적적으로 플라스틱 용기에 밀폐된 우지(牛脂) 800그램을 찾았다. 그뿐이었다.

썰매로 돌아오니 개는 벌써 자고 있었다. 개 사료 20킬로그램도 저장해두었던 터라 오늘은 개를 배불리 먹이려 했는데, 그마저 어렵게 되었다.

충격이 가시지 않아 밤새 뒤척이며 날밤을 새웠다.

각오는 했었다. 이 오두막이 털렸을 확률도 반이라고 생각했다. 하지만 진짜 이렇게 습격당했을 줄은 꿈에도 몰랐다. 마음 한 구석으로는 아무 일 없으리라고 믿었다. 그런 만큼 습격 현장은 날 사정없이 흔들었다.

천장에 아무렇게나 뚫린 그 구멍을 봤을 때, 백곰이 이렇게까지 했다는 사실에 솔직히 어안이 벙벙했다. 굶주림에 미친 백곰이 킹콩처럼 두 팔을 내리쳐 오두막 지붕을 박살 낸 장면을 영상으로 보는 듯했다. 그런데 냉정을 되찾고 다시 생각하니 그렇게 광기 어린 폭력을 쓰진 않았을 듯했다. 오두막에서 풍기는 냄새에 입구를 찾았지만 터널 부분이 좁아 몸이 안 들어가니 주변을 배회하다 지붕으로 올라갔을 것이다. 작정하고 지붕을 부쉈다기보다 썩어서 약해진 지붕이 무너져 쿵 하고 바닥에 굴러떨어졌겠지. 아픈 와중에 고개를 들었더니 눈앞에 보물이 가득했고, 뜻밖의 행운에 신이 나 이것저것 주워 먹었을 것이다. 이쪽이 더 그럴싸했다.

아무튼 저장소를 덮친 백곰은 쉽사리 포기하지 않고 계속 이 주변을 어슬렁댔을 것이다. 그렇게 생각하자 갑자기 영국 탐험대 저장소가 걱정되었다. 적어도 그곳이 털릴 확률은 10퍼센트 미만이라고 죽 생각해왔다. 그런데 여기가 이 지경인 것을 보고 나니 확신이 들지 않았다. 습격 확률이 35퍼센트로 올랐다.

설마 거기도 당했으려고…. 나는 진정할 수 없었다.

차분하게 따져보면 영국 탐험대 저장소가 습격당했을 가능성은 낮았다. 하지만 이번 탐험 내내 나쁜 일들이 끊이지 않았고, 예상은 모두 보기 좋게 빗나갔다.

불운은 탐험이 시작되기 전부터 있었다. 2014년 아운나르톡에 보관해둔 개 사료 한 포대를 카낙크의 사냥꾼들이 훔쳐갔다. 2015년에 카약으로 옮긴 물자들은 원래 캐나다 쪽과 이누아 피슈아크 두 군데에 나누어 배치할 계획이었는데, 도중에 조석선(潮汐線)을 착각해 개 사료를 떠내려 보내고 밀려오는 부빙에 갇혀서 결국은 아운나르톡까지만 옮길 수밖에 없었다. 게다가 애초에는 그해 겨울에 극야 탐험을 본격적으로 실행할 작정이었는데, 덴마크 정부에서 체류 자격 미달을 이유로 강제 출국 처분을 내리는 바람에 탐험을 1년 연기해야 했다. 그리고 아운나르톡의 오두막이 털렸다는 소식을 들었다. 이 정도로 일이 꼬이면 계획을 접었어도 이상할 게 없었다. 어이가 없을 정도로 이 탐험에 집착한 건 나였다. 그랬는데 탐험을 시작하자마자 육분의를 날렸고….

오늘, 한 달 치 물자를 싸그리 날렸다.

지금까지 제대로 된 일이 없었으니 영국 탐험대 쪽도 문제가 생긴 것은 아닌지 마음이 약해졌다. 무사할 거라고 마음을 다독이며 진정하려고 애썼다.

악재가 연이어 닥치긴 했지만 영국 저장소는 믿을 만했다. 이곳 오두막에는 마른 고기, 요리용 돼지기름, 우지, 살라미 같은 백곰이 혹할 만한 냄새를 풍기는 식재료가 많았다. 하지만 영국 탐험대 물자엔 그런 것이 없었다. 알루미늄 봉지에 밀봉된 냉동 건조 식품과 초콜릿 바 등의 과자류가 대부분이었다. 개 사료가 좀 마음에 걸리긴 했지만 개봉하지 않은데다 야생동물이 질색한다는 검은 비닐봉지에 싸여 맨 아래에 묻혀 있었다. 게다가 주위를 거의 요새 수준으로 막아두었다. 여간해서는 그 돌무더기를 파낼 수 없었다. 무엇보다 영국 탐험대가 물자를 묻은 것이 2013년 여름인데 내가 2015년 여름에 도보로 그곳을 들렀을 때 무사한 것을 확인했다. 2년 동안 별일 없었던 것이다. 그러니 마지막 확인 날짜에서 1년 반이 지난 지금도 괜찮으리라는 생각은 꽤 논리적이었다.

걱정거리가 없진 않았다. 2015년에 들렀을 때 나는 극야 상황에서도 잘 찾을 수 있게 붉은 깃발을 단 장대를 돌무더기 틈새에 꽂아두었다. 그땐 잘했다고 자찬하며 빙그레 웃었는데, 지금 생각하니 쓸데없는 짓이었던 것 같다. 백곰은 어쩌면 사람 손을 탄 지형지물엔 맛있는 것이 있다는 사실을 학습했을 것이다. 설령 냄새가 없더라도 누가 봐도 인간의 표식인 붉은 깃발을 보고 '인간이 놓고 간 것!'을 떠올릴 것이고, 배불리 먹었던 행복한 기억에 접속할지 모른다.

뭐가 됐든 내일 가보면 알겠지. 십중팔구 괜찮겠지만 만에 하나 당했다면 정말 곤란해진다. 식량이 부족하다.

나는 긴장되어 뜬눈으로 밤을 새우고 아침을 맞았다.

*

다음 날, 불안한 마음에 평소보다 이른 오후 5시에 일어나 8시에 출발했다.

둥글고 노란 달은 잔인하리만치 아름답게 빛났다. 극야라는 게 믿기지 않았다.

영국 탐험대 저장소는 오두막에서 해안선을 따라 남남동으로 4킬로미터쯤 걷다 보면 나타나는 반도 기슭의 작은 만 안쪽에 있었다. 나와 개는 이누아피슈아크 반도의 끝을 돌아서 해안선을 오른쪽으로 보면서 남남동으로 천천히 걸었다.

4킬로미터는 금방이라고 생각했는데 쉽사리 나타나지 않았다. 달빛을 받은 해빙은 얼음이 들쑥날쑥한 난빙대로 보였다. 난빙을 피하려 오른쪽으로 좀 돌아 들어가는 느낌으로 걸었는데, 걷고 또 걸어도 전방에 보이던 난빙이 가까워지질 않았다. 평평한 새 얼음 위에 엄청난 거리를 두고 돌출된 얼음들이 흩어져 있을 뿐이었다. 어둠과 달빛의 신기루. 거리를 가늠할 수 없었다. 분명 무지하게 멀리 있는 얼음의 돌출부인데 이지러지며 뭉쳐져 난빙대로 보였을 것이다. 보이는 것을 믿을 수 없는 세계가 이어졌다. 이 때문에 시간을 많이 잡아먹었다. 해안선이 안쪽으로 들어가는 기미만 보여도 저장소 부근인가 싶어 가슴이 뛰었지만 막상 가보면 다른 곳이었다.

이 신기루를 두 시간쯤 걸었다. 나는 한참 전부터 달빛을 받은 해빙에 돌출된 얼음을 목표 삼아 전진했다. 그런데 다가가 보니 얼음이 아니라 거대한 눈의 암벽이었다. 정말 놀랐다. 영국 탐험대 저장소가 있는 만 구석에 있는 그 암벽이었다! 나는 오른쪽을 보았다. 아니나 다를까 해안선이 급격하게 안쪽으로 굽어 들어갔고 하얗게 반짝이는 해빙도 마찬가지였다. 나는 펼쳐진 얼음을 따라 오른쪽으로 꺾었다. 해안에 솟은 검은 바위들이 노란 달빛을 받아 어렴풋이 보였다. 저 근처였던가? 아니, 아니야. 저쪽인가…? 바위들을 꼼꼼히 살피며 걸었지만 저장소를 표시한 붉은 깃발이 보이지 않았다. 슬슬 나타날 때가 됐는데…. 안쪽으로 걸어 들어갈수록 긴장감에 심장이 쿵쾅거렸다. 물자를 찾아야 예정대로 갈 수 있다. 없어지기라도 하면….

만 안쪽까지 다 들어왔는데도 깃발은 오리무중이었다. 나는 썰매와 개를 남겨두고 해안가 난빙을 넘어 저장소를 찾아갔다. 달이 밝아 대략적인 지형은 확실히 알 수 있었다. 저장소 주변을 또렷이 기억했다.

돌무더기가 보이면 달려갔지만 그냥 커다란 바윗덩어리였다. 그러는 사이 눈 경사면을 올라 얼어 있는 연못이 보이는 반대편까지 왔다. 2015년에 텐트를 쳤던 곳이었다. 거기서부터는 제대로 갈 수 있었다. 그런데 찾을 수 없었다. 깃발이 보이지 않았다. 내가 다른 만에 들어와서 헛수고를 한 걸까?

지도를 펴고 내가 다른 만에 있을 가능성을 타진했다. 그건 아닌 것 같았다. 아니, 같았다가 아니라 아니었다. 멀리 희끄무레하게 보이는 커다란 언덕의 생김새 하며 만 해안선의 방향과 등 뒤에 있는 연못이 모두 내가 옳게 왔다는 것을 증명했다. 저장소가 파헤쳐졌다고 가정해도 60리터짜리 파란 플라스틱 통만 여덟 개가 있었는데 부스러기 하나 안 보일 리가 없었다. 기억이 잘못 됐나? 상황이 이 지경인데도 난 저장소가 털렸다는 것만큼은 믿지 않았다.

다시 허둥지둥 바다 쪽으로 설면을 내려왔다. 그리고 결정적 증거를 발견했다.

눈앞에 검은색 뚜껑이 달린 반투명 폴리 탱크가 뒹굴고 있었다. 가솔린 폴리 탱크였다. 돌무더기 밑에 있어야 할 물건. 다가가서 들어 올리니 텅 비어 있었다. 그리고 백곰의 발톱 자국.

"아아아…."

당혹감에 탄식이 새어 나왔다. 주위에 주먹 크기에서 머리 크기까지의 돌덩이들이 나뒹굴고 있었고, 돌 사이사이에 검은 비닐봉지 조각들이 비죽비죽 튀어나와 있었다. 나는 그 자리에 주저앉아 한숨을 쉬며 돌들을 헤집기 시작했다.

"아, 당했다… 당했어…."

돌덩이 아래에서 나오는 것이라곤 찢어진 비닐과 과자 봉지뿐이었다. 60리터들이 파란색 통들은 흔적 없이 사라졌다. 뒹구는 검은 뚜껑 위에는 영국 탐험대 후원사의 로고 스티커가 떡 하니 붙어 있었다.

무릎을 꿇고 하늘을 올려다보았다.

"끝났다…."

여행은 끝났다. 더 볼 것도 없었다.

이렇게까지 했는데 안 되는 건가! 허망했다. 썰매를 끌고 이 땅을 찾은 것만 몇 번인가. 바다코끼리에게 사냥당할 뻔하고 유빙에 갇히고 500만 엔을 쏟아부었다. 후원은 일절 받지 않는다는 원칙에 따라 탐험 자금은 모두 벌어서 충당했다. 벌어서 여기 오는 데 4년이 걸렸다.

인생을 종친 기분이었다. 농담이 아니다. 나는 짧은 인생에서 30대 중반부터 마흔이 되기 전까지가 특별하다고 생각해왔다. 체력이며 감성, 경험의 조각을 이어붙이며 넓혀온 세계가 폭발적인 힘을 발휘할 시기이지 않은가. 인생 최대의 일을 감행하려고 한다면 역시 이때였다. 이때 할 수 있는 일을 최고의 형태로 할 수 없다면, 다시 인생 최대의 일을 계획할 기회는 없을 것이고, 그러면 인생의 의미를 잃게 될 것이었다. 그래서 극야에 온 것이었다. 현대의 탐험의 새로운 표현이 여기에 있었고, 극야 탐험은 문명화된 일상에서 완전히 멀어진다는 내 탐험 사상의 정점이었다. 내겐 인생 최대의 일이 될 터였다. 극야 탐험을 준비하는 동안 실제로 나는 지금이 육체도 정신도 절정에 이른 시기임을 절감했다. 동시에 극야행이 가까워지면서 천천히 절정의 내리막을 걷고 있다고 느꼈다. 뭐랄까, 중국 왕조의 역사와 비슷하달까. 2대와 3대째에 성군이 등장해 어진 정치를 베풀어 태평성대가 오지만 그 후에는 환관이 득세하면서 정치는 부패하고 학정에 백성들이 견디지 못해 결국 무너지고 마는 역사적 패턴 말이다. 탐험을 시작하면서 나는 내가 3대째 끝 무렵이거나 4대째에 들어서는 시기에 있다고 느꼈다. 그런 만큼 이 탐험을 최고의 작품으로 완성하고 싶었다. 그 꿈은 이제 불가능해졌다. 이런 여행은 앞으로 더 없을 것이다. 곧 마흔이다. 한 달 후에 무려 만으로 마흔이다. 똑같은 시간과 돈을 들여 재도전할 힘을 회복하기 어려운 것이 현실이다. 아마 같은 탐험이어도 지금처럼 예리하고 풍부한 감성은 아닐 것이다. 나는 인생 최고의 탐험을 표현하는 데 실패했다. 최고의 작품을 망친 인생이 대체 무슨 의미란 말인가.

울고 싶었다. 울려고 했는데 타격이 너무 심해 눈물이 나오지 않았다. 눈물로 바뀔 체내 수분도 부족했다.

빌어먹을! 백곰이 먹다 남은 것이라도 찾을 심산으로 돌덩이를 마구 집어던졌다. 죽어라 파헤쳤다. 돌덩이 틈바구니에서 종이 상자가 하나 나왔다. 순간 한 가닥 광명의 빛줄기가 보였다. 하지만 안에 들어 있는 것은 가솔린이었다. 검은 비닐봉지도 찾았지만 역시 가솔린이 들어 있었다. 주변 일대를 갈아엎어 얻은 건 가솔린 20리터가 다였다. 식량과 개 사료는 한 톨도 없었다.

"연료만 있으면 뭐 하냐고!"

고래고래 소리 지르며 가솔린 폴리 탱크를 걷어찼다.

이 여행은 저주받았어.

털썩 주저앉아 다시 하늘을 올려다보았다. 컴컴한 하늘 한 가운데에 둥근 달이 성스럽게 빛났다. 마치 피로 얼룩진 칼처럼 베일 듯 날카롭고 아픈 빛이었다. 그 노란 빛에 몸을 맡기자 이 모든 저주가 극야의 뜻인 것 같았다.

현실에서 저장소를 덮친 건 백곰이다. 하지만 누가 알까. 극야의 주인이 백곰의 몸을 빌려 망가뜨린 것일지.

극야의 절대 지배자인 달이 이죽대는 것 같았다.

"후후. 극야를 탐험하겠다는 사람이 남의 물건에나 의지하고, 그걸로 느긋하게 여행하려 하다니, 그렇게 둘 수는 없죠. 맞아요, 내가 백곰을 부려서 다 치워버렸어요. 분하다면 극야의 밑바닥을 기어서라도 살아남아요. 이런 데서 잘 저장된 식량을 먹으며 빈둥거려서는 극야의 가장 깊은 어둠을 만날 수 없어요. 자력으로 살아남아 암흑의 심원에 다가가봐요. 그게 당신이 말하는 극야 탐험 아닌가요? 호호호."

어떻게 할까. 식량이 없는 이상 북극해는 목표가 아니다. 그렇다고 마을로 돌아가기도 마땅찮았다. 이 어둠 속에서는 메이한 빙하를 내려가는 입구를 찾기가 어려웠다.

메이한 빙하를 내려가는 입구는 매우 좁고 양쪽에 훨씬 큰 빙하가 둘 있어 방심하면 다른 빙하를 헤매기 십상이다. 예전에 두 번 왔을 때 봄철이었는데도 엄청 헤맸던 기억이 있다. 게다가

올 때처럼 툰트라와 빙상의 평면 공간을 나침반만 가지고 건너야 한다. 올 때 아운나르톡으로 들어오는 골짜기를 찾는 것과는 차원이 다른 난도다. 메이한 빙하의 좁디좁은 내리막 입구를 정확히 찾는 것만으로 난도는 다섯 배, 열 배, 아니 30배는 높아질 것이다. 가까스로 오차 없이 입구에 도착해도 근처 다른 빙하에서 헤매지 않는다는 보장은 없다. 아니, 아마 메이한 빙하 입구인지 아닌지 알 수 없을 것이다. 거기까지 가서 입구를 못 찾는다는 것은 내 위치를 헷갈린다는 뜻이고, 그렇게 되면 마을은커녕 아운나르톡 오두막으로도 다시 못 돌아온다. 운에 맡기고 빙하를 내려갈 것인가. 해안까지 내려가면 다행이지만 크레바스에 떨어져 죽는 불행을 피할 수 있을까. 위험한 선택이다. 오금이 저려서 못한다. 한마디로 마을로 돌아가는 선택지는 빙하를 넘은 그날 봉인되었다. 마을로 귀환하려면 극야가 끝나고 밝아지길 기다리는 수밖에 없다.

극야는 2월 중순이 넘어야 끝난다. 오늘은 1월 10일, 출발한 지 36일째였다. 마을에서 싣고 온 식량은 2개월분, 중간에 토끼를 사냥해 아끼긴 했지만 남은 1개월분은 마을까지 가기엔 충분치 않은 양이었다. 내 식량보다 개 사료가 문제였다. 이누아피슈아크에 많이 있다고 생각하고 40일 치밖에 싣고 오지 않았기 때문이다.

남은 사료의 양을 다시 가늠했다. 지금까지 정해진 양보다 적게 준 모양인지 아껴 먹으면 앞으로 10일은 버틸 것 같았다. 개가 기운이 없었던 게 극야병이 아니라 배가 고파서였나. 이러니저러니 해도 마을로 돌아갈 수 있을 정도의 양은 아니었다.

이대로 가면 개가 죽는다. 굶은 채, 얼음 위에서. 암울한 예감에 가슴이 답답해졌다. 그것만큼은 피하고 싶었다.

여러 차례 여행하며 쌓은 추억들이 있었고 사실상 가족이나 다름없었다. 무엇보다 이제 내게 남은 건 이 녀석뿐이다. 탐험을 준비하면서, 그러니까 개를 길들이고 이누아피슈아크를 몇 번씩 오가고 천측을 배우면서 나는 내 세계가 확장되는 것을 느꼈다. 마치 개와 이누아피슈아크라는 땅과 육분의와 손수 만든 도구들이 내 몸의 일부가 된 듯했다. 그렇게 확장된 나는 극야 탐험을 실행에 옮겼고, 그렇게 내 세계를 넓히고 팽창시켜 끝내 장렬히 폭파시킬 작정이었다. 그런데 정작 폭파된 것은 육분의와 저장소였고 확장된 내 세계는 발밑에서 꺼져갔다. 내가 다지고 키운 이 세계에 남은 유일한 존재는 개뿐이었다. 개가 죽으면 이 세계는 끝장이었다. 개를 포기할 수 없는 것은 내가 그저 내 세계를 포기하지 못했기 때문인지도 모르겠다.

아무튼 식량이 부족했다. 사냥을 해야 한다. 이 어둠 속에서 운을 하늘에 맡기고 마을로 향하기보다 어떻게든 사냥감을 찾아 먹을 것을 확보하는 편이 안전하다. 토끼나 여우처럼 작은 동물은 별 볼 일 없다. 적어도 바다표범 이상, 가능하면 백곰이나 사향소를 노려야 한다. 이런 큰 짐승을 외부인이 사냥하는 것은 위법이지만, 그건 나중 문제다. 큰 놈을 잡으면 나와 개 모두 한 달 좀 넘게 버틸 수 있다. 북극해까지는 어림없겠지만 얼마간은 더 북쪽으로 들어갈 수 있다. 연료는 차고 넘치니까.

사냥에 성공하면 개를 살리고 여행을 계속할 수 있으며 그것은 곧 나를 살리는 길이었다. 기필코 사냥감을 잡고야 말겠다고 나는 아무 신에게나 대고 다짐했다. 달에도 포고했다. 아직은 끝낼 때가 아니다.

어디서 뭘 잡을까. 사향소가 제일 낫겠지. 백곰은 해빙을 떠도는 방랑자이니 우연히 마주치면 모를까 어딨는지는 알 길이 없다. 백곰을 만나는 건 순전히 운이다. 사향소는 백곰보다 많고, 나는 몇 년 동안 이 일대를 오가며 사향소 무리가 머무는 장소를 알고 있었다.

셉템버 호수.

2014년 내가 우야미릭크와 처음 여행했을 때 들렀던 이 호수 주변에서 사향소 여러 마리를 보았다. 열 마리 정도가 무리 지어 있는 걸 대여섯 번은 봤던 것 같다. 가히 목장 수준이었다. 그때도 비정상적인 혹한으로 나가떨어질 뻔했는데, 사향소 한 마리를 사냥해 지방질을 섭취한 덕분에 체온을 유지할 수 있었고 그럭저럭 여행을 계속할 수 있었다. 개가 먹을 것도 잔뜩 얻었다. 그래서 남은 사료를 아운나르톡 오두막에 보관했던 것이다. 물론 도둑맞았지만. 여하튼 셉템버 호수로 가면 틀림없이 고기를 얻을 수 있다. 소 떼 영상이 선명하게 뇌리에 되살아났다.

남은 시간이 많지 않았다. 달은 여전히 둥그렇고 신비로운 빛을 내뿜으며 히죽히죽 웃고 있었다. 이날의 월령은 11.8이었다. 머지않아 보름달이 되고 이후 대엿새는 엄청나게 밝을 것이다. 하지만 곧 다시 어두워져 멀리 있는 사냥감을 식별할 수 없게 된다. 극야 세계의 사냥 성패를 가르는 것은 달빛이다. 일주일이다, 일주일 안에는 사냥을 성공해야 한다.

나는 초조해졌다. 곧장 짐을 정리하기 시작했다. 조금이라도 속도를 내기 위해 썰매 한 대와 여분의 등유와 장비를 놓고 가기로 했다. 한시가 급했던 나는 "사향소를 꼭 잡아야 해"라고 개를 독려하며 셉템버 호수로 향했다.

걷다 보니 달의 고도가 점점 높아지면서 대기에 밝은 빛이 스몄다. 만월일 때 남중하면 눈에 묻은 먼지도 보일 것 같았다. 검고 둥근 사향소는 원체 느리게 걸어 봄에 만나도 바윗덩어리와 구분이 잘 안 된다. 하지만 지금은 이 달만으로도 괜찮을 것 같았다. 나는 해안으로 눈을 돌려 어둠에 잠긴 바위를 보며 사향소를 떠올렸다. 괜찮아, 보일 거야. 그렇게 혼잣말을 중얼거리며 부지런히 걸었다.

벼랑 끝까지 몰리자 뇌하수체에서 아드레날린을 어찌나 내보냈는지 집중력이 비정상적으로 높아졌고, 불과 한 시간만에 셉템버 호수에서 흘러내리는 강(나는 셉템버 강이라고 부른다)의 하구와 가까운 곳에 당도했다.

곧 맹렬하게 솟구치던 아드레날린이 뚝 끊기고 별안간 차분해졌다.

발걸음을 멈추고 정말 갈 수 있을지 자문했다. 2014년 셉템버 호수에서 셉템버 강을 내려갔을 때의 기억을 더듬었다. 셉템버 강의 바닥은 굵은 몽돌이 데굴데굴 굴러다녔고 그 위에 연질의 눈이 덮여 있어 이만저만 힘든 것이 아니었다. 러너가 돌에 걸려 썰매가 뒤집어지기 일쑤였고, 그 탓에 고작 25킬로미터를 내려가는 데 4일이 걸렸다. 도저히 썰매를 끌고 걸을 만한 루트는 아니었다. 두 번 다시 이 강을 루트로 삼지 않겠노라 굳게 맹세했을 정도다. 그런데 셉템버 호수로 가려면 이 강을 거슬러 올라가는 수밖에 없었다.

침착하게 생각해야 해. 밝은 시기에 강을 내려올 때 4일이 걸렸으니까 어둠 속에선 최소 5일, 아니 까딱 잘못하면 일주일은 걸리겠지. 나는 다시 한번 해안의 바위들을 주시했다. 5일이 지나면 달빛이 슬슬 약해질 텐데 사향소와 바위를 한눈에 구별할 수 있을까. 날씨도 도와줘야 했다. 지금은 맑아서 시야가 좋지만, 구름이 끼면 대책이 없었다. 호수에 도착했을 때 날이 개어 있으리란 보장은 없다. 오히려 반대일지 모른다. 안 되겠다, 이건 도박이야. 아드레날린이 말라버렸는지 소심해진 나는 달빛에 기대 사향소를 잡는 건 불가능하다는 쪽으로 기울었다. 호수까지 갔는데 사향소도 못 잡고, 빈손으로 강을 따라 다시 내려와야 할 상황에 대한 부담도 상당했다.

달리 더 좋은 포인트가 없을까…. 오늘은 돌아가자. 텐트를 치고 안에서 하나하나 따져봐야겠어.

생각을 고쳐먹고 두 시간을 걸어 왔던 길을 되돌아와 영국 탐험대 저장소가 있던 자리 근처에 텐트를 쳤다.

끊어진 의지

텐트 안에 장갑과 바지를 넣었다.

저녁을 먹으면서도, 침낭에 몸을 욱여넣고도, 어디서 무슨 사냥감을 잡아야 할지 머리를 굴렸지만 뾰족한 답이 없었다.

남은 식량은 정해져 있으니 사냥에 마냥 시간을 쓸 수도 없었다. 사냥에 실패하고 마을로 귀환할 경우도 염두에 두어야 했다. 지금 가진 식량으로는 한 달 남짓을 버틸 수 있었다.

하지만 나는 안다. 내겐 숨은 식량이 하나 있다.

개의 고기다.

절대 개를 죽게 하지 않겠다는 맹세 저편에, 사냥감을 잡지 못하면 개라도 잡아먹고 생환하겠다는 냉정한 판단이 있었다. 사냥을 못 해 먹이가 떨어지면 개는 자연히 기력을 다할 것이다. 그렇게 된 이상 고기를 먹지 않을 이유가 없고 내 식량은 자동으로 늘어난다. 아문센의 남극 탐험을 비롯한 옛 탐험에서 개를 식량으로 썼다는 기록은 봤지만 내가 내 개를 먹으리란 상상을 해본 적은 없었다. 강연회에서 "조난당해 식량이 떨어지면 개를 잡아먹나요?"라는 질문을 받았을 때도 "하하하. 그렇게 안 되게 조심하겠습니다" 하며 웃어넘겼다. 그렇게 안 되게 할 방법이 있을까.

진짜 먹게 될지 어떨지는 몰라도, 만에 하나를 고려해 개의 고기를 식량에 포함해 계산했다. 개의 평상시 체중은 약 35킬로그램, 굶어 죽는다면 20킬로그램쯤. 그래도 내장을 포함하면 10킬로그램은 먹을 수 있는 부분이 있을 테니 10일 치 식량은 된다. 이걸 합하면 35일에서 40일은 버틸 수 있다. 오늘이 1월 10일이니 사냥에 실패해도 2월 15일에서 20일까진 먹을 것을 확보한 셈이다. 2월 중순엔 확연히 밝아지니까 빙하 입구를 그나마 수월하게 찾을 수 있을 것이다. 최악이지만, 나는 살아서 돌아갈 수 있다.

일단은 이렇게 생각하고 사냥에 허락된 기간을 역산했다.

올 때처럼 툰트라와 빙상을 건너야 하는데, 2월엔 낮에는 밝으니까 올 때만큼 방향이 헷갈리진 않을 거야. 그래도 엄동기엔 빙상에서 일주일 내내 블리자드가 불기도 하니까 안전하게 가려면 좀 넉넉하게 날을 잡아야겠지. 아운나르톡에서 마을까지는 넉넉잡아 2주일은 필요할 거야. 2월 15일에 마을에 도착하려면, 아무리 못해도 2월 2일에는 아운나르톡 오두막을 출발해야 해.

이누아피슈아크에서 아운나르톡은 네댓새가 걸리니까 1월 27일 전후에는 이누아피슈아크를 떠나야 하고. 그렇다면… 사냥은 오늘부터 2주 안에 끝내야겠네.

기간은 2주, 그사이 달이 기우는 것까지 고려해 사냥감과 행선지를 결정해야 했다. 현실적인 사냥감은 사향소나 바다표범인데 각각 장단점이 있었다. 사향소는 서식지를 어느 정도 압축할 수 있고 발견하면 접근해서 사정거리에 들어가는 것은 그다지 어렵지 않았다. 예전에 잡아본 경험도 있었다. 다만 달빛만으로 식별할 수 있을지, 조준을 제대로 해서 쏠 수 있을지 자신이 없었다. 이번 여행에서 총으로 잡은 토끼 두 마리는 꽤 가까운 거리에 있었다. 사정거리가 멀어지면 아예 맞추지 못하거나 조준하려고 켠 헤드램프 빛을 알아채고 사향소가 도망갈 수도 있었다. 한편 바다표범은 호흡 구멍을 찾으면 가만히 그 자리에서 기다렸다가 쏘면 되니까 어두운 것은 상관없었다. 다만 호흡 구멍을 찾는 게 순전히 운에 달려 있었다. 내가 바다표범을 호흡구 사냥으로 잡아본 경험이 없다는 것도 단점이었다. 그리고 호흡구로 끌어올릴 수 있는 고리무늬바다표범은 몸집이 작아 고기의 양이 적었다. 여행을 계속하려면 바다표범을 여러 마리 잡아야 했다.

아운나르톡으로 돌아가는 것이 정답이라는 건 알고 있었다. 어쨌든 식량이 부족했다. 아운나르톡으로 돌아가면 마을이 그만큼 가까워지므로 여러모로 안전했다. 게다가 아운나르톡에는 토끼가 많고 가끔 사향소도 출몰한다. 최근 개체 수가 늘어나고 있는 늑대를 잡을 수 있을지도 몰랐다. 무엇보다 오두막에 짐을 두고 홀가분하게 사냥을 나갈 수 있었다. 이래저래 열흘쯤 머물면 고기를 얼마간 얻을 수 있을 것이었다.

이 악마의 속삭임이 자꾸 귓전에 맴돌았다. 그때마다 나는 고개를 저으며 이 생각을 떨쳐냈다. 아운나르톡으로 돌아가면 그 시점에서 여행이 끝날 것 같았다. 한번 물러서는 쪽으로 마음이 기울면 다시 동기를 부여하기란 사실상 불가능하다. 나는 북쪽으로 계속 가기로 마음먹었다.

인간계에서 조금이라도 더 멀리, 더 깊은 극야로 들어가자. 어쩌면 그렇게 함으로써 활로가 열릴지 모른다. 사냥에 실패해도 북쪽으로 가자. 그러면 후회는 남지 않겠지.

지도를 보며 북쪽 방면에 사향소를 잡을 가능성이 있는 장소를 물색했다. 북으로 약 50킬로미터 지점에 달라스 만(Dallas Bugt)이 있었다. 그 부근 내륙에는 넓은 습지가 있어 사향소가 서식할 만했다. 습지 남쪽으로는 사향소 목장 격인 셉템버 호수도 있었다. 재작년에 내가 봤던, 호수에서 산을 넘어 북쪽으로 향하던 무리는 아마 호수와 습지 사이를 이동하고 있었을 것이다. 달라스 만의 장점은 하나 더 있었다. 사향소는 해안보다 내륙에 머무는데, 해안에 절벽이 늘어선 그린란드의 지형상 무거운 썰매를 끌고 내륙으로 진입할 수 있는 포인트가 몇 없다. 그런데 달라스 만은 지도대로라면 매우 완만하게 안쪽까지 이어져 있어 쉽게 육지를 밟을 수 있을 것 같았다.

일단 나는 몇 가지 방침을 정했다. 먼저, 달라스 만을 목표로 북상하다가 도전해볼 만한 얼음 균열을 발견하면 바다표범의 호흡 구멍을 찾아보기로 했다. 바다표범 사냥이 잘될 기미가 보이면 거기에 전념하고, 어려울 것 같으면 달라스 만으로 곧장 가 목표물을 사향소로 바꾸기로 했다.

다음 날도 쾌청했고 달은 휘황찬란했다. 오후 9시 반, 영국 탐험대 저장소에서 출발해 북쪽에 있는 곶을 목표로 걸었다. 영하 35도의 추위였지만 몸은 어느새 추위에 완전히 적응해 썰매를 끌면 땀이 났다. 연일 영하 40도에서 50도를 찍는 추위를 각오하고 장비를 준비했는데, 솔직히 추위는 걱정했던 것보다 덜했다.

곶에 가까워지자 폭 40센티미터의 균열이 이누아피슈아크 반도의 끝부분을 향해 나 있었다. 곶 주변은 조수의 움직임으로 인해 해빙에 균열이 생기기 쉽고 바다표범은 이런 균열에 호흡 구멍을 만드는 경우가 많았다. 나는 썰매를 두고 라이플총과 바다표범 사냥용 갈고리를 어깨에 멨다. 그리고 균열을 따라가며 구멍을 수색하기 시작했다. 균열은 빙구와 난빙 사이를 누비며 끝없이 이어졌다. 500미터쯤 걷자 호흡 구멍처럼 보이는 구멍을 발견했다. 보통 호흡 구멍 주위는 바다표범이 내뱉는 숨이 얼어붙어 약간 높이 솟아 있기 마련인데, 그 구멍 주변은 봉긋하게 솟아 있지는 않았고 약간 불룩한 정도였다. 생긴 지 얼마 안 된 호흡구여서 그럴지도 몰랐다. 나는 일단 썰매로 되돌아가서 구멍 근처까지 썰매를 끌고 왔다. 그러고는 방한복을 걸치고 총을 겨눈 채 구멍 옆에서 바다표범이 숨을 쉬러 나타나기를 기다렸다.

그곳엔 바람도 소리도 없었다. 달과 어둠과 침묵만이 있었다. 한 시간을 꼼짝 않고 기다렸지만 소식이 없었다. 가만히 있자니 한기가 뼛속까지 스며들었다.

호흡구인지 아닌지도 모르는 구멍에서 마냥 기다릴 순 없어서 썰매를 끌고 다시 이동했다. 또 다른 균열을 발견했으나 이번에도 호흡 구멍은 찾을 수 없었다. 그러는 동안 시간이 꽤 흘렀다. 나는 좀 전에 본 호흡구일지도 모를 구멍으로 돌아와 갈고리를 삼각형 모양으로 해서 만든 간단한 덫을 구멍에 늘어뜨려 놓고 근처에서 야영하기로 했다.

바다표범이 걸리면 좋겠지만, 아무래도 여긴 호흡 구멍이 아닐 성싶었다.

바다표범 사냥은 비효율적이었다. 구멍 두 개를 찾는 데 몇 시간을 허비했다. 사람이 썰매를 끌며 할 일이 아니었다. 이누이트도 개썰매를 타고 균열을 따라 몇 킬로미터씩 달리며 찾는 것이거늘. 체력이 장난 아니게 소모되었고 1킬로미터를 걸을 수 있을까 말까였다. 맨몸으로 다니자니 두고 온 썰매를 백곰이 차지할까 봐 걱정이었다. 바다표범의 호흡 구멍이 있으면 바다표범을 잡아먹는 백곰이 근처를 배회하고 있을 공산이 컸다. 썰매마저 잃으면 내게 남는 건 죽음뿐이다. 그런 사정으로 썰매를 손에서 놓을 수 없었다. 동료라도 있었다면…. 그나저나 아운나르톡에서부터 백곰의 흔적을 볼 수가 없었다. 오래된 발자국을 본 것이 전부였다. 바다표범이 다른 해역으로 이동하면서 백곰도 쫓아갔을까. 그렇다면 여기에 바다표범은 없다는 소리였다. 여기 죽치고 앉아 바다표범을 노리는 건 멍청한 짓이다.

나는 계획을 변경해 사향소에 집중하기로 했다. 달라스 만까지는 45킬로미터, 이틀 만에 도착하면 일주일 정도는 달빛을 기대할 수 있었다. 적어도 토끼 두어 마리는 잡을 수 있지 않을까.

다음 날, 텐트를 철수하자 개는 기다렸다는 듯 내 똥을 게걸스럽게 먹었다. 개가 먹는 모습은 언제 봐도 좋았다. 너무 복스럽게 먹어서 아무리 봐도 질리지 않았다. 먹는 것이 인간의 똥이어도 '맛있겠다'는 생각이 절로 들었다. 이동하는 날에는 개 사료를 빈 통조림 깡통으로 서너 번 주었는데, 그저께부터는 두 캔으로 줄였으니 배가 엄청 고플 것이다.

식사를 마친 개는 좀 떨어진 곳으로 가더니 먼 곳을 바라보며 기분 좋은 얼굴로 똥을 쌌다. 짐승이면서 나보다 예의를 지키는 것 같다.

"자, 가자. 네가 죽으면 이 여행도 끝이니까."

내가 뱉은 말에 코끝이 시큰해지면서 눈물이 났다. 개는 죽게 하지 않겠다는 결의가 다시 샘솟았고 아드레날린도 같이 샘솟았다. 어떻게든 달이 밝을 때 사향소를 잡아야 한다.

나와 개는 달라스 만을 향해 달렸다. 가면서 백곰이 없는지 주의 깊게 살폈다. 백곰 한 마리만 눈에 띄면 이 고생은 안 해도 된다. 개는 열심히 썰매를 끌었다. 러셀 곶 주변에서 난빙 때문에 시간을 지체했지만 먼바다 쪽으로 나오자 새로 형성된 평평한 얼음 지대가 이어졌고 속도는 대번에 빨라졌다.

달리듯이 썰매를 끄는 우리를 둘러싼 어둠과 얼음의 평원은 장엄하고 우아했다.

우리 왼편에는 달빛을 은은하게 반사하는 하얀 얼음 융단이 펼쳐져 있었다. 융단은 저 멀리에서 어둠에 빨려 들어가 검은 하늘과 만났다. 오른편에는 깎아지른 절벽이 끝을 모르고 늘어서 있었다. 보름달은 자애로운 손길로 세상을 부드럽게 감싸 안았다. 이따금 절벽 위에서 백록색 안개처럼 보이는 기체성 발광 물질이 돌아가신 할머니의 영혼처럼 흔들흔들 피어올랐다. 오로라였다. 오로라는 태양풍이라고도 불리는 플라즈마가 지구의 자장에 방해를 받아 발생하는 현상으로 북위 67도에서 가장 아름답게 펼쳐진다. 내가 있는 곳은 위도상으로 그보다 높지만 오로라가 생기긴 하나 보다. 그냥 구름인가 싶기도 했지만 흐느적대는 움직임이 틀림없는 오로라였다. 가냘픈 빛이 신비롭게 일렁였다. 환상 속에 들어와 있는 것 같았다. 우주를 유영하는 듯한 착각을 불러일으키는 풍경이었다.

소리도 없었다. 바람도 없었다. 빛도 거의 없었다. 나와 얼음과 별과 달이 있었다. 그리고 개가 있었다. 마을을 오갈 수 있는 빙하는 어둠에 봉쇄되고 난 인간계에서 격리된 이곳 우주에 갇혀 있었다. 도망칠 곳을 잃고 나는 거뭇한 풍경으로 흡수되었다. 달, 별, 어둠, 바람, 얼음, 개… 내가 아닌 것들이 내 운명을 쥐고 있었다. 그것들과 나는 보이지 않는 끈으로 연결돼 있었다. 개와 연결된 끈만이 진짜였다. 이 풍광이 이토록 아름다운 것은 내가 구경꾼이 아니라 살고자 하는 한 인간으로 여기 있기 때문이었다. 나는 별과 달 그리고 어둠의 본질과 관계했다. 나는 천체에 의존해 걸었고 어둠은 나를 지배했다. 나는 이것들과 교류하는 닫힌 세계에 있었다.

깊숙이 들어왔네. 나쁘지 않아. 문명에서 발을 뺀 느낌이 들어. 이런 풍경을 본 인간이 역사에 몇이나 될까.

문명에 젖어 있으면 지구도 결국 우주의 수많은 천체 중 하나라는 사실을 잊곤 한다. 오직 혼자서, 어둠과 얼음, 시린 한기를 뚫고 달과 별을 보며 이동하는 지금, 이곳은 꼭 우주의 한 귀퉁이 같았다. 극야는 그 자체로 우주였다.

나는 점점 더 험난하고 깊은 밤으로 들어가고 있었다. 내 안에서는 사냥에 대한 불안과 함께 내가 원했던 탐험은 지금부터라는 묘한 기대감이 일었다. 미지의 영역이 여기 있었다.

　내 생각에 미지의 영역은 두 종류로 나뉜다. 표면적 미지와 근원적 미지. 예컨대 미답봉(未踏峯) 등반은 표면적 미지의 영역이다. 미답봉은 아직 아무도 오르지 못해 알려지지 않은 공간이지만, 등반이라는 행위는 이미 상당히 발전되고 정착되었으므로 미지의 영역은 아니다. 게다가 대체로 미답봉은 히말라야나 안데스의 한 봉우리인데, 그 땅은 솔직히 미지의 영역은 아니었다. 등정 루트만이 미지일 뿐이다. 그에 반해 근원적 미지의 영역은 세계 자체가 비밀투성이다. 얼음이 어떤지, 바람이 어떻게 부는지, 어떻게 나아가야 하는지, 무엇을 어디에서 찾을 수 있는지 공개된 바 없는 세계인 것이다. 철저히 인간계와 단절된 세계. 달라스만으로 향하면서 나는 내가 그 근원적 미지의 영역에 있다는 것을 체감했다.

　내가 근원적 미지의 세계에 떨어진 것은 역시 저장소가 모두 파괴되었기 때문이다.

　만일 저장소가 하나라도 남아 있었다면 어땠을까? 나는 계획했던 대로 이누아피슈아크에서 냉동 건조식품을 양껏 먹고 연료를 펑펑 때면서 텐트에서 쾌적하게 지냈을 것이다. 게으르게 노는 동안 태양이 지평선을 기웃거리며 밝아지고, 극야가 끝난 1월 말이나 2월 초에 오두막을 떠나 북극해를 목표로 북진했을 것이다. 북극해에 갈 수 있었을지는 장담할 수 없지만, 어쨌든 더 북으로 가서 극야가 끝나고 떠오르는 첫 태양을 봤을 것이다. 그리고 정해진 대로 감동한 후 귀환을 서둘렀을 것이다. 그리고 영웅이라도 된 양 뻐기며 마을로 돌아와 무사 귀환을 축하했을 것이다.

그것은 내가 꿈꾸던 새로운 탐험이었을까? 새로운 표현이 될 수 있었을까?

극야 기간에 여행을 계속했으니 '극야 탐험'이라는 타이틀에는 거짓이 없다. 그러나 원래 계획 안에는 분명히 기만이 자리하고 있었다. 계획대로라면 어둠이 절정에 이르는 극야 후반에는 오두막에 머물렀을 것이다. 배부르고 등 따시고 불이 있는 텐트 안에서 극야를 체감할 수 있을 리 없다. 완전한 어둠에 놓임으로써 길고 긴 밤이 인간의 마음에 어떤 작용을 하는지 이해하고, 밤을 몰아내는 태양을 봄으로써 빛을 이해하는 것이 극야 탐험의 의도였지만, 여건과 현실에 맞춰 계획을 수정하면서 후반에는 극야를 등지고 지내는 것으로 바뀌어버렸었다.

계획이 변경된 결정적 이유는 목적지를 북극해로 결정한 것이었다. 극야로 들어가는 것이 일차적 목표였지만, 어쨌든 앞으로 나아가는 탐험 행위의 특성상 의미 있는 목표 지점이 있는 편이 나았다. 이를 테면 워싱턴랜드의 북단을 목표로 한다고 말해봐야 아무도 모르거니와 나조차 왜 그곳이 목표인지 그 의미를 찾기 어렵다. 그러다 보면 막상 길을 나섰을 때 '거기까지 굳이 가야 하나' 하는 의문이 피어오르고 탐험의 동기를 약화한다. 이런 부정적인 연쇄 작용을 미연에 막기 위해 다소 형식적이긴 하지만 의미 있는 목적지가 있는 것이 바람직하다고 생각했다. 시오라팔루크보다 북쪽에서 찾으려니 역시 북극해가 최선이었다. 그런데 이렇게 결정하고 나면 이번엔 반대로 내가 그 의미에 강박적으로 매달리게 된다. 그래서 북극해 도달이 제일의 목표가 되었다. 극야 탐험은 극야 탐험이고 북극해까지 못 가는 것은 도중에 하산하는 등산 같아서 싫었기 때문이다. 계획은 북극해에 갈 수 있게 조정되었다. 조수와 결빙 상태를 고려하면 캐나다 쪽 해협을 건널 수 있는 시점은 2월 중순뿐이었고, 그때까지는 오두막에서 3주를 기다리는 수밖에 없었다. 결국 나는 북극해를 위해 극야 탐험을 어중간하게 끝내는 것을 못 이기는 척 받아들였다. 새로운 탐험이니 표현이니 떠들어댔지만 내 계획은 지리적 목표점에 잠식당하고 말았다.

물론 나는 이것이 기만이라는 것을 알고 있었다. 하지만 어쩔 도리가 없다고 합리화했다. 내가 말하지 않는 이상 타인에게 발각될 리 없는 사소한 모순이었다. 탐험 전반은 동지 전후여서 '극야 중의 극야'였다. 그러니 후반에 좀 쉰다 한들 극야 탐험이 홀랑 거짓이 되는 건 아니었다. 게다가 탐험에 성공하면, 극야 기간에 4개월씩이나 북극을 여행했다는 사실에 모두 압도당할 터였다. 떠들썩하게 내 여행에 관심을 보일 것이고, 우에무라 나오미 모험상 수상은 떼놓은 당상이었다. 그러니 이 소소한 기만에 대해선 입도 뻥긋하지 말아야겠다고 생각했다. 내 무의식은 나조차도 이 문제를 모른 척하도록 덮어놓길 원했던 것 같다.

허나 극야는, 극야의 지배자인 달은 이 기만을 눈감아주지 않았다. 그리고 백곰을 보내 저장소를 모조리 파괴했고, 내 속임수를 쓰레기통에 처박았다. 저장소가 깡그리 털렸으니 빈둥거릴 여유는 없었고, 북극해도 포기해야 했다. 나는 오로지 먹을 것을 찾기 위해 달라스 만으로 가고 있다. 고전적인 탐험 목표는 유야무야되었고, 난 의도치 않게 거의 강제로 극야를 통찰한다는 본래의 목적으로 되돌아와 어둠의 무대에 다시 올랐다.

이 여행은 어떻게 흘러갈까. 사향소를 잡아서 북진할 기회를 얻을 수 있을까, 아니면 실패한 채 마을로 돌아가게 될까. 어둠에 늘 잠복해 있는 혼돈만으로도 어지러운데 '예정조화'가 산산조각난 데서 온 혼돈까지 더해져 걷잡을 수 없는 흐름에 휘말린 기분이 들었다.

이번 극야행에 대해 이런저런 이야기를 쓸 수 있겠다고, 미리 머릿속으로 여행 루트를 상상하며 기획해둔 내용은 쓸모없어졌다. 뭘 써야 할지 막막했다. 그런데도 난 이 알 수 없는 여행에 약간 흥분했다.

이것이 극야다. 이것이 논픽션이다.

나는 짜릿한 떨림을 몸에 새기고 달라스 만을 향해 달렸다.

*

달라스 만에 도착한 것은 1월 13일 오전, 영국 탐험대 저장소가 파괴된 것을 발견하고 나서 3일째 되는 날이었다.

먹이를 줄인 데다 단숨에 걸어와서인지 개는 급속히 야위고 쇠약해졌다. 추위에 강한 견종이지만 영하 30도 이하에서 중노동을 하면 사정이 달라진다. 갈비뼈가 드러났고 허리는 홀쭉해졌다. 뒷다리에서 엉덩이까지의 근육은 몽땅 빠져버렸다. 몸통을 어루만지며 상태를 확인할 때마다 딱해서 눈물이 날 것 같았다. 사료는 잘해야 6일을 버틸 양밖에 없었다. 사료가 떨어지면 내 몫인 바다표범 지방과 베이컨을 먹여서 단 며칠이라도 연명시켜야겠다고 마음먹었다.

달은 무진장 밝았다. 사냥에 성공할 것 같은 예감이 들었다. 달이 사그라드는 것은 일주일 뒤. 그동안 툰드라를 돌아치다 보면 사향소 무리와 마주칠 것이다. 사향소는 몸집이 크니 한 발만 쏴도 어딘가는 맞게 돼 있다. 사향소 사냥에 실패해도 토끼가 우글우글할 것이다. 지난 여행 때 식량이 아슬아슬해서 몇 번 토끼 사냥에 나섰는데 세 마리든 네 마리든 우습게 잡았다. 종일 잡으면 열 마리는 거뜬하다. 개와 나눠 먹어도 한 마리로 하루를 날 수 있다. 토끼를 잡아서 열흘이든 2주일이든 버티다가 하늘이 좀 밝아지면 사향소 사냥을 떠나면 될 것이다. 보름의 달빛은 안 그래도 쓸데없이 낙관적인 나를 더욱 낙관적으로 만들었다.

달라스 만 안쪽은 조수의 압력 때문에 높이 3-4미터짜리 거대한 빙구가 여기저기 솟아 있었고 빙구 사이사이엔 연질의 눈이 쌓여 있었다. 아무래도 나아가기 어려워 기슭 쪽으로 피해 가다 보니 어느새 정착빙 위에 올라와 있었다.

정착빙 위에는 반가운 광경이 펼쳐져 있었다.

눈을 뒤집어쓴 새하얀 해안에 기대했던 대로 토끼가 다니는 길이 종횡무진 나 있었다. 정착빙 위는 토끼 발자국투성이였다.

됐다, 사냥감이 널렸네.

얼른 토끼 고기를 확보할 생각에 나는 썰매를 남겨두고 주변을 돌아다녔다. 첫날부터 토끼 세 마리 획득인가. 살짝 들뜬 기분으로 눈에 불을 켜고 수색에 돌입했다. 정착빙에서 토끼 발자국이 있는 오솔길을 지나 해안의 작은 눈 언덕으로 올라가 건너편을 살폈다. 토끼가 눈치채지 못하게 조심조심 바위 뒤에서 목을 내밀었다. 한참을 돌아다녔지만 토끼는 코빼기도 보이지 않았다.

못 찾겠는걸. 어두워서 그런가?

토끼는 조만간 다시 도전하면 잡을 수 있을 것 같았으므로 나는 내륙으로 들어가 사향소를 찾아보기로 했다. 정착빙을 걷다 보니 만 안쪽으로 흘러드는 골짜기의 하구 같은 공간이 나타났다. 지도상으로 그 골짜기 상류로 올라가면 셉템버 호수와 연결되는 습지대가 나올 듯했다. 나는 육지에 올라 골짜기를 오르기 시작했다. 골짜기는 완만하고 눈이 단단해 이동이 수월했다. 한 시간쯤 걸어 마지막 급경사면을 오르자 평평한 설원이 나왔다. 거기서 야영을 하고 다음 날 다시 상류를 향해 걸었다.

나와 개는 이미 사향소가 언제 나타나도 이상하지 않을 만한 장소에 있었다. 설원은 달빛을 받아 어슴푸레한 흰 빛을 띠었다. 헤드램프 없이도 지형이 그럭저럭 파악되었다. 휑하니 넓은 설원은 이내 커다란 수로로 변해 꼬불꼬불하게 남쪽으로 뻗어 있었다. 내륙은 바람이 없었고 그래서 수로는 연질의 눈으로 덮여 있었다. 바로 그 아래 정체를 숨긴 몽돌에 썰매가 걸려 체력이 쭉쭉 떨어졌다. 수로 곳곳에 사향소가 눈을 파헤치고 먹이를 찾은 흔적이 있었다. 제대로 왔구나! 긴장감이 혈관을 타고 퍼졌다.

달빛이 있으니 눈은 어둠에 익숙해졌지만 주의를 게을리하지 않았다.

보름달 전후의 달은 24시간 동안 지지 않아 극야의 백야가 시작된다. 달빛을 받은 설원은 아주 약한 전구처럼 빛을 발한다. 희미하게, 매우 어렴풋이 하얗게 빛이 퍼져 상당히 멀리 있는 물체까지 보이는 듯하지만 그것은 착각이다. 바로 옆까지 다가가 보지 않으면 모르는 것이다. 지겨울 정도로 당했는데도 '와, 꽤 멀리까지 보이네' 하는 착각에 또 빠져버리고 만다.

빛에 의한 착시와 착오가 한편에 있었고, 다른 한편에는 도처에 널린 사향소와 색과 크기가 비슷한 바위에 의한 착시와 착오가 있었다.

눈앞에 있으면 바위를 금방 알아봤지만, 100미터 앞에 있는 거뭇한 형체가 바위인지 사향소인지는 구별되지 않았다. 거리감도 없었다. 100미터 앞인지 200미터 앞인지 아니면 500미터 앞인지 모른 채 200미터 앞이겠거니 하고 감으로 때려맞출 뿐이었다. 검고 둥근 수상한 그림자를 보면 혹시 사향소인가 싶어 개에게 "저거 사향소 아냐?" 하며 개가 쳐다보도록 다그쳤다. 개는 사향소 고기 맛을 알았다. 꽤 좋아했고, 게다가 지금은 배가 무척 고픈 상태였다. 눈앞에 사향소가 있다면 침을 질질 흘리며 내가 못 당할 기세로 썰매를 끌고 냅다 달려나갈 것이었다. 하지만 개는 아무 반응 없이 심드렁한 얼굴로 엎드려 있을 뿐이었다. 그렇다면 저 그림자는 사향소를 닮은 바위, 일명 '사향석'일 가능성이 컸다. 그런데 내 눈에는 아무리 봐도 사향소처럼 보였다. 나는 방한복을 입고 총을 메고 접근하기 시작했다.

전방 200미터, 혼자 있는 수컷 사향소일 것으로 추정되는 그림자 발견. 오버.

교신하듯 혼잣말을 하며 나는 천천히 한 걸음 한 걸음 눈을 꾹꾹 밟으며 다가갔다. 천천히 숨을 죽이고 움직였다. 50미터. 100미터. 그런데 200미터 앞에 있다고 어림짐작한 그림자는 전혀 가까워지지 않았다. 살금살금 걷기를 그만두고 빠른 걸음으로 다가가 보니 그림자는 역시 '사향석'이었다. 300미터쯤 걸었는데도 여전히 저 앞에 있었다.

설원에는 사향소만 한 크기의 시커먼 '사향석'이 여기저기 있었다. 멀리 있는 것은 실눈을 뜨고 집중해서 봐도 소일 가능성을 배제할 수 없어서 설레는 발걸음으로 접근했지만 전부 바위였다. 검은 그림자를 발견한다, 살금살금 접근한다, 바위다. 이런 헛수고를 서너 번 반복했다. 바보 같았다. 사향소뿐만 아니라 길을 낼 만큼 많은 발자국을 남긴 토끼들도 보이지 않았다.

사냥감을 찾지 못한 채 골짜기 안쪽으로 올라가니 원두까지 오른 듯싶었다.

그 순간, 크아아아 하는 소름 끼치는 비명이 어둠을 가르며 울려 퍼졌다.

나는 반사적으로 소리가 들리는 쪽으로 고개를 돌렸다.

아무것도 없었다. 그저 어둠이 잠들어 있었고, 어스레한 달빛과 설원이 살포시 포개져 있었다. 정적은 금세 자기 자리를 되찾았고, 어둠에 합세했다. 분명히 들었는데…. 마치 새 울음소리를 일부러 증폭한 듯한 섬뜩한 소리였다. 백악기에 살았다던 익룡 케찰코아틀루스가 이렇게 울지 않았을까. 환청이었나… 그렇다기엔 너무 또렷했다. 늑대에게 당한 순록이나 다른 동물의 새끼가 울부짖은 소리였을지도 모른단 생각이 스쳤다. 근처의 캐나다 엘즈미어 섬에서 늑대 개체 수가 급격히 늘면서 먹이를 찾아 그린란드로 넘어오는 녀석들이 많아졌다고 들었다. 늑대가 현실이 되어 눈앞에 어른거렸다.

　다음 날, 텐트에서 나오니 달이 뒷산 그늘에 잠겨 사방이 어두웠다.

　달의 고도가 떨어지니 괜히 서글퍼졌다. 이제 어두워질 일만 남았단 사실에 내 기분도 어두워졌다. 남은 시간이 많지 않았다.

　그럭저럭 육지 안쪽으로 들어왔으니 어딘가에 텐트를 치고 짐 없이 가볍게 주변을 돌아다니며 사향소 무리를 찾을 생각이었다. 썰매를 끌고 다니며 사냥하기란 여간 번거로운 일이 아니었다. 일단 체력 소모가 심했다. 섣불리 움직이기보다 사향소의 먹이가 있는 곳 근처에서 무리가 오길 기다리는 편이 유리할 것 같았다. 이동을 멈추면 개도 체력을 보존할 수 있다. 지난 며칠 동안은 개뿐만 아니라 내 체력도 급격히 떨어졌다. 여행을 시작하고 40여 일 동안 썰매를 끌지 않은 날이 없었고, 특히 달라스 만에서 내륙으로 들어온 후로는 힘든 오르막에다 수로의 자갈과 바위, 연질의 눈에 썰매가 빠져 끌어 올리거나 버티기를 반복하다 보니 엄청난 피로를 느꼈다. 기온도 영하 40도 가까운 날이 계속되어 침낭에 들어가 있어도 갑자기 몸이 부들부들 떨리곤 했다.

　하지만 어젯밤의 절규를 듣고 생각이 바뀌었다. 혼자 돌아다니는 동안 남겨둔 텐트를 늑대가 습격할지도 몰랐다. 게다가 그저께부터 꼬박 하루 넘게 수색했지만 사향소는커녕 토끼 한 마리 눈에 띄지 않지 않았다. 어쩌면 여기는 동물이 별로 없을 수 있다. 달이 더 기울기 전에 사향소 무리가 있을 만한 내륙 습지대로 더 들어가는 편이 현명하지 않을까 하는 생각이 들었다.

적어도 지도에는 내륙의 광대한 습지대와 셉템버 호수가 연결되어 있었다. 3년 전에 봤던 사향소 무리의 영상이 머리에서 떠나지 않았다. 분명 습지대 방면으로 움직인 녀석들도 있었다. 습지대 주변은 사향소의 서식지가 틀림없었다. 아무래도 거기가 '천국'일 것 같았다. 몇 번을 계산해도 내륙으로 가야 한다는 결론이 나왔다.

나는 골짜기를 더 올라가 습지대로 향했다. 전날 중간부터 루트를 잘못 설정하는 바람에 본류(本流)가 아닌 엉뚱한 곳에서 헤매고 있었으므로 오늘은 오른쪽 강변을 억지로 가로질러 본류라고 생각되는 큰 수로로 돌아왔다. 그 후로는 나침반과 지도를 보며 신중히 골짜기를 올라갔다. 사향소처럼 보이는 그림자를 봤지만 어차피 바위일 테니 일일이 확인하지 않았다. 얼른 '천국'으로 들어가는 편이 나을 성싶었다.

"우야미릭크, 괜찮아? 사향소 안 보여?"

나는 가끔 발을 멈추고 개에게 말을 걸었다. 개는 삐쩍 말라서 썰매를 끌 힘도 없어 보였다.

나와 개는 큰 골짜기를 올라갔다. 아침엔 숨어 있던 달이 노란빛을 내려보내고 있었다. 기울기 시작했지만 아직 세상을 따뜻하게 감싸줄 힘은 있는 모양이었다. 빛도 있겠다 지형을 훤히 파악할 수 있을 줄 알았는데, 골짜기가 유난히 복잡하고 여러 줄기로 갈라져 있었다. 상류로 갈수록 물줄기마다 있는 특징이 없어지면서 어둠의 일부가 되어버렸기 때문에 나는 여느 때처럼 루트를 알 수 없게 되었다.

작은 골짜기 하나를 골라 올라갔다. 엄청나게 많은 동물 발자국이 있었다.

세상에, 여기가 천국으로 가는 입구구나!

눈동자가 정신없이 돌아갔고 몸이 달아올랐다. 곧 사향소 무리가 내 쪽으로 달려올 것만 같았다.

그런데 정작 실체가 없었다. 발자국은 수백 개인데 동물의 기척은 전혀 없었다. 스펀지 같은 연질의 눈에 내 체력만 흡수되고 있었다. 사냥감이 보이지 않자 나는 점점 초조해졌다.

골짜기를 한참 올랐는데, 아, 여기가 아니었다. 나와 개는 다시 본류로 돌아가 다른 작은 골짜기를 올랐고 곧 원두에 도착했다. 원두는 몽돌이 좌르르 깔린 급경사면이었다.

참나, 내가 알렉산더 카렐린도 아니고 썰매를 끌고 여길 무슨 수로 올라간담.

허탈한 웃음이 절로 나왔다. 하지만 여길 넘어야 '천국'으로 갈 수 있었다. 나는 우렁차게 기합 소리를 내며 혈관이 터질 듯 힘을 주며 썰매를 당겼다. 개도 내 기합 소리에 맞춰 숨을 거칠게 몰아쉬며 네 다리에 힘을 주어 버텼다. 이 격투가 끝나자 경사가 완만해지면서 반대쪽으로 이어지는 고개가 보였다.

고개를 조금 내려가니 발밑에 장엄한 광경이 펼쳐졌다.

깜깜한 밤하늘, 여린 달빛, 온통 새하얀 눈으로 뒤덮인 광활한 습지대 골짜기. 빛을 머금은 눈 알갱이들이 먼 곳까지 반짝였다. 설원은 가없이 이어지다 어둠의 장막 아래로 서서히 사라져갔다. 말로는 다 표현할 수 없는 장려한 아름다움이었다. 너무나도 아름다웠다. 홀린 듯 넋을 놓고 바라보았다. 여기가 지구인가. 다른 행성이라고 해도 의심할 수 없으리라. 목성 아니면 목성의 위성인 가니메데, 그것도 아니면 켄타우로스자리 알파별이나 SF 영화에 자주 나오는 얼음 행성인 것만 같았다. 지구의 궤도를 벗어나 우주의 다른 행성 표면을 밟고 있는 이 느낌. 로버트 피어리나 "너희는 달에서 왔는가? 태양에서 왔는가?"라고 물었던 200년 전 이누이트도 이 풍경을 보았을까?

나는 지구의 뒤편, 태양이 지배하는 세계 바깥에 남몰래 존재해온 완전히 다른 세계에 들어와 있었다. 극야의 내원(內院, 불교에서 말하는 우주의 하나인 '욕계'[欲界]의 여섯 하늘[六天]에 속하는 도솔천[兜率天]에 있는, 장차 부처가 될 보살이 사는 곳—옮긴이)이랄까.

내가 지금 있는 골짜기는 사향소가 잔뜩 있는 극락이 분명하다고 생각했다. 이 골짜기는 남동쪽으로 완만하게 뻗어 있었고 그 끝은 어둠에 먹혀 보이지 않았다. 쭉 가면 셉템버 호수가 나올 것이다.

극심한 피로에 몸이 납처럼 무거웠지만 달빛이 연출해낸 광경에 마음을 빼앗겨 극야의 더 깊숙한 곳으로 들어갔다. 이대로 셉템버 호수까지 가자. 골짜기 바닥까지 내려가면 연질의 눈 밑에 숨은 자갈밭에 썰매가 빠질 게 뻔했으므로 왼쪽 산 중턱에 보이는 평탄한 테라스(terrace)를 횡단하기로 했다. 눈은 푹신푹신하고 썰매는 파묻혀 몇 걸음 걷지 않는데 하반신 안쪽이 묵직해졌다. 빼빼 마른 개가 힘을 못 쓴 지는 이미 오래여서 우리 둘은 곧 녹초가 되었지만 사냥감을 볼 수 있으리란 기대 하나로 힘겹게 나아갔다. 조금만 더 가면 발이 푹푹 빠지지 않는 딱딱한 설면이 나올 것 같았다. 점점 무거워지는 발은 신경 쓰지 않으려 애쓰며 전진했다. 달은 기력이 다한 우리에게 더 안쪽으로 들어오라고 웃으며 손짓했다. 나는 달빛을 따라 골짜기 안으로 들어갔다.

하지만 바뀌는 것은 없었다. 걷기 힘든 연질의 눈밭은 끝날 기미가 없었다.

마음을 울렁이게 하는 풍경은 여전했고, 연질의 눈도 여전했다. 썰매 러너가 계속 눈에 처박혀 체력이 헛되이 소모되었다. 난 완전히 지쳐버렸다. 발을 끌며 얼마간 더 걷자 사향소가 눈을 파헤친 자국이 여기저기 나 있는 장소에 도착했다. 발자국이 많았다. 예상대로 사향소는 습지대에 자주 출몰하는 듯했다. 다만 내 눈앞에 나타나지 않을 뿐.

부지런히 돌아다녔지만 사향소는 발견되지 않았다. 사향소가 즐겨 찾을 만한 자리에서 야영하며 기다리기로 하고 텐트를 쳤다. 텐트 안에서 저녁을 먹고 침낭에 몸을 뉘었다. 헤드램프도 껐다.

여행을 시작하고 제대로 잠을 잔 날이 거의 없었다. 달이 뜨면 그 운행에 맞춰 이동하고, 달이 지면 태양의 운행을 토대로 움직이는 생활을 하다 보니 시차 적응이 쉽지 않았다. 지난 며칠은 더 심해져 불면에 시달렸다. 이날도 침낭에 들어가자마자 머리가 맑아졌다. 잡생각이 꼬리에 꼬리를 물었다.

대체 왜 사냥감이 이렇게 씨가 마른 것처럼 안 보이지… 옛 이누이트도 어려워했던 겨울 사냥을 사격 훈련도 제대로 받은 적 없는 나 같은 어중이가 쉽게 성공할 턱이 없지. 이렇게 어두운데 사냥이 될 리가 있나. 할 수 있었다면 호사북방오리가 아이들을 줄줄이 죽일 이유가 뭐겠어. 밝을 때 사냥에 성공했던 것도 우연이든 어쨌든 사냥감을 발견했으니까 가능했던 거지. 사냥감을 찾아야 하는 상황이었으면 외려 발견 못 했을 거야.

불길한 생각이 빙글빙글 머릿속을 휘저었다.

그리고 너무 추웠다. 누운 지 대여섯 시간이 지나면 저녁 식사로 충당한 에너지가 다 빠져나가고 몸이 부르르 떨렸다. 여행을 시작한 지 40일. 하루 5000킬로칼로리의 식량을 준비했지만, 초반엔 그다지 배고프지 않아 고기와 지방질을 정해진 양보다 적게 섭취했다. 그리고 저장소가 무차별하게 파괴된 것을 알고 나서는 무의식적으로 더 식량을 아꼈다. 아마 그 때문에 체내 에너지가 부족해진 것 같았다. 피로가 쌓였고, 달라스 만에서 시작된 자갈밭과 연질의 눈길이 엄청난 스트레스로 이어졌다. 그리고 영하 40도에 이르는 북극의 겨울 추위… 이 모든 악조건이 겹쳐 몸이 깎여나가는 듯했다.

춥다….

몸 안에서 한기가 올라왔다. 그저 시린 공기가 아니라 공포심에 가까웠다. 극지 탐험에서 추위를 느끼면 죽음의 공포가 스멀스멀 모습을 드러낸다. 극지의 규모는 상상 이상이다. 인간계로 돌아가려면 다시 수십 일이 걸리고, 그사이에 추위와 쇠약으로 움직이지 못하게 될지 모른다는 불안감이 달라붙어 떨어지지 않는다.

나는 이제야 극야 세계가 두려웠다. 추위와 배고픔이 아니라 어둠이 너무나 두려웠다. 어둠을 너무 만만히 본 것일까? 살아 돌아갈 수 있을까? 나는 불안했다.

다음 날에도 위압적인 어둠과 거대한 침묵이 보이지 않는 검은 손이 되어 나를 덮쳤다. 아주 미세한 흐름도 흔들림도 느껴지지 않는 공기가 무거웠다. 검은 분말을 풀어놓은 듯 어두웠고 답답했다. 하늘과 땅을 군림하는 달이 내보내는 빛은 나를 포근히 안아주면서도 목을 조르는 듯했다. 어쨌든 달은 어제보다 더 기울었고 창백해져갔다. 시간이 없었다.

나는 전날에 이어 사향소 목장 안쪽을 향해 남하했다. 골짜기 바닥으로 내려가면 자갈밭과 씨름해야 할 것이 뻔했으므로 경사면 테라스를 걷기로 했다.

그 앞쪽으로는 그야말로 걸으라고 나 있는 설면이 이어질 것 같았다. 하지만 막상 가보니 더 기울 수 없을 정도의 급경사면이 이어졌다. 썰매를 끌고 내려가면 다시 올라오는 것은 포기해야 할 경사였다. 젠장, 이러면 반칙이지! 경사면에 드문드문 사향소 발자국이 보였다.

내려가면 못 올라올 거야. 하지만 다른 루트를 찾는 것도 귀찮고. 보아 하니 언젠가는 골짜기 바닥으로 내려가야 할 것 같단 말이지.

사향소 발자국도 있겠다 여기서 내려가기로 결정하고 가는데 얼마 못 가 썰매가 경사면 중간의 바위에 걸려 넘어졌다. 그 뒤로도 몇 번이나 자빠졌다. 고래고래 악을 쓰며 사력을 다해 썰매를 일으켜 세울 때마다 내장이며 혈관이며 관절 곳곳에 피로가 걸쭉한 기름때처럼 달라붙어 있는 것이 느껴졌다.

언제 이렇게 지쳤지. 바로 며칠 전에 달라스 만으로 올 때는 아드레날린을 내뿜으며 상쾌하게 걸어왔는데.

몸 상태가 확실히 달라져 있었다.

가까스로 내리막을 통과했지만 그 앞은 깊은 눈길이었다. 섬

유유연제에 푹 담가 빤 목욕수건처럼 폭신폭신했다. 썰매는 눈 위에 있지 못하고 바닥으로 꺼져 자갈과 엉겼다. 한 걸음을 옮길 때마다 러너가 돌에 걸려 움직이지 못했다.

젠장! 또 시작이야! 빌어먹을! 망할!

미친놈처럼 마구 소리를 질렀다. 스키도 벗어던지고 온 근육을 다 써서 썰매를 들어올려 움직이려고 발버둥치는데, 동글동글한 자갈에 모피화 바닥이 미끄러지면서 나자빠지고 말았다. 한바탕 욕을 하고 일어서다가 또 넘어졌다.

바보냐! 이 멍청이! 장난해? 빌어먹을!

머리에서 나사 하나가 풀려버렸다. 나는 분을 이기지 못하고 손에 잡히는 물건을 이리저리 흔들면서 악다구니를 썼다. 날뛰는 나를 본 개는 슬그머니 뒤로 물러섰다.

욕할 힘이 빠지고서야 냉정해질 수 있었다.

더 가면 위험하지 않을까? 자갈투성이 골짜기를 썰매를 끌고 어떻게 지날 수 있겠어. 더 갔다가 아무것도 얻지 못하면 더 큰일이야. 힘이 빠져서 못 돌아올 거야.

등골이 오싹해졌다. 이 어둠은 생과 사를 가르는 어둠이었다.

아, 젠장, 달에 속았어.

달빛 하나에 이 골짜기가 낙원처럼 보였다. 달을 믿고 왔지만 황무지였다. 사냥감이 있을 듯 말 듯 발자국만 무수하고, 사향소든 토끼든 그림자도 보이지 않았다. 그랬다. 달빛에 아른거리는 세계는 다 허구다. 우주 행성인 듯 환상적인 이 세계는 진짜 환상에 지나지 않는 것이다. 혹해서 들어왔지만, 가까이에서 보니 전부 가짜였다.

이건 꼭 영업 수법에 꼼짝없이 걸린 순진한 남자 같잖아.

10년 전. 당시 나는 신문기자였다. 어느 날, 전임지에서 친하게 지내던 다른 신문사 기자가 내가 있는 지역에 부임했다기에 술이나 한잔하기로 했다. 금방 취한 친구를 집에 바래다주고, 술이 좀 고팠던 나는 역 앞을 어슬렁대다 별 생각 없이 클럽 O라는 이름의 술집에 들어갔다. 한 시간쯤 마셨던가. 문 닫을 시간이 가까워졌기에 나가려는데, 가게 주인은 마치 자객을 보내듯 A를 내게 보냈다.

아마 막판에 A와 마시게 해서 바가지를 씌울 속셈이었을 것이다. A는 아름다운 여자였다. 눈매가 매혹적이고 입술은 열정적이었다. 몸은 호리호리했지만 가슴은 풍만했다. 남자의 욕망을 구현하라면 꼭 그녀였으리라. 10분이나 대화를 나눴을까. 나는 그녀에게 현기증이 날 만큼 푹 빠져버렸다. 며칠 후 또 클럽 O로 가서 A를 찾았다. 하지만 A를 찾는 남자는 셀 수 없이 많아서 마주 앉아 이야기를 할 수 있는 건 고작 5분 정도였다. 아쉬운 마음에 밑져야 본전이다 싶어 '애프터'를 청했는데 A가 승낙했다.

늦은 밤 역 주변을 걸으며 그녀는 말했다.

"오늘은 지명이 스물일곱 개였어. 애프터도 많이 받았는데,

내가 원래 애프터는 안 받거든, 그런데 오늘은 어쩌자고 나왔나 몰라.”

그 순간 내 눈앞의 A가 금빛 후광을 뿜는 여신처럼 보였다. 그래, 나는 특별하구나. 요란한 분홍빛 네온사인마저 내 느낌을 확인해주는 듯했다. 이후 나는 A에게 꼼짝없이 사로잡혔다.

A는 가끔 먼저 전화를 해서는 “지금 샤워하고 있어”라며 속삭였다.

요염한 목소리에 수화기 너머로 들리는 샤워기 소리. 나는 매끈매끈한 A의 몸을 상상했고 내 아랫도리는 하염없이 울었다. 돌아보면 그냥 영업전화였지만 그땐 아주 사적인 통화라고 굳게 믿고 부지런히 클럽 O를 들락거렸다. 회사에서 30분 거리여서 가게에서 두 시간 정도 마시고 차에서 쪽잠을 자다 회사로 돌아가길 여러 번 반복했다. 갑자기 취재를 나가야 할지 몰라서 근무지를 이탈하면 안 됐지만 그땐 아무래도 상관없었다. 아침이 되어도 취기가 늘 남아 있어서 음주 단속에라도 걸리면 체포될 판이었다. ‘신문기자 음주운전으로 체포’ 같은 기사와 함께 해고당하고 인생을 종치는 시나리오를 생각 안 해본 건 아니지만, A를 보기 위해서라면 감수해야 할 위험이었다.

하지만 언젠간 콩깍지가 벗겨지는 법이다. A의 행동은 역시 수상했다. 내가 특별한 남자라고 생각하게 만드는 말, 손짓, 눈빛은 여전했지만, 도무지 사적으로 만나주지 않았다. 날짜까지 잡아놓고 당일에 약속을 취소하기 일쑤였다. 그리고 언젠가부터 애프터도 받아주지 않았다. 그때서야 뭔가 이상한 퍼즐이 눈에 들어오기 시작했다. 그녀에겐 클럽에서 일할 수밖에 없었던 사연이 하나 있었다. 아버지 차를 사고로 망가뜨려 수리비를 구해야 한다는 꽤 그럴듯한 사정이었다. 말하면서 그녀도 울고 듣는 나도 울었더랬다. 사고를 책임지려고 이런 일을 마다않다니, 마음까지 예쁘다고 상찬하며 나는 그녀를 기꺼이 숭배했다. 물론 다 허튼소리였다. 하루 스물일곱 개의 지명을 받는 여자에게 차 수리비는 껌이었으니까. 그렇다, 나는 속고 있었다.

가게의 절묘하게 아스라한 조명 아래에서 여자의 얼굴은 더 고혹적으로 보이고, 남자는 술에 취해 점점 멍청해진다. 여기에 여자의 훌륭한 대화술까지 더해지면, 남자는 '이거 좋은데, 오늘은 틀림없이 잘될 것 같아' 하며 자신에 차게 되는 것이다.

달도 완전히 똑같은 수법을 쓰고 있었다.

극야의 암흑 공간은 의미화 이전의 세계다. 무슨 말이냐 하면, 빛이 있으면 의자나 책상 같은 사물을 정확히 인지할 수 있다. 즉, 사물에 빛이 닿아 윤곽이 선명해져야 비로소 각 사물의 고유성이 발현된다. 수많은 사물은 빛을 받음으로써 자기만의 윤곽과 개성을 표현하고, 서로의 차이를 명확히 할 수 있게 된다. 예컨대 의자의 윤곽과 책상의 윤곽이 한데 섞이거나 뭉뚱그려져 무엇인지 모르게 보일 일은 없다.

빛이 없는 극야 세계에서는 사물의 윤곽선이 흐릿하거나 거의 보이지 않는다. 이로써 사물은 독특한 형태를 잃게 된다. 이는 곧 사물의 의미를 부여하던 근거를 잃는다는 뜻이다. 우리는 흐릿해져 무엇인지 알 수 없는 저 사물을 지칭할 단어를 가지고 있지 않다.

우리는 사물들에 이름을 붙여 정확한 의미를 전달하고 제 이름을 가진 사물들로 하나의 세계를 구축한다. 허나 빛이 닿지 않는 어둠 속에서 사물은 이름과 의미를 상실한다. 나는 손가락 사이를 빠져나가는 세계의 재료들, 사물들을 망연히 바라볼 뿐이다. 이름 없는 세계, 언어가 세계를 구축하기 전의 세계, 인간에게 사물이 의미 있는 무언가로 인지되기 이전의 상태. 어둠의 세계란 이런 곳이다. 이곳에서는 어떤 사물도 선명하게 독자적인 선을 가지지 못한다. 그래서 선이 엉키고 들러붙어 평소엔 볼 수 없는 상태로 존재한다. 빛 아래에서 질서정연하게 적절한 위치를 지키던 사물들은 빛이 사라지면 형태를 잃고 제 위상을 잃음으로써 서로가 중첩되고 용융되어 혼돈을 야기한다.

이 혼돈 속에 달이 절묘한 강도로 빛을 던진다. 달은 어둠의 공간을 메운 의미의 부재로 인한 혼돈을 얼마간 무너뜨린다. 달빛에 사물은 어렴풋이 자신의 형태를 되찾는다. 절대 혼돈이었던 세계에 미묘한 질서가 잡히기 시작한다. 저쪽에 바위가 있다거나 눈 경사면이 있을 것 같다는 판단을 할 수 있게 된다. 극야처럼 극단적인 어둠 속에서는 달이 있고 없고에 따라 보이는 세계의 인상이 완전히 달라진다. 달빛 아래 사물이 모습을 드러낸 세계는 거의 복구된 듯 보이는 것이다. 하지만 이 또한 착각에 지나지 않는다. 달은 태양만큼의 힘이 없다. 세계를 복구한다고 해도 태양이 이뤄내는 성취에 비하면 10분의 1 정도랄까. 나머지 10분의 9는 여전히 불분명하게 뒤엉켜 분절되지 않은 세계이다. 하지만 이쪽에서 보기엔 달빛 아래 세상은 너무도 극적이어서 세계의 선명도가 80퍼센트는 회복된 듯 착각하게 된다. 눈에 보이는 모든 것이 진실이라고 믿게 된다. 아주 제대로 속는 것이다.

　　나는 어땠나. 의심해볼 법도 한데 때마다 속았다. 빙하에서는 썰매를 코앞에서 못 찾았고, 이누아피슈아크에서는 닮은꼴 곳 때문에 헤맸다. 작은 바위산이 북알프스처럼 거대한 설산으로 뻥튀기되는 신기루를 봤고, 거리감을 잃고 목표 지점을 못 잡는 경우는 부지기수였다. 그래도 지금까지는 설령 속았어도 그리 겁이 나진 않았다. 체력도 충분했고 빙구가 만든 작은 미로를 헤매는 수준이어서 위협적이지 않았다. 그러나 이 달라스 만 내륙에서는 사정이 심각해졌다. 나는 달빛만 믿고 모든 불길한 판단을 유보하고 전진했다. 저 앞은 완만할 거야, 이 앞에 사향소가 있을 거야, 낙원이 틀림없어! 하지만 어림없는 기대였다. 어두워서 판단력이 흐려진 탓에 환영을 본 것이었다. 현실은 개미지옥이었다. 앞으로 가봐야 자갈밭이고, 사향소는 없으며, 썰매는 꼼짝하지 않고, 체력만 소모될 뿐이었다.

내 손으로 돈 갖다바쳐, 봉 취급당해도 좋다고 헤헤거려, 내놓고 희롱당해… A가 생각났다.

나는 되돌아가기도 빠듯한 아슬아슬한 경계선까지 와 있었다. 절망적이었다.

극야의 심연 가장자리에 서서 끝이 보이지 않는 검디검은 어둠을 들여다보았다. 문득 한 걸음을 내딛으면 나락으로 떨어지겠구나 싶었다. 호사북방오리라고 불리던 남자가 겪은 극야가 이것이었다. 몸서리가 쳐졌다. 극야는 더 깊은 어둠이 되어 끝을 알 수 없는 늪처럼 아가리를 벌리고 내 앞에 서 있었다. 더 깊이 들어갈 것인가. 자갈밭에서 탈진하면 다시 일어나지 못하겠지.

이제 틀렸다. 이젠 앞으로 나아가기가 무섭다.

나는 그 자리에 일단 주저앉기로 했다. 텐트를 치고 맨몸으로 사냥감 수색에 나섰다. 토끼 발자국이 사방천지에 있어 덫을 세 군데 놓고 돌아왔다.

*

시간 감각이 없어져 몇 시에 일어났는지도 몰랐다. 개가 텐트 옆에서 부들부들 떨고 있었다. 살이 빠져서 더 추운지 최근에는 조금이라도 따뜻한 텐트 옆에서 자는 날이 많아졌다. 그런데도 텐트 안으로 집어넣으려고 하면 싫다고 버텼다. 개의 똥을 확인하니 양이 많았다. 먹는 건 하루 200그램이니까 먹는 양보다 내보내는 양이 많아진 것이다. 가늘어진 근육만으로 이 추위를 견디는 건가….

토끼 덫을 보러 가려고 텐트를 나서자 개가 따라오려고 사력을 다해 썰매를 끌었다. 텐트에 묶여 있는 썰매는 꿈쩍도 하지 않았다. 아마 혼자 남겨지는 것이 싫었던 모양이다. 몸을 어루만져주었더니 금세 얼굴이 펴졌다. 하지만 눈은 잔뜩 풀이 죽어 있어 패기라곤 전혀 느껴지지 않았다.

토끼 덫은 설치했을 때 그대로였다. 이왕 나왔으니 전날 텐트를 쳤던 사향소 먹이가 있는 곳에 가보기로 했다. 월령은 19로 보름달에서 거의 반토막 나 반달에 가까웠지만, 정중시각 앞뒤로는 그럭저럭 먼 데까지 빛이 닿는 것 같았다. 물론 이 또한 달의 기막힌 속임수겠지. 어쨌든 사냥감은 보이지 않았다.

텐트를 너무 오래 비워두자니 늑대가 걱정이었다. 그보다 솔직히는 내 개가 걱정이었다. 내 식량에 덤벼들까 봐. 개는 이미 굶주리고 있다. 본능이 이끄는 대로 가방을 물어뜯고 내 고기를 먹어치울지 모른다. 북극권 1만 2000킬로미터 여행을 떠난 탐험가 우에무라 나오미도 자신이 기르던 개가 식량을 자꾸 먹어 당혹스러웠다고 했다. 내 개는 온순한 성격이니 괜찮으리라고 생각하고, 그렇게 믿지만, 개의 충성심을 온전히 믿을 수만은 없는 절박

한 상황이었다. 한 시간만 떠나 있어도 식량이 걱정돼 잰걸음으로 텐트로 복귀했다. 그리고 무사한 것을 두 눈으로 보고서야 차를 마시며 휴식을 취하다가 다시 사냥감을 찾아나섰다.

산 쪽에는 없어서 사향소 목장 골짜기 아래를 뒤졌다. 골짜기 양옆 바위지대에 토끼 발자국이 잔뜩 있었지만 움직이는 녀석은 없었다. 자갈로 가득한 강가를 가로질러 하류로 향하자 큰 호수가 나왔다.

눈앞의 광경에 나는 눈이 휘둥그레졌다. 광대한 설면이 조도를 최저로 설정한 LED 전구처럼 희미하게 빛나고 있었다. 그리고 곳곳에 사향소가 눈을 파헤친 흔적 때문에 불규칙한 그림자가 드리워져 있었다. 본 중에 제일 광범하고 확실한 흔적이었다.

대단해, 여긴 정말 낙원이야.

나는 순식간에 흥분했지만 또 곧바로 실망했다. 사향소는 나타나지 않았다.

바람이 불지 않아 어떤 소리도 실려오지 않았다. 암흑 물질이 꼼꼼하게 발려 어두웠고 숨 막히는 정적이 골짜기를 압박했다. 발자국만 있고 동물은 일절 볼 수 없다는 사실이 불길하기까지 했다. 사람이 홀연히 사라진 빈집에서 풍기는 기분 나쁜 분위기와 비슷했다. 난로에 냄비가 걸려 있고, 읽다 만 책이 펼쳐져 있고, 아이 장난감이 어질러져 있어서 방금까지 사람이 있었던 흔적이, 그 공기가 묵직하게 남아 있는데 사람만 증발해버린 집. 사건에 휘말려 일가가 납치된 집. 사람이 있어야 하는데 없어진 집. 냄새만 남은 집. 빈집에 고인 그것과 비슷한 불쾌함이 여기 있었다.

빈집의 분위기를 느낀 나는 체념했다. 여긴 분명 항상 사향소가 있을 만한 장소였다. 그린란드 북서부를 여행하면서 사향소를 여러 번 봤는데, 혼자 이동하는 녀석을 우연히 마주치기도 했고 여러 무리가 모여들어 떼를 이루는 곳을 지나기도 했다. 이 골짜기는 단연코 후자였는데 지금은 사향소의 입김조차 볼 수 없었다. 어딘가 있겠지만, 여기에서 500미터 떨어진 곳에 있겠지만, 내 앞에는 없는 것이다.

텐트로 돌아오니 피로가 덮쳐왔다. 시계를 보니 오전 8시였다. 잠깐 쉬었다가 한 번 더 좀 전에 다녀온 곳에 가봐야겠다고 생각했다. 하지만 기필코 사냥에 성공하겠다는 의지의 끈이 내 안에서 툭 소리를 내며 끊어졌다. 될 대로 되라지.

답은 정해져 있었다. 사냥감은 발견되지 않을 것이고, 개는 일주일이면 죽을 것이다.

어둠 속을 돌아다니는 것이 싫었다. 빨리 태양이 보고 싶었다.

건포도 두 알만큼의 용기

무려 열한 시간을 내리 잤다.

　잠에서 깨 침낭 안에서 마을까지 거리를 따져보았다. 퍼져 있을 때가 아니었다. 남은 식량을 고려하면 이제 마을로 돌아가는 경우를 염두에 두어야 하는 시기에 접어들었다. 하지만 걱정이 떠나질 않았다. 과연 빙상에서 헤매지 않고 빙하까지 갈 수 있을까, 빙하 입구는 대번에 찾을 수 있을까, 아니 이 체력으로 어디까지 갈 수 있을까. 공복감은 날마다 더해갔다. 먹는 족족 흡수될 뿐 포만감은 없었다. 배가 고프고 추웠다.

　확실한 것은 하나였다. 사냥감도 못 잡은 처지에 어둠의 오지에 오래 머물러서는 안 된다는 것. 오늘은 1월 18일. 아운나르톡 오두막에서 마을까지 최소 2주는 잡아야 한다. 오두막에서 며칠 동안 극야가 걷히길 기다려야 하니 허락된 시간이 거의 없었다. 뭐 때문에 이런 오지까지 들어왔는지 후회가 밀려들었다.

불안으로 요동쳤지만, 사실 굶어 죽는다는 공포는 없었다.

개의 고기를 먹기로 이미 결심했기 때문이다. 마을까지 가려면 한 달 치 물자가 필요한데 식량은 벌써 바닥을 보였다. 사냥감을 못 잡으면 어차피 개는 죽는다. 죽은 개의 고기는 최소 10일 분의 식량이다. 아껴 먹으면 2주도 살 수 있다. 마을까지 가는 것은 문제없었다.

개가 죽도록 내버려두지 않겠다고, 여행을 이대로 끝내지 않겠다고 굳게 결의하고 여기까지 왔지만, 사냥에 거듭 실패하며 어둠에 체력을 빼앗기는 동안 나는 개의 생명에도, 내 여행에도 무관심해졌다. 그리고 개의 고기를 식량에 넣어 계산하고, 개가 장차 죽을 것이라고 단정함으로써 나는 내가 죽는다는 공포에서 도망쳤다.

일단 아운나르톡까지 철수하는 것 말고는 선택의 여지가 없었다. 돌아가다가 덩치 큰 짐승을 만날지도 모르고 바다표범 사냥에 성공할지도 몰랐다. 마을로 귀환하는 것까지 결정한 것은 아니니 운만 따라준다면 북극해로 다시 떠날 수도 있었다.

준비를 마치고 텐트를 나오니 달은 흐리멍텅했고 세계는 전날보다 더 어두웠다. 하루 만에 이렇게 달라지나 싶게 달빛이 약했다. 그나마 밖에 나왔을 때가 정중시각 부근이라 제일 밝았는데, 산의 능선이 겨우 보였고 발밑의 눈 상태는 한눈에 파악할 수 없었다. 월령 20, 정중 시 고도 8도. 3일 후면 달은 지평선 아래로 가라앉고 그 후 8일간은 잠시만 안녕이다. 보름달의 장려함과 앳된 모습은 사라지고 없었다. 오늘은 어둠침침한 가게 안에 요염하게 앉아 있는 살롱 마담 같은 모습이었다. 출발은 했지만 달빛이 약해 루트를 잡지 못했다. 여느 때처럼 자갈밭에 빠지고 괜한 비탈을 만나 쓸데없이 힘을 썼고 나는 다시 초조해졌다. 달을 볼 때마다 화가 치밀었다.

지금까지 그렇게 감쪽같이 속이다니. 아무 도움도 안 되는 주제에!

달빛이 있다는 게 더 짜증스러웠다.

텐트장에서 사향소 목장 골짜기로 내려와 전날 봤던 소들의 흔적을 지나갔다. 소떼가 있기를 바랐지만, 없었다. 지도를 보니 조금 내려간 곳에 작은 지곡(支谷)이 있었다. 거길 올라가면 올 때 지나온 고개가 나오는 듯했다. 경사면을 올라 근처 지형을 둘러본 후 하류로 갔더니, 그 지곡으로 짐작되는 골짜기가 나타났다. 눈이 바람에 다져져 딱딱해서 걷기 편했다. 한 시간 정도를 발걸음 가볍게 이동했다. 지곡을 다 오르자 다시 연질의 눈 지옥이 펼쳐졌다. 사향소 발자국은 여기에도 어지럽게 나 있었다. 한번은 사향소 그림자가 눈에 띄었다. 간만에 조심스럽게 접근했지만, 바위였다. 계속 걷자 고개가 나왔고 곧이어 올 때 봤던 골짜기가 나타났다.

어두워서 걱정했는데 루트를 제대로 찾아 다행이었다.

고개에서 뒤를 보니 달은 자취를 감추고 없었다. 칠흑의 밤이 차갑게 내려앉았다. 여기서부터는 갑갑한 암흑 세계 속에서 달라스 만을 향해 골짜기를 내려가는 데만 집중했다.

정신없이 내려가는데 불쑥 희망의 불씨가 날아왔다.

오전 11시 무렵, 남쪽 하늘이 희미하게 밝아지더니 빠른 속도로 붉게 물들기 시작했다. 서광이라기엔 부족하고, 새벽을 살짝 밀어내는 아침의 징조쯤 되는 빛이었는데, 그것만으로도 태양이 있다는 사실은 알 수 있었다. 따져 보니 벌써 동지에서 거의 한 달이 지났다. 아운나르톡을 출발할 때부터 달에 맞춰 야간에 이동하느라 몰랐는데, 하늘은 차츰 생기를 되찾고 있었다.

지평선에서 아득히 먼 어딘가에서 배어 나온 태양 빛은 남쪽 하늘에 아주 조금 붉은 손을 내밀었을 뿐, 이후로는 지평선에서 순서대로 주황, 초록, 옥색, 파랑으로 번지듯 변해가며 밤하늘에 흡수되었다. 오후 1시쯤부터 30분은 헤드램프 없이 걸었다. 믿기지 않았다. 경이로웠다. 태양의 존재를 느끼는 것만으로 나는 주체할 수 없는 환희를 느꼈다. 내 안에서 사그라들었던 기쁨의 불이 당겨졌고 어둠의 울적함은 뒤로 물러났다. 아주 오랜만에 의욕이 생겼다. 펄쩍펄쩍 뛰고 싶었지만 스키 때문에 하릴없이 "야호!" 하고 외치는 것으로 대신했다. 세상은 점점 밝아질 것이다.

내일은 오늘보다, 모레는 내일보다. 멋있다, 매일 밝아지는 세계라니. 이 기쁨을 표현할 수 있는 단어가 없었다. 그냥 기뻤다. 해방이었다. 나는 크게 웃었다.

태양 빛을 봤으니 다음 날부턴 이동 시간을 낮으로 옮겼다. 죽어가는 달에 나를 맞출 필요가 없었다. 반지르르한 거짓말쟁이에 밀고 당기기나 하는 달의 도움은 이제 필요 없었다. 내겐 태양이 있으니까.

"어디로든 가버려. 내 앞에 두 번 다시 나타나지 마. 이 할망구 같으니!"

불과 하루 전까지 달에게 모든 것을 의존했던 주제에 옅은 서광을 접하자마자 이제 볼 장 다 봤다는 식으로 달을 타박했다.

태양 빛을 보고 날아갈 듯 좋았던 것도 잠시, 다음 날 날씨는 나를 다시 캄캄한 어둠에 가둬버렸다. 두꺼운 구름이 상공을 뒤덮어 태양 빛이 새어 나올 틈을 다 막아버린 것이다. 달빛은 사그라든 시간대였고, 태양이 없으면 그냥 눈을 감고 이동하는 셈이었다. 전날의 희망이 컸던 만큼 반동도 컸다. 어두운 밤의 질곡에서 탈출하나 싶었더니 다시 돌아오고 만 것이다.

어둠 속에서 헤드램프를 켜고 걷는 것에 나는 미칠 것 같은 우울을 느꼈다.

너무 캄캄해서 루트를 알 수 없었다. 출발 초반에는 올 때의 흔적을 찾아 따라갈 수 있었는데 얼마 못 가 놓쳤다. 헤드램프로는 전체를 볼 수 없었다. 넓고 여유 있던 골짜기는 오른쪽으로 왼쪽으로 가늘게 이리저리 구부러지기 시작했다. 어느덧 나는 수로를 벗어나 기슭을 오르고 있는 듯했다. 올 때 지나온 골짜기는 아니었다. 여하간 골짜기 양편에는 사향소 발자국이 가득했다. 이따금 사향소 비슷한 덩어리가 보이면 주의 깊게 살폈지만, 매번 그랬듯 그냥 바위였다. 그러는 사이 안개가 희부옇게 퍼지더니 보이던 것들마저 지워버렸다. 더듬더듬 골짜기를 내려가자 갑자기 탁 트인 지형이 나왔다.

하아, 다행이다. 바다로 나왔나 보다.

안도하며 가슴을 쓸어내렸다. 그런데 잠시 후, 작은 폭포가 나타났다. 아직 골짜기가 끝나지 않았다는 사실에 심장이 덜컹 내려앉았다. 나침반을 보니 수로는 300도 방위를 향하고 있었다. 문제는 지도에서 그런 골짜기를 찾을 수 없다는 것이었다. 고도계가 표시한 숫자는 마이너스 73미터.

이런, 어디서부터 잘못된 거지. 모르겠다. 바다로 나가서 해안선을 따라 서쪽으로 가기만 하면 돼.

나는 무작정 앞만 보고 걸었다. 그러다 나도 모르게 골짜기 기슭을 올랐고 동글동글 자갈밭이 또 나타났다. 오른쪽으로 돌면 골짜기가 다시 왼쪽으로 구부러져 있기도 했다. 스트레스가 극에 달하고 짜증이 폭발했다. 50미터 앞도 예상할 수 없었다.

수십일 째 이러고 있으니 정말 미칠 것 같았다. 이 어둠에 내딛는 모든 걸음이 싫었다.

어떻게 나왔는지 몰라도 어쨌든 겨우 해안으로 빠져나왔다. 나도 개도 진이 다 빠져 있었다. 내가 미로를 헤매는 동안 바다는 한사리였는지 새로 밀려온 바닷물이 얼어붙어 정착빙이 반들반들했다. 얼음 상태는 올 때보다 나아졌지만 속도는 더 처지기만 했다. 우리는 패잔병처럼 걸었다.

*

다음 날, 침낭에서 나오고 싶지 않았다. 헤드램프 불빛만 보며 어둠 속을 기어 다닐 것을 생각하니 구역질이 나왔다. 아운나르톡에서 짧게 쉬고 출발한 뒤로 매일을 쉼 없이 돌아쳤으니 몸이 남아날 리 없었다.

사냥은 글렀어. 이대로 먹을 게 없으면 개가 죽겠지. 몰라, 내가 오늘 꼭 움직여야 할 이유가 어딨어?

그렇게 생각하고 하루를 텐트에서 보냈다. 낮에 밖으로 나왔더니 개가 다리를 쭉 뻗으며 기지개를 켰다. 개는 지루하다는 표정을 지으며 꼬리를 흔들었다. 내가 바지를 내리고 똥을 싸기 시작하자 개가 슬금슬금 다가오더니 사랑스럽다는 듯 내 얼굴을 핥았다. 그리고 볼일을 끝내자마자 기다렸다는 듯 똥으로 돌진했다. 복스럽게 잘도 먹었다.

그걸 보고 있자니 어떻게든 개를 무사히 마을로 데리고 돌아가고 싶었다. 찡해져 눈물이 날 것 같았다.

얼마나 깡말랐는지 비참해 보일 지경이었다. 나날이 허리가 홀쭉해졌다. 늠름한 늑대 같던 얼굴이 굶주려 비굴해진 여우처럼 변해버렸다.

단 한 번도 그런 적 없던 개가 내게 먹을 것을 구걸하기 시작했다.

전날 잠시 쉬면서 썰매에 걸터앉아 행동식 봉지를 열었을 때였다. 개가 급할 것 없다는 듯 일어나 슬머시 내 곁으로 다가와 앉더니 칼로리 바, 초콜릿, 견과류를 먹고 있는 나를 힘없이 움푹 팬 눈으로 지그시 바라보았다. '제발, 나도 좀 줘요. 모래알만큼이라도 좋아요. 조금만 나눠 주세요. 네?' 하는 표정이었다.

호소하는 눈빛. 처음 본 그 눈빛에 나는 당황했다. 칼로리 바 한 조각쯤은 줄 수 있지 않을까? 아니, 아니지. 내 체력도 바닥이었다. 마을까지 갈 수 있을지 불안했다. 망설인 끝에 나는 작은 건포도 두 알을 발밑에 던지는 결단을 내렸다. 이건 결단이라고 칭하기에 마땅한 영웅적인 희생이었다. 개는 한입에 건포도 두 알을 삼키고 입술을 혀로 핥았다. 그러고는 다시 엉덩이를 깔고 앉았다.

'좀 더, 아주 조금만 더 주세요. 이건 너무 적어요…' 예의 그 구걸하는 눈길이 또 한 번 내게 꽂혔다.

"그러지 마. 그런 눈으로 보지 말라고."

단호한 거절의 말이 거침없이 나왔다. 건포도 두 알도 대단히 마음 쓴 결정이라고!

개와의 신경전은 휴식 때마다 계속됐다. 난 건포도 두 알 이상은 내줄 생각이 없었다. 달라스 만으로 가는 여정 때만 해도 만일 개 사료가 떨어지면 내 식량에서 바다표범 지방이나 베이컨, 토끼 갈빗살을 나눠 주고 개를 살려야겠다는 갸륵한 생각을 했었는데… 어떻게 그런 생각을 할 수 있었는지 모르겠다. 내가 예수라도 된단 말인가? 갸륵한 나는 가까운 과거의 나일 뿐이었다.

얼마나 말랐는지 보려고 나는 개의 몸을 자주 쓰다듬었다. 그때마다 개는 유난히 좋아했다. 더 만져달라며 눈을 감고 가만히 내 손에 몸을 맡기곤 했다. 하지만 기분 좋게 만져줄 살이 별로 없었다. 엉덩이와 등은 뼈만 앙상했다.

이렇게 말랐구나. 불쌍하게….

마흔이 되고 아이가 생긴 후 눈물샘이 느슨해졌는지 개의 운명이 불쌍해 자꾸만 눈물을 찔끔거렸다. 하지만 내가 개의 고기를 먹어야만 생존할 수 있는 최후를 떠올리면, 개를 쓰다듬을 때마다 얼마 남지 않은 고기의 양이 아쉬웠다. 게다가 내 똥만 먹고 있으니 고기에서 냄새가 날 것 같다는 불쾌한 걱정이 들었다.

매일같이 개를 생각했다. 밤에 침낭에 들어가면 개가 죽는

장면이 떠올랐다. 흥분되고 정신이 또렷해져 잠 못 이루는 날이
계속되었다.

　아니 정확히 말하면 개가 죽는 장면이 아니라 내가 개를 죽
이는 장면을 떠올렸다.

　이런 식이다. 열흘 후 내가 텐트에서 자고 있을 때 개가 기력
이 다해 죽었다고 치자. 다음 날 아침에 내가 발견하기 전까지 시
체는 영하 35도를 오가는 추위 속에서 딱딱하게 얼어버릴 것이
다. 그러면 가죽을 벗길 수 없고 고기도 해체하지 못할 우려가 있
다. 썰매를 끌다가 자연사하면 별다른 문제는 없을 것이다. 어쨌
든 고기를 확보하려면, 개에게 줄 먹이가 바닥나고 개가 움직이
지 못하게 되는 단계에서 내가 나서야 한다. 부족한 식량을 채우
려면 내장까지 박박 긁어 회수해야 한다.

　개를 죽이는 생각을 하다가 나는 그 일이 현실이 되면 어떻
게 글로 옮길지 머릿속으로 문장을 써 내려갔다.

　"개는 한 걸음도 떼지 못했다. 3일 전에 먹이가 다 떨어진 다
음엔 썰매를 끌지 않았는데도 더는 발을 내딛지 못했다. 마침내
나는 결단을 내렸다. 이제 개를 죽일 수밖에 없었다. 나는 총을
손에 들었다. 하지만 곧바로 마음을 고쳐먹었다. 총으로 머리를
쏘는 것은 제일 손쉬운 방법이다. 하지만 내 손에 피를 묻히지 않
고 편리하게 개를 죽이는 것은 용납할 수 없었다. 이 개가 죽음
을 앞에 둔 것은 내가 극야 탐험의 동행으로 선택했기 때문이다.

개의 죽음에 대한 책임은 내게 있다. 그렇다면 나는 개의 고통과 죽음을 내 손으로 직접 느끼고 내 업보를 몸에 새겨야 한다. 나는 교살을 택했다. 로프로 고리를 만들어 개의 목에 걸고 한쪽 끝은 다리로 단단히 밟고 다른 한쪽은 양손으로 잡았다. 개는 여느 때와 다름없는 온순한 눈으로 나를 바라보았다. 나는 개에게 이별의 말을 고하고 힘껏 줄을 당겼다. 그 순간 숨통이 막히는 소리가 개의 입에서 튀어나왔고 개는 엄청난 힘으로 사지를 버둥댔다. 내 얼굴 옆에서 개가 송곳니를 드러내며 옅은 보라색 입술 사이로 거품을 토해냈다. 그르렁거리는 낮은 신음이 새어나오는가 싶더니 더 이상 움직이지 않았다. 힘이 쑥 빠진 나는 무릎을 꿇고 두 손을 바라보았다. 개를 죽인 손을 바라보았다. 이러려던 게 아니었는데… 이 녀석과 몇 번이고 여행을 더 할 생각이었는데… 극야 여행이 끝나면 캐나다로 건너가 1000킬로미터든 2000킬로미터든 장대한 여행을 계속하려고 했는데…. 개는 이제 움직이지 않았다. 눈에서 영혼이 사라지고 있었다. 인간을 죽인 기분이었다.”

매일 밤 문장들이 내 의지와 상관없이 머릿속을 휘저었다. 심지어 새로운 요소를 첨가하고 여러 번 고쳐 쓰면서 더욱 긴박감 넘치고 자기 연민으로 점철된 이야기를 만들어냈다. 내가 지어낸 이야기에 도취되어 이상하게 격앙되었고 그런 밤엔 잠을 잘 수 없었다. 이야기에 가위 눌리는 밤이 계속되자 잠자리에 들라치면 또 불면의 밤을 보낼지 모른단 생각에 우울해졌다.

이동할 때도, 자려고 누울 때도 우울했다. 무엇보다 일어날 때 심했다. 침낭 안에서 시각을 확인하려고 손목시계 램프를 켜면 사위는 깜깜하고 시계만 파랬다. 그곳엔 절망적이고 답답한 어둠과 외로움뿐이었다. 헤드램프 불을 켜고 보면 곳곳에 이슬이 맺힌 텐트의 하얀 천이 냉동고처럼 변해 있었다.

모든 것을 얼어붙게 만드는 냉혹한 공기, 반경 몇백 킬로미터 안에 살아 있는 인간은 나밖에 없다는 고립감을 먹고 자란 절망은 어둠 속에서 눈을 뜬 나를 무겁게 짓눌렀다. 오늘도 어둡고 춥다는 괴로운 현실이 헤드램프 불빛 앞에서 분명해졌다. 나가기 싫다. 하지만 오늘 걷지 않으면 살아서 돌아가지 못할 수 있다. 침낭 밖으로 나오기 위해서는 의지를 총동원해야 했다. 나는 매일 아침마다 진저리나도록 어둠, 추위, 고독과 씨름했다.

어둠이 야기한 우울은 날이 바뀌어도 나아지지 않고 적체되었다. 여행 초반에는 어둠 속에서 기상하는 것이 큰 스트레스가 아니었다. 덜 마른 옷을 입는 게 더 스트레스였다. 하지만 30일, 40일이 지나는 동안 어둠의 우울은 엄청난 양의 앙금이 되어 내 안에 침전되었다. 이 찌꺼기는 불안과 초조가 촉진제가 되어 부패했고, 썩은 내가 진동하는 녹조, 아니 공장 폐수로 뒤범벅된 진흙이 되어갔다. 암흑성 부패 물질로 가득 찬 내 정신은 붕괴 직전인 채로 바다를 향하고 있었다.

다음 날도 꼼짝하기 싫었지만 억지로 몸을 일으켰다. 또 헤드램프 불빛만 보며 걸어야 한다고 생각하니 그 자리에서 정신을 놓을 것 같았다.

텐트를 출발해 정착빙 위를 걷는데, 개가 우뚝 멈추더니 뒤를 보며 큿큿거렸다.

"뭐가 있어?"

바다에서 마주친다면 백곰일 가능성이 컸다. 긴장감이 높아졌다. 헤드램프 불을 최대로 올리고 개가 보는 방향을 비춰봤지만 해빙은 어둠에 묻혀 있었고 움직이는 그림자는 없었다.

백곰이 오면 총으로 쏴 죽이겠다고 각오했다. 문제는 어둠이었다. 아주 가깝지 않으면 육안으로 백곰을 확인할 수 없었다. 느릿느릿 움직이는 것 같지만 백곰은 꽤 민첩하다. 성큼성큼 접근하는 백곰을 헤드램프 조명만으로 정확히 조준할 수 있을까. 실제로 나타나면 무진장 당황할 것 같았다.

점심때 다시 하늘이 희미하게 맑아졌다. 태양의 존재가 감지되는 것만으로 내면에 들러붙어 있던 우울의 찌꺼기가 떨어져 나가고 상쾌해졌다. 하지만 그 어렴풋한 태양 빛도 아주 잠깐이었다. 주위는 다시 어둠의 장막으로 가려졌다.

앞쪽에는 수백 미터 높이로 치솟은 무른 암질의 암벽이 늘어서 있었고, 거대한 선박의 뱃머리처럼 생긴 곶이 힘차게 바다를 향해 돌출돼 있는 것이 간신히 보였다. 곶 직전에는 병풍처럼 이

어지던 암벽이 끊기고 꽤 큰 골짜기가 육지 안쪽으로 나 있었다.

그 골짜기로 들어섰을 때였다. 작은 녹색 빛 두 개가 어둠 속에서 흔들리며 기묘하게 움직이는 것이 보였다. 빛나는 두 점은 정착빙의 오른쪽 가장자리를 느리게 움직이며 이쪽으로 다가오고 있었다.

"뭔가 있어…."

헤드램프 빛에 반사된 동물의 눈동자였다. 드디어 사냥감이 나타난 것이다. 늑대? 헤드램프를 비춰 확인하고 싶었지만 빛이 닿질 않았다. 그저 녹색으로 빛나는 두 눈동자만이 허공에 둥둥 떠 있었다.

움직임이 느려. 여우일 거 같은데.

여우 한 마리로는 개를 며칠 못 먹이겠지만 그래도 없는 것보다는 나았다. 나는 총을 어깨에서 내리고 허리를 숙였다. 여우로 추정되는 녀석이 이쪽을 살피는지 20미터 앞에서 녹색 빛이 멈췄다. 특유의 호기심 때문에 좀 더 가까이 올 것이다. 여우는 몸집이 작아서 이 어둠과 거리에서는 절대로 명중시킬 수 없다. 나는 잠자코 빛이 가까이 오길 기다렸다.

일순간 두 점의 움직임이 빨라진다 싶더니 자취를 감춰버렸다. 정착빙에서 아래쪽 해빙으로 간 듯싶었다. 당황한 나는 정착빙 가장자리까지 뒤쫓았지만 녹색 빛은 난빙대로 들어가더니 이내 어둠 속으로 사라졌다.

"제길, 가버렸어."

나는 투덜대며 썰매로 돌아왔다. 개는 무표정하게 나를 쳐다봤다. 사냥을 목적으로 이동한 이후 처음 본 동물이었던 터라 놓친 것이 너무나 분했다.

그런데 100미터를 채 못 가 왼쪽 큰 골짜기에서 또 녹색 빛이 흔들거렸다. 이번에는 네 개였다. 두 마리!

그렇게 뒤져도 안 나오더니 오늘 갑자기 하늘에서 떨어졌는지 땅에서 솟았는지 연달아 녹색 빛이 강림했다. 근처 바다에 백곰이 먹다 버린 바다표범 시체라도 있는 모양이었다. 인근에 사는 여우들이 그것을 노리고 산에서 내려오는 것이리라. 여우는 겨울이면 백곰이 남긴 먹이를 노리기 때문에 해빙 곳곳에는 여우 발자국이 많았다.

두 마리나 있으니 절대 놓칠 수 없었다. 나는 썰매의 로프를 풀고 어깨에서 총을 내렸다.

초록 눈동자 네 개는 작은 혼령처럼 하늘하늘 어둠 속을 유영하듯 골짜기를 내려왔다. 그러고는 나와 50미터쯤 떨어진 곳에 딱 멈추었다. 날 봤나? 더 가까이 오길 기다리다가 방아쇠를 당겨보지도 못하고 놓칠지 모른다. 맞히기 어려운 거리지만 쏘는 게 낫겠지. 나는 무릎을 세우고 총을 준비했다. 헤드램프 빛으로 가늠쇠와 가늠구멍을 맞추고 그와 나란하게 녹색 빛이 오도록 총신의 위치를 조정했다. 안 돼, 무리야. 너무 멀어. 신(神)이 쏘면 모를까 명중은 불가능할 것 같았다. 요행이라도 좋으니 맞기만 하라고 빌며 99퍼센트는 신에게 맡기고 방아쇠를 당겼다.

30구경 총이 폭발하는 소리가 울려 퍼졌다. 그 순간 네 개의 초록빛은 방금과는 다르게 굉장히 힘 있는 움직임을 보이며 골짜기 안으로 도망쳤다. 어둠 위로 빛줄기를 그리며 바람처럼 사라졌다.

그 움직임을 보자마자 말도 못 할 후회가 나를 덮쳤다. 아차 싶었다. 저 속도라면 여우가 아니라 늑대였다.

나는 스키를 신은 채 초록빛의 꽁무니를 쫓아 달렸다.

제길! 늑대였어, 늑대였다고. 망했다.

사라지는 초록빛을 뒤쫓으며 나는 심하게 자책했다. 늑대는 가만히 내버려두면 겁 없이 다가오는 습성이 있다. 예전 도보 여행에서 늑대와 여러 번 마주쳤는데, 백이면 백 내가 있는 곳 가까이까지 와서 기웃거렸다. 개중에는 텐트 바로 옆까지 오는 녀석도 있었다. 손만 뻗으면 머리를 쓰다듬을 수 있을 정도였다. 도망친 녀석이 늑대가 맞다면 10미터 앞까지 제 발로 왔을 것이다. 10미터는 아무리 어두워도 명중할 수 있는 거리인데! 더 기다렸으면 잡았을 텐데. 게다가 늑대는 50킬로그램은 되니까 귀환할 때까지 개를 충분히 먹일 수 있다. 아, 대체 무슨 바보짓을 한 거지. 억울함에 이를 갈았다.

나는 사력을 다해 빛을 뒤쫓았다. 요행히 빛은 100미터쯤 가

다가 멈추었다. 나는 50미터까지 거리를 좁히고 한쪽 무릎을 꿇고 방아쇠를 당겼다. 총성이 울리자 빛은 골짜기 안으로 빠르게 달아났다. 보는 사람의 넋을 빼놓는 우아하고 매끄러운 움직임을 보니 도저히 총알을 맞은 것 같지 않았다. 다가가서 보니 눈 위는 핏방울 하나 없이 새하얬다. 나는 다시 추적을 시작했다. 무서울 것이 없었다. 늑대에게 역습당할지 모른다는 생각은 아예 들지 않았다. 아드레날린이 마구 솟구쳤고, 잡고야 말겠다는 집념이 온 신경을 지배했다. 어둠을 제집처럼 뛰어다니는 발광체를 정신 없이 쫓아갔다. 뒤쪽에서 개가 왕왕 짖는 소리가 들렸다. 총소리가 들리자 녀석은 내가 사냥감을 잡았다고 착각하고 자기한테도 고기를 달라고 아우성치고 있었다.

발광하는 네 개의 눈동자가 미확인 비행체처럼 부드러운 곡선을 그리며 오른편 암벽을 올라갔다. 기이한 움직임. 늑대가 바위를 타는 것이 틀림없었다. 문득 발광체가 어두운 허공을 디디고 선 듯 멈춰 서서 나를 관찰했다.

마지막 기회일 것이다. 재빨리 한쪽 무릎을 꿇고 총을 준비했다. 거리는 50미터쯤. 발광하는 눈동자 살짝 아래를 겨누고 방아쇠를 당겼다. 세 번째 총성이 울려 퍼졌다. 발광체는 어둠을 이리저리 휘젓더니 눈 깜짝할 사이에 사라졌다.

정말 가버렸다. 사냥은 실패했다. 이럴 줄 알았어, 맞을 턱이 있나. 극야의 주인이 준 유일한 희망을 이렇게 놓치다니. 기운만 잔뜩 빼고 털레털레 썰매로 돌아왔다.

개는 목소리가 뒤집어질 정도로 짖어댔다. 당연히 고기를 들고 왔을 거라고 기대한 개는 저러다 까무러치지 않을까 싶게 흥분해 있었다. 심지어 그 무거운 썰매를 혼자 50미터쯤 끌고 눈이 언덕진 부분까지 와서 더 가지 못하고 날뛰고 있었다.

아직 이 정도로 힘이 남았다니…. 못내 놀라웠다.

"미안, 못 잡았어."

개의 눈에서 희번덕하던 광기가 빠져나갔다. 개는 나지막히 불퉁한 소리를 냈다.

한심하다. 죽을 둥 살 둥 썰매도 끌고 백곰 경비 역할도 소홀히 하지 않는 개에게 나는 합당한 노동의 대가를 주지 못하고 있었다.

나와 개는 다시 썰매를 끌었다. 걸으면서 계속 늑대가 나타났던 골짜기를 돌아봤다. 날 뒤따라오지 않을까 내심 기대했지만 헛된 바람이었다.

하지만 어쩐 일인지 이날의 운은 여기서 끝나지 않았다.

1킬로미터쯤 걸었을 때였다. 개가 코를 킁킁거리며 옆길로 빠졌다. 뭔가 발견한 기색이라 내버려두었더니 여기저기 냄새를 맡으며 벼랑 쪽으로 썰매를 이끌었다. 개가 발을 멈춘 곳엔 정체 모를 하얀 물체가 있었다. 앞뒤 보지 않고 달려든 개는 그것을 덥석 물고 빨았다.

사향소 두개골이었다. 오래됐는지 수분이 다 빠져 반은 허옇게 미라처럼 변했고 반은 정착빙에 묻혀 있었다.

사냥은 말아먹었지만, 생각지도 않은 냉동 고기를 발견한 것이다. 두개골은 개의 송곳니를 박아도 쉽게 부서지지 않았다. 나는 끝이 예리한 쇠막대기로 두개골 주위의 눈을 파냈다. 그리고 사향소 뼈 사이에 얼굴을 처박은 개가 다치지 않게 조심조심 뼈를 부쉈다. 사향소 수컷들은 결투할 때 멀찍이서 달려와 서로 맞부딪치며 자웅을 겨루는데, 그래서 유난히 두개골이 두껍고 딱딱하다. 그래도 죽자 사자 내리치니 안에서 살인지 골수인지 모를 조직이 보였다. 살아 있을 때는 물컹했을 텐데 꽝꽝 얼어 있었다. 쇠막대기 끝으로 파서 개에게 주자 개는 헉헉대며 얼어붙은 살점을 씹었다.

어둠 속에서 개와 나는 아귀처럼 사향소 시체에 달려들었다. 얼음에서 꺼낸 두개골을 톱으로 10센티미터 크기로 잘게 썰었다. 뿔 안에 얼어 있는 골수를 먹을 수 있게 깨뜨려 개에게 주었다. 개는 썰어준 뼛조각을 양쪽 앞발로 누르고 가죽을 이빨로 뜯어 벗겨냈다. 냉동된 조직이 드러나면 혀로 핥아 녹이고 송곳니로 갈아가며 열심히 먹었다. 뼈까지 아드득거리며 씹어 삼켰다.

두개골을 손질하는 데 세 시간이 지나서 그 자리에 텐트를 쳤다. 두개골 부산물 500그램은 먹었을 테니 개에게 사료는 주지 않기로 했다. 하루를 아끼면 하루를 더 살 것이다.

다음 날, 개가 새하얀 똥을 쌌다. 똥이 아니라 똥의 형상을 한 뼈였다. 어제 먹인 것이 살점, 골수, 가죽이라고 생각했는데 거의 뼈였나 보다. 분쇄된 뼈가 장에서 똥처럼 빚어져 나온 것이다.

그날 이동하는데 개가 쌕쌕거리며 숨을 거칠게 몰아쉬더니 갑자기 서버렸다.

"왜 그래? 괜찮아?"

걱정되어 돌아보니 배에서 꾸르륵꾸르륵 하는 이상징조의 소리가 나고 있었다. 그러더니 외계인이 알을 낳을 때처럼 불쾌한 소리를 내며 갈색 덩어리를 토해냈다.

위액으로 범벅된 토사물은 묘한 갈색이었다. 검은 털이 엉겨 붙어 있었고 코를 찌르는 역한 냄새가 났다.

"야, 너… 대체 뭘 먹은 건데?"

나 몰래 먹으면 안 될 것을 먹었나 싶어 가슴이 철렁했는데, 가만히 들여다보니 사향소의 뼈였다. 소화액이 절반밖에 녹이지 못해서 꼭 소화불량에 걸린 사람의 똥처럼 보였다. 아마 너무 딱딱해서 소화시키지 못하고 토해낸 듯했다. 이게 뭘까 하고 얼굴을 가까이 대자 개는 자기 것을 뺏는 줄 알고 으르렁댔다. 거역할 줄 모르던 녀석이 나를 위협했다. 그 정도로 굶주렸나 싶어 오싹했다. 도저히 오물로 밖에 보이지 않는 토사물을 개는 아껴 먹듯 핥았다. 그리고 나를 예의 주시하며 끝까지 맛있게 먹었다.

＊

날씨가 흐려지더니 눈이 흩날렸다. 기압이 낮아졌고 기온은 영하 17도로 유례없이 따뜻했다. 구름이 껴서 낮에도 태양 빛은 볼 수 없었다. 그믐달만이 가련하게 떠 있던 동지 때와 다를 바 없는 암흑이 부활했다. 종일 사위가 어두웠다.

해빙 곳곳에는 올 때는 못 봤던 백곰의 발자국이 있었다. 달라스 만의 내륙에서 헤매는 동안 바다에서 뭔가 일이 있었던 모양이다. 먼바다에서 해빙이 깨져 틈이 생겼다면, 그곳으로 바다표범이 모여들었을 테고, 백곰은 주린 배를 채우러 이 얼음 위를 가로질러 달려갔을 것이다.

종은 다르지만 오지에서는 인간이나 동물이나 비슷한 판단을 내리고 행동하는 것 같다. 지금 이 해빙에는 군데군데 그다지 심각하지 않은 난빙대가 포진해 있어 좀 우회해 걸어야 할 필요가 있는데, 그럴 필요가 있기는 백곰도 매한가지인 것이다. 결과적으로 내가 걷는 루트에는 어김없이 백곰의 발자국이 있었다. 앞쪽이 난빙이다 싶어 왼쪽으로 꺾으려고 보면 백곰 발자국도 왼쪽으로 진로를 바꿔 나 있었다. 그 말인즉슨 백곰이 지금 이 주변을 어슬렁대고 있다면 마주칠 확률이 꽤 높다는 것이다. 발자국은 혼자 다니는 개체의 것이 대부분이었지만, 간혹 큰 발자국과 작은 발자국이 같이 움직이는, 즉 새끼 곰을 데리고 이동하는 어미 곰의 발자국도 보였다. 새끼 곰을 대동한 어미 곰은 신경이 예민하기 때문에 위험하다. 백곰과 같은 길을 걷는 것이 썩 유쾌하지만은 않았다.

주위에 백곰이 우글댄다고 생각하니 등골이 서늘했다. 올 때처럼 달이라도 있으면 모를까 달도 안 뜬 오늘 같은 날은 백곰을 눈으로 확인할 길이 없었다. 헤드램프로는 잘해야 20미터 이내에 있을 때에야 보일 것이다. 그것도 조명 반경 안에 곰이 있을 때 얘기다. 엄한 데서 나타나면 그야말로 낭패였다. 시각에 크게 의존하는 인간이 이런 칠흑 같은 어둠 속에서 백곰의 존재를 감지하는 것은 사실상 불가능했다.

　하지만 개는 다르다. 걸으면서 냄새로 백곰의 존재를 알아채고 짖는다. 바람이 불어 가는 쪽에서 백곰이 다가오면 후각 탐지 기능이 소용없을 수 있겠지만, 그래도 나보다 나은 능력자가 있으니 덜 무서웠다.

　발자국 수로 보건대 아운나르톡 오두막까지 쭉 백곰과 동행하는 꼴일 듯했다. 아운나르톡까지 최소 5일. 그때까지는 사료를 새 모이만큼 주는 한이 있더라도 개를 연명시켜야 한다.

　깡마른 개는 썰매를 끌 약간의 힘도 없었다. 잠깐 쉬고 난 직후에는 기운차게 달려 나갔지만 그 상태로 5분을 가지 못했다. 그런데도 나에 대한, 어쩌면 유전자에 새겨진 인간에 대한 충성

심은 그대로여서 썰매를 끌려고 안간힘을 썼다. 마음만 먹으면 내 식량을 먹어치울 기회가 얼마든지 있었는데도 그저 배를 곯을 따름이었다.

내가 개에게 얼마나 기대고 있었는지 새삼 깨달았다. 개가 없이는 암흑 속에서 백곰이 출몰하는 이곳을 지나가지도 못했을 것이고, 애당초 여행을 나서지도 못했을 것이다.

극지 여행에서 개가 맡는 여러 역할 때문에 동행을 선택했지만, 마음 한구석에는 인간과 개의 관계, 그 끝이 무엇일지 한번 보고 싶은 생각도 있었다. 인류가 개와 맺었던 고대의 원초적 관계를 재현해보는 시도랄까.

늑대가 개로 진화한 과정에 대한 정설은 없는 듯하지만, 최근의 연구에 따르면 후기 구석기시대에 인간과 협동을 꾀하는 늑대개가 출현했다. 고대 유라시아 대륙에는 네안데르탈인, 동굴곰, 동굴하이에나 같은 강력한 포식자 집단이 존재했고 서로 생존 경쟁이 심했다. 이런 환경에서 늑대의 일부가 자발적으로 인간에게 접근했다. 인간의 사냥을 돕는 대신 안전을 보장받는 편이 생존에 유리하다고 판단한 것이다. 한편 인간도 경쟁자 중 하나였던 늑대를 길들여 활용하면 사냥이 훨씬 수월해진다는 것을 깨닫고 늑대를 가축화했다. 두 생물종은 동지가 되었고, 다른 경쟁자들을 제치고 후기 구석기시대의 거친 벌판에서 승자가 되었다.

나는 인간과 늑대 또는 개 사이에 과연 어떤 관계가 형성되었을까 상상해봤다. 동지라는 말로는 다 담아낼 수 없는, 더 심오한, 서로의 생명을 맡기는 관계에서나 가능한 일종의 영적 결합이 있지 않았을까. 생물학적 범주를 뛰어넘어서 말이다.

이런 상상 끝에, 극야에 오직 한 마리 개와 일대일로 서로의 운명을 맡기고 긴 여행을 한다면, 어쩌면 자연 상태의 인간과 늑대개 사이의 교감과 결속을 경험할 수 있지 않을까 생각했다.

실제로 여행이 진행될수록 나는 개에게 의존했다. 예상보다 더 많이 기댔다. 어둠 속에서 제 기능을 상실한 내 지각 능력의 태반을 개의 신경에 의존했고, 썰매를 끄는 개의 힘에 의지했다. 하지만 무엇보다 극야 속 고립감을 달래주는 정신적 동료로서 의존했다. 개 없이 혼자 이 긴 어둠의 세계를 여행할 수 있겠느냐고 묻는다면, 대답은 하나다. 할 수 없다. 그것은 불가능하다. 개는 존재만으로 위안이 되었다. 여행 내내 나는 어디 아픈 데는 없는지, 발바닥의 상처는 다 나았는지 늘 개의 몸 상태를 염려했다. 하루도 빠짐없이 개의 똥을 유심히 살피며 건강 상태를 확인했고, 상처가 난 곳에 수시로 연고를 발라주었다. 썰매를 제대로 끌지 않을 때는 소리를 지르고 때리기도 했지만, 나 말고 내가 걱정해야 하는 타자가 있다는 것만으로도 내 지독한 고독감은 치유되었다. 개가 눈을 밟으며 걷는 소리를 텐트 안에서 듣고 있으면 혼자가 아니라는 생각에 마음이 편안해졌다. 개가 죽으면 그 고기를 먹고 내가 살아남을 수 있다고 곱씹으면서 죽음의 불안에서 빠져나올 수 있었다.

죽은 개를 먹고 살아남는 가능성을 포함한 상호 관계는 현대인의 상식을 벗어나는 것이리라. 하지만 내가 이 개와 단둘이 여행하며 발견하고자 했던 인간과 개의 원시적 결합 관계란 이런 형태였는지도 모른다.

예전부터 나는 시오라팔루크에 올 때마다 이누이트와 개의 관계는 좀 다르다고 생각했다. 굳이 말하자면 구석기시대 인간과 개의 상호 의존성이 깃들어 있다는 느낌이었다. 그 미묘한 이질감을 서로에게 운명을 내맡긴 여행을 통해 풀어볼 수 있을 것 같았다.

이곳 북극에서 인간과 개 사이에는 기만이 전혀 존재하지 않았다. 아마 그 때문에 내가 원시성을 느꼈던 것 같다.

현대 사회에서 개는 인간의 기만으로 길러지는 존재가 되었다. 겉으로는 오직 사랑만 받으며 귀여움을 독차지하는 것처럼 보이지만, 보이지 않는 곳에서 수많은 개가 안락사당하고 있다. 개를 사랑한다는 지극히 일방적인 욕망을 앞세워 무의미한 품종 개량이 성행하고, 기형 견종이 양산된다. 순수하게 사랑으로 대하는 때조차 인간은 개를 인간의 기준에서 취급한다. 이것이 기만이 아니면 무엇일까.

하지만 시오라팔루크 사람과 개 사이에는 기만이 없다. 그들은 순종하지 않는 개를 죄책감 없이 데리고, 노쇠하고 힘이 없는 개는 교살한다. 잔인하다고 손가락질하겠지만 적어도 우리처럼 개를 대할 때 자의적이거나 사탕발림을 하지는 않는다. 그들은 그저 이 눈과 얼음의 사막에서 살아남기 위해 개를 선택하는 것이다. 혹독한 자연 환경은 인간과 개 사이에 기만이 생길 틈을 주지 않았다. 살아남으려면 인간은 개가 필요하고 개 또한 인간이 필요하다. 살기 위해 개를 살리기도 죽이기도 하는데, 이누이트는 스스로가 그런 죄 많은 존재임을 인정한다. 생존이 최상위 덕목이고, 인간조차 야생의 규칙을 따라야 하므로 기만이 비집고 들어올 수 없는 것이다. 그들은 적당히 가면을 쓰지 않는다.

아마 인간과 개가 공존을 시작한 원시 시대에도 이처럼 노골적인 생과 사의 원칙에 따라 관계가 만들어졌을 것이다. 예기치못한 상황을 만나 개의 고기를 기다리는 처지가 된 나 또한 그런 원칙의 틀 안에 들어온 셈이었다.

"너는 내 동지다. 하지만 만약의 사태 땐 널 먹을 것이다."

서로를 기만하지 않고 오로지 본능을 따르는 노골적인 관계 맺음이야 말로 인간과 개가 나누었던 원시의 밀약이지 않았을까.

그러니까 결국 우야미릭크가 내 본성을 깨운 것인가. 현대인의 윤리 의식에 걸맞은 그럴싸한 표정과 태도로, 개는 동료이며 개를 먹는 것은 상상할 수 없다고 공언해온 나지만, 지금은 어쩔 수 없는 때가 오면 먹을 수밖에 없다는 마음으로 개를 대했다. 극한의 상황에서 내 안의 어떤 본성이 드러났고, 개는 그것을 끄집어내는 데 일조했다. 내게 우야미릭크는 그런 의미에서의 동지였다.

다음 날도 눈, 그다음 날도 눈이었다. 내리는 눈에 헤드램프의 불빛이 반사되어 시야가 더 나빴다. 나도 모르게 연질의 눈 지대로 들어가 또 쓸데없이 체력을 낭비했다. 벌써 1월 24일인데 아직도 극야의 깊은 어둠 속에서 신음하며 허덕이고 있었다. 간신히 이누아피슈아크 바로 앞 만에 도착했지만 보이는 것이 없어 위치를 알 수 없었다. 아는 것이라곤 백곰 발자국이 끊이지 않는다는 것뿐이었다. 어제 종일 눈이 내렸으니 발자국은 분명 어제 아니면 오늘의 흔적일 것이다. 어쩌면 주변에 있다고 생각하니 정신이 번쩍 들었다.

정오가 지나고 구름이 조금씩 걷혔다. 남쪽 하늘이 점점 밝아지면서 내 위치를 가늠할 수 있었다. 영국 탐험대 저장소가 있던 자리에 남기고 간 연료를 회수하러 만의 안쪽으로 향했다. 근처에 도착해서 우선 두고 간 예비 썰매와 연료를 챙겼다. 그리고 텐트 칠 자리를 봐두고 처참하게 부서진 저장소 현장을 다시 찾았다.

2주일 만에 보는 저장소 풍경은 내 기억과 달랐다.

내가 파헤친 돌덩이들로 어지러울 줄 알았는데, 다시 보니 아무래도 내가 손대지 않고 고스란히 놔둔 부분이 남아 있었다. 어쩌면 가솔린이 좀 남았을 것 같아서 멀쩡한 부분의 돌들을 치우기 시작했다.

검은 비닐봉지에 든 가솔린 용기 두 개를 찾았다. 10리터였다. 연료는 그렇게 절실하지 않았지만 일단 챙겼다. 혹시 몰라 더 파헤쳤더니 검은 비닐봉지가 또 있었다. 더 있어? 얼마나 있는 거야? 의아하게 생각하며 비닐에 손을 댔는데, 어라, 감촉이 좀 달랐다. 응? 뭐지? 가솔린 용기는 플라스틱이어서 이렇게 우둘우둘하지 않았다. 설마… 솟구치는 기대를 억누르며 단숨에 돌더미를 파헤쳤다. 비죽 모습을 드러낸 봉지는 역시 부드럽고… 검은 테이프로 봉해져 있었다. 말도 안 돼, 이거, 정말일까? 저절로 호흡이 가빠졌다. 마침내 봉지를 통째로 꺼냈다. 사각의 커다란 봉지. 좌우로 움직이니 와르르르 소리가 났다. 확실하다.

"우오오오오오오오옷! 우왓! 우오오오오옷!"

나는 베수비오 화산처럼 기쁨을 폭발시키며 두 주먹을 꽉 쥐고 환성을 질렀다. 아마 전 우주에 퍼졌을 것이다.

"이제 됐어! 우야미릭크! 사료야!"

달려가 개를 얼싸안았다.

"됐어, 됐어, 너 이제 죽지 않아도 돼. 오오오!"

미친 듯이 날뛰며 소리를 질렀다. 신이 나서 덩실덩실 춤도 췄다. 흥분으로 들떠서 개에게 얼굴을 비벼대는데 눈시울이 뜨거워졌다. 내 힘으로 사냥에 성공해서 얻은 결과는 아니었지만 그딴 게 무슨 소용일까. 개가 죽지 않아도 된다는 것은 내가 개의 고기를 얻을 가능성이 사라진다는 뜻이니 마을로 갈 때까지 내 식량이 부족해지겠지만 상관없었다. 내가 굶을지 모른다는 위기 감보다 개를 죽이지 않아도 된다는 사실에 나는 스스로 놀랄 만큼 크나큰 희열을 느꼈다. 이 개를, 내 개를 죽이지 않아도 된다. 그 안도감이 나를 휘감았다.

물론 개는 잔뜩 흥분한 나를 보면서 시종일관 무반응이었다. 맥 빠진 얼굴로 멍하니 바라볼 뿐이었다.

"자, 먹어. 먹어."

나는 망설이지 않고 개 사료를 뿌렸다. 원래 가지고 있던 조금 남은 개 사료를 탈탈 털고 새로 찾은 봉지를 뜯어서 2킬로그램을 덜어 주었다. 전부 3킬로그램은 족히 됐을 것이다. 사료를 보자 이번에는 개가 좋아서 난리였다. 산소를 과하게 흡입했는지 개는 꼭 돼지처럼 콧소리를 내며 그 많던 사료를 순식간에 먹어치웠다. 그리고 다 이루었다는 얼굴로 멋들어지게 트림을 했다.

영국 탐험대가 저장한 사료는 20킬로그램짜리 네 봉지였으니 혹시 더 있지 않을까 싶어 발굴 작업에 재착수했다. 하지만 이것뿐이었다. 백곰이 세 봉지를 싹 먹어치우고 이 하나를 알아차리지 못하고 지나쳤던 모양이다.

기적은 바로 이런 것이라고 생각했다.

냉정하게 따지면 2주일 전에 못 보고 놓친 것이지만, 절묘한 타이밍에 사료를 발견한 것이 뭔가 운명처럼 느껴졌다. 만일 제때

이 사료를 찾아서 회수했다면 나는 그토록 필사적으로 사냥감을 찾아 헤매지 않았을 것이다. 달라스 만 내륙의 그 깊은 어둠을 돌아다니지도 않았을 것이다. 이렇게 극야의 어둠을 응시하는 경험은 못 했을 것이 분명하다. 이 모든 것이 극야의 뜻이 아니었을까. 백곰이 저장소를 파괴하도록 시켰으면서 몰래 사료 한 봉지는 남겨두었고 내게 들키지 않게 어둠으로 가렸다. 그렇게 내가 진정한 극야를 탐험하도록 유인한 것이다. 내가 사냥에 실패하도록 만들어 절망의 어둠에 몰아넣고 극야의 본성을 접하게 하더니 개 사료가 여기에 있었다며 알려주었다. 실화라고는 생각할 수 없는 이 전개, 단독 탐험이라 누가 검증할 수도 없으니 적당히 소설을 쓴 것 아니냐는 100자평이 달려도 어쩔 수 없는 이 기막힌 전개는 모두 극야의 의도였지 않을까.

　나는 하늘을 올려다보며 극야의 주인인 달에게 말했다.

　"좀 멋진데."

　하지만 유감스럽게도 달은 없었다.

나만이 아는 세계

개 사료는 여행의 국면을 바꿔놓았다. 당연히 제일 덕을 본 것은 개였다.

　다음 날은 하루 머물며 쉬기로 했는데, 아침에 내가 텐트에서 나왔을 때 개는 드러누워 미동도 하지 않았다. 없어서 못 먹던 내 똥에도 전혀 관심을 보이지 않았다. 마치 네 똥은 이제 똥만큼의 가치도 없다고 말하는 듯한 태도였다. 절실했던 똥을 비꼬는 저 여유. 개의 얼굴에서 비굴함이 싹 가셨다. 며칠이 지나자 건강을 되찾아 매일 밤마다 당당히 텐트 주변을 어슬렁거렸고, 불쾌한 소리를 내며 똥을 싸서 자고 있는 나를 짜증나게 했다.

　그날 이후 풍경도 크게 바뀌었다. 정오 무렵, 전날 설치한 토끼 덫을 확인하다가 지평선에서 희미한 빛이 퍼지는 광경을 목격했다.

실로 오랜만에 태양의 힘이 느껴졌다.

얼마 전 달라스 만 내륙에서 이번 여행 처음으로 태양의 존재를 인식했고 옅은 빛이나마 똑똑히 보았다. 하지만 몇 날 며칠 흐린 날이 계속되고 달이 없는 주기로 들어서면서 세계는 또다시 암흑 물질에 가려졌고 태양의 재래를 만끽할 기회가 없었다. 그런데 이날은 활짝 개어서 구름 한 점 없었다. 내가 몰랐다 뿐이지 하늘에서는 태양이 확실히 제 영향력을 넓혀가고 있었고 세계는 눈에 띄게 훤해지고 있었다.

이누아피슈아크 반도에서 바라본 남쪽 지평선은 삽시간에 오렌지 색으로 타올라 주위를 붉게 물들였다. 그 바로 아래에서 태양이 용광로처럼 맹렬하게 에너지를 발산하고 있을 터였다. 태양은 머지않아 더 널리 빛을 퍼트릴 것이다. 드디어 칠흑의 어둠이 벗겨지고 밤은 낮에 자리를 내줄 것이다. 물감이 흰 캔버스에 스미듯 하늘이 밝아지자 지금껏 어둠을 방랑하며 딱딱하게 굳어 있던 긴장감이 갑자기 풀리면서 흐물흐물 녹아내렸다.

하루가 다르게 빛이 퍼져나갔다.

나와 개는 영국 탐험대 저장소에서 출발해 이누아피슈아크 반도를 넘어 바다로 나왔다. 오전이 되자 벌써 태양이 빛을 내보내 시야가 트였다. 헤드램프는 필요 없었다. 발광하는 별을 가릴 만큼 밝았다. 낮에 보이는 별은 남쪽 하늘 지평선 위에서 반짝거리는 금성이 유일했다. 해안은 심한 난빙에 둘러싸여 있었지만 태양 빛이 있으니 어렵지 않게 쉬운 길을 찾아 해빙으로 내려설 수 있었다. 이렇게 간단히 길을 찾을 수 있다는 사실이 새삼스러웠다.

아운나르톡 방면으로 새로 형성된 평평한 얼음을 걸으며 오른쪽을 보니 이누아피슈아크 반도 끝에 있는 조그만 언덕빼기가 선명하게 보였다. 아, 저거였어? 불과 17일 전, 아운나르톡에서 이누아피슈아크로 향할 때 날 혼란에 빠뜨렸던 그 거대한 북알스프가 저거였다고?

어둠의 미혹이 걷힌 언덕의 모습은 웅장하기는커녕 삐죽 돌출된 바윗덩어리에 불과했다. 실망스러울 정도로 초라했다. 허구와 현혹, 가짜 아름다움으로 가득 찬 달빛의 세계에서는 신기루가 진실이었고, 그래서 이 언덕이 북알프스 같은 위용을 자랑하며 날 압도할 수 있었던 것이다. 하지만 지평선 아래에서 살짝 새어 나오는 태양 빛에 자신의 왜소함을 들키고 만 것이다.

저기에 속았다니. 나는 적잖이 충격받았다.

언덕의 실체를 두 눈으로 확인하자 극야가 끝나려 한다는 것이 느껴졌다. 아니 끝났다. 태양은 아직 뜨지 않았으니 실제로 극야가 걷히려면 한 달 남짓을 더 기다려야 했다. 하지만 24시간 동안 어둠의 밑바닥을 기면서 여행한 내게, 한낮에 짧은 시간 동안이나마 시원하게 시야가 열렸다는 것은 어둠의 고통에서 해방됐다는 것을 의미했다.

낮 동안 훤한 시간이 예상보다 길었다. 달라스 만 내륙에서 처음 태양 빛을 봤을 때 고작 한 시간 만에 어두워졌던 터라 서너 시간이나 밝으면 다행이라고 생각했다. 그런데 오후 3시, 4시까지 밝았다. 5시가 되자 약간 어두워지면서 눈앞에 베가와 데네브가 반짝였다. 하늘은 이미 해질 녘처럼 붉어졌지만 그럭저럭 헤드램프 없이 이동할 수 있었다. 극지방처럼 고위도에서는 태양의 궤도가 밋밋하다. 가장 높은 남중과 가장 낮은 북중의 고도 차가 작아서 태양이 데굴데굴 구르듯 수평으로 이동하기 때문에 태양이 지평선에 가까워지면 밝은 시간은 순식간에 길어진다.

그 후로는 날마다 점점 밝아지는 것을 피부로 느끼며 여행을 계속했다. 아직 본체를 드러내지도 않았는데 태양은 압도적인 힘을 과시하며 달이 군림하던 어둠의 영역으로 밀고 들어왔다. 달과 태양의 탈을 쓴 어둠과 빛의 두 거수(巨獸)가 하늘을 무대로 싸우는 것 같았다. 달의 모습을 한 극야라는 검은 거수가 횡포를 부리던 세상에 태양의 모습을 한 빛의 거수가 나타난 것이다. 서로 몸을 부딪자마자 완력이 우월한 빛의 거수가 검은 거수의 팔을 비틀고 목을 졸랐고, 어둠의 짐승은 단말마의 절규만을 남긴 채 엷은 안개가 되어 허공에 흩뿌려졌다. 태양 빛은 착실하게, 예정된 일이었다는 듯 극야를 처리하고 있었다.

나는 극야의 어둠이 제압당하고 쇠하는 모습을 바라볼 수밖에 없었다. 느닷없이 끝난 극야는 설명하기 힘든 감정을 불러

일으켰다.

한마디로 말하면 상실감이었다.

아, 끝났구나. 나의 극야는 끝났구나.

이 생각을 하고 또 하며 나는 아운나르톡으로 가는 길 위를 걸었다.

극야의 밑바닥을 배회하는 동안 나는 착시와 착각의 환란에 신경이 곤두서서 어서 태양이 돌아오길 간절히 바랐다. 그런데 막상 어둠의 힘이 사그라들자 내 마음은 오묘한 적막감으로 묵직해졌다. 극야의 어둠이 가한 압박은 엄청났고 두 번 다시 발을 들이고 싶지 않았다. 달을 원망했고 저주했다. 하지만 한편으로는 달라스 만 내륙의 오지로 들어갔을 때 오직 나만 아는 세계가 생겼다는 사실에 뿌듯했다.

끝 모를 암흑의 심연. 인간이 살기엔 부적당한 곳. 생명의 소리가 들리지 않는 죽음의 고요.

극야의 세계는 지구 뒤편에 남은 금단의 영역이었다. 호사북방오리만이 알던 세계였다. 돌아가고 싶지도, 돌아가서도 안 될 땅이었다. 하지만 그래서 나 혼자만의 세계였다. 잠입에 성공해 내가 쌓아 올린 세계였다. 그것이 없어져간다. 내 세계가 죽어간다. 다음 여행을 기약할 일은 결코 없을 테고, 다시 온다 한들 의미가 없다. 이미 한번 열어젖힌 세계가 아닌가. 두 번째 여행은 이번처럼 신선하지 않을 것이다. 경악하고 치를 떤 극야의 어둠이었지만 여하간 단 한 번뿐인 접촉이 될 것이었다. 나는 이번 여행에서 극야 세계를 얻었고 동시에 영구히 잃었다. 번지는 태양 빛에 검은 밤이 허물어지고 나면 다시는 그 어두운 세계로 돌아갈 수 없다.

　　복잡한 감정을 텐트 안에서 노트에 끼적였지만 문장은 뭔지 모르게 피상적이었다. 어둠 속에서 느낀 괴로움과 고민 그리고 문장 사이에 괴리가 있었다. 세계가 밝아진 탓에 어두운 세계의 기억이 몸에서 술술 빠져나가고 있었다. 앞으로 더 밝아지면 내 마음도 밝아지겠지. 그러면 그 어쩌지 못할 힘에 사로잡혔던 긴장감은 눈 녹듯 사라지고 기억도 더 빠르게 증발할 것이다. 그리고 극야의 경험은 결국 이 노트 위에 허술한 단어들로만 남을 것이다. 그것은 슬픈 일이었다.

＊

아운나르톡 오두막에 도착한 것은 1월 30일이었다.

　　오두막으로 오는 사이에 세상이 더 환해졌다. 전날에는 정착빙 부근의 난빙대를 돌아다니다 여우를 잡았다. 컴컴한 데서 빛나는 점 네 개만을 쫓던 때와는 달리 시야가 확보되니 조준이 어렵지 않았다. 30미터 거리에서 쐈는데 쉽게 적중했다. 여우는 토끼와 달리 살이 두껍다. 무게가 6-7킬로그램은 나가서 부족했던 내 식량을 얼마간 보충할 수 있었다. 여우 고기는 맛이랄 게 없었고 냄새도 없었다. 씹는 식감만 고기 같았달까. 그래도 며칠 지나니 숙성이 됐는지 맛이 살아나는 듯했다. 그날부터 며칠은 매일 여우 고기를 먹으며 지냈다.

이누아피슈아크를 출발할 때는 큰 사냥감을 잡으면 북극해로 가는 여정을 재개할 수 있다고 생각했다. 하지만 극야의 소멸을 목격하고 아운나르톡 오두막에 도착할 즈음엔 그런 생각이 아예 들지 않았다. 극야는 죽어가고 있었다. 즉, 내가 탐험하고 싶었던 세계는 소멸했다. 게다가 여기까지 왔으니 큰 동물을 잡고 다시 북진하더라도 달라스 만의 북쪽까지 가는 것이 고작일 것이다. 불필요한 사냥을 해가며 극지를 돌아다니는 것은 큰 의미가 없을 것 같았다. 물론 극야의 꽤 깊은 곳까지 들어갔다 왔다는 사실에 만족하고 있기도 했다. 요컨대 맥이 좀 빠진데다 식량도 빠듯했으므로 오두막에 도착했을 때 나는 마을로 돌아가기로 마음을 굳혔다.

돌아가는 길도 쉽지 않았다. 내가 있는 곳이 영하 40도의 맹추위가 계속되는 북위 78도의 최북단이라는 사실은 변함없었다. 마을로 돌아가려면 2월의 내륙 빙상을 넘어야 하는 난코스가 기다리고 있었다. 이렇게 밝은데 좀 낫겠지 싶은 낙관이 슬금슬금 기어 나왔지만, 솔직히 만만치 않았다. 빙상에서 블리자드가 불면 일단 멈춰야 한다. 일주일 동안 텐트에 갇히는 경우가 흔했다.

해이해지는 마음을 다잡고 마을로 가는 길을 검토했다. 메이한 빙하의 입구를 찾기가 무척 까다로울 테니, 날이 완전히 밝아지는 2월 중순에 내려가는 편이 좋았다. 빙상에서 지체할 가능성도 배제할 수 없으니 전체적인 일정에 여유를 둘 필요가 있었다. 짐이 한결 가벼워져서 올 때만큼 시간을 잡아먹진 않겠지만, 그래도 오두막에서 빙상까지 나흘, 빙상을 지나는 데 나흘, 빙하를 내려가서 마을까지 가는 데 이틀은 걸릴 것이다. 이런저런 위험 요소를 고려해 예비일을 넉넉히 넣는다면, 오두막에서 마을까지 최소 2주일은 잡아야 했다.

나는 우선 오두막에서 5일 정도 지내면서 태양을 기다린 후 2주일 치 식량과 연료를 싣고 2월 5일에 출발한다는 계획을 세웠다. 식량이 관건이었다. 가지고 있는 식량은 알파화미 1.4킬로그램, 인스턴트 라면 1킬로그램, 행동식 5킬로그램, 베이컨 2.8킬로그램, 지방질 1킬로그램, 으깬 감자 500그램이었다. 이건 전부 출발 후 2주일 치 식량으로 떼어놓고, 오두막에서 지내는 동안은 전날 잡은 여우 고기를 먹기로 했다. 오두막을 한 번 더 뒤져보았다. 덴마크 순찰 부대가 남긴 것으로 추정되는 건빵 500그램, 친구인 오기타 야스나가 군이 봄에 캐나다에 도보 여행을 왔을 때 남긴 듯한 파스타와 알파화미(나중에 물어보니 이것들은 눈 밑에 파묻힌 내 물자였던 것 같다), 그리고 개수대 아래에 오두막

비품으로 상비된 오트밀이 있었다. 그것들을 조금씩 빌려 오두막에서 먹을 식량으로 삼았다.

토끼 한두 마리는 잡을 수 있을 테니, 이 식량들로 버티면서 최대한 덜 움직여 체력을 아끼기로 했다.

태양을 기다리는 동안은 할 일이 없어 한가했다. 그렇잖아도 환해져서 풀어진 마음이 체력을 회복한답시고 빈둥거리고 있자니 더 풀어졌다. 매일 오후에는 토끼 사냥을 나갔다. 예전에는 오두막 주변을 무리지어 다녀서 창가에서 쏴도 잡혔는데 이번엔 한 마리도 보이지 않았다. 발자국에 눈이 다져져 길이 날 정도건만 희한했다. 오두막에서 10분 거리에 있는 골짜기까지 갔지만 허사였다. 한참을 수색하다가 토끼를 알아볼 수 없을 어둠이 내려앉은 오후 4시쯤 오두막으로 돌아왔다. 빈둥대며 오두막에 돌아다니던 옛날 잡지를 광고면까지 샅샅이 읽었다. 딱 한 권 들고 간 문고본을 읽고 또 읽었고, 문득문득 떠오르는 상념을 글로 적기도 했다. 그리고 밤이 되어 일본이 아침을 맞는 시간이 되면 득달같이 위성전화의 전원을 켰다.

그즈음엔 전화로 가족의 목소리를 듣는 것이 가장 큰 즐거움이었다. 하루의 모든 시간이 그 순간을 위해 있다고 해도 과언이 아닐 만큼 몹시 기다려졌다.

GPS를 쓰면 안 된다, 모험은 바깥 세계로 나가는 것이라고 강변했던 주제에 위성전화는 괜찮단 말인가? 모순이라고 생각할 수 있다. 그렇다. 전적으로 옳은 지적이다.

예전의 나는 위성전화를 탐험 준비물에 넣는 것을 GPS보다 더 저어했다. 다른 사람들은 아무래도 상관없다고 여겼지만 내겐 본질적인 문제였다.

위성전화를 휴대한다는 것은 만일의 경우에 구조를 요청할 수 있다는 뜻이다. 여기에 GPS까지 있으면 완벽한 한 쌍이다. 인적미답의 황야에 이 같은 연락 장치를 가지고 들어가면 아무리 도시와 외떨어진 오지도 현대의 네트워크에 편입된다. 언제 어디서나 원할 때 이탈할 수 있다면 그곳은 더 이상 혼돈의 미지가 아니라 잘 관리된 스포츠 경기장이나 다름없다. 진정 자기만의 힘으로 생명을 유지하는 자유를 확보하려면 기술의 관리망을 최대한 벗어나야 한다는 것이 내 생각이었다.

게다가 탈시스템은 이번 극야 탐험의 핵심이었다. 태양이 매일 뜨는 보통의 시스템을 벗어나 태양이 종일 뜨지 않는 어둠의 극야로 들어가 그 미지를 탐구하는 것이 이번 탐험의 목표였으니 말이다. 그러니 여러 면에서 위성전화를 가지고 가지 않으려고 고집했다.

하지만 그럴 수 없게 되었다. 아이가 생겼으니까. 어린 딸아이와 아내를 남겨두고 극야라는 낯선 땅을 3개월이고 4개월이고 생사불명인 채로 돌아다닌다는 것은 아무리 나 같은 사람이라도 힘든 일이었다. 100년 전처럼 연락 수단이 없는 것도 아니고 버젓이 위성전화가 있지 않은가. 이것저것 다 무시하고 내 고집을 관철시킨다면 나는 가족과도 헤어져야 이치에 맞다. 하지만 그럴 수는 없지 않은가. 결국 나는 가족에게 살아 있다는 것을 알릴 때에만 쓰겠다는 핑계를 붙이고 위성전화를 들고 오고야 말았다. 탐험의 완결성을 떨어뜨리면서 말이다. 나는 이 문제를 짐짓 모른 척했다. 30대 초반에 위성전화를 휴대한 채 극지 탐험을 하는 것은 아무 의미가 없다고 글까지 썼는데, 그것도 무시했다. 인간 사회의 모든 시스템 중에서 벗어나기 가장 어려운 것은 태양도 GPS도 아니고 가족이라는 사실을 통감하는 순간이었다.

가족 시스템에 묶인 나는 오매불망 집으로 전화할 때만을 기다렸다. 마을을 떠나 한동안은 남은 배터리의 양이 불안해서 통화는 최대한 자제하고 며칠에 한 번 짧은 문자만 보내곤 했다. 하지만 극야가 끝나면서 탐험의 맥이 빠지고 나서부터는 그마저도 지키기 어려워 매일 전화를 해댔다. 전화벨이 울리고 "여보세요" 하고 아내가 전화를 받으면 극야의 긴박감은 사라지고 내 입에서는 평생 쓰지 않던 혀 짧은 소리가 나왔다.

"여보쩨요- 나아야-"

"어머, 왜 이래? 혀 짧은 소리를 다 내고."

"외로워. 여기는 엄청 캄캄해. 아직 해가 안 떴어."

"그래?"

"뭐 재미있는 일 없었어? 나, 뉴스가 고파. 여긴 20년도 더 된 잡지밖에 없어. 편의점도 없고 라면집도 없어. 너무 심해."

"뉴스? 특별히 없는데. 트럼프가 대통령이 됐다는 것 정도?"

"트럼프는 됐고. 우리 딸내미에 대한 얘기 없어?"

"아, 며칠 전에 어린이집 친구 생일 파티가 있어서 갔는데, 우리 애가 다른 애 등에 코딱지를 묻혔지 뭐야."

나는 웃음을 터트렸다. "엄청 웃기다. 그런 얘기를 듣고 싶었어. 당연히 코딱지는 쪼끄맸겠지?"

"아냐, 엄청 컸어."

매일 밤 이런 소소한 대화를 주고받는 사이에 탐험에 대한 진중한 마음가짐은 조금씩 떨어져 나갔다. 나는 허탈해졌다.

극야가 끝나간다는 허탈감에서 벗어나지 못한 채 나는 2월 7일 오두막을 나서 마을로 향하는 길에 올랐다. 5일에 출발할 계획이었는데 몸이 늘어져 선뜻 나서지 못했다. 그래서 이틀을 꾸물댔다. 꼬박 일주일 동안 오두막 안에 텐트를 치고 취사를 한 탓에 벽 안쪽 전체에 서리가 두껍게 껴 있었다. 출발 전 서리를 깨끗이 제거하고 청소하느라 두 시간을 보냈다.

일주일 내내 토끼는 결국 잡지 못했다. 이제 식량은 개의 몫까지 포함해 간신히 2주일 치밖에 남지 않았다. 토끼가 오두막 주변에 얼씬도 안 한 건 주변에 늑대가 많아져서인 듯싶었다.

이를 증명하듯 오두막을 나와 좀 이동하니 눈 위에 무수한 늑대 발자국이 있었다. 식량은 빠듯했고 몸은 천근만근이었다. 한 걸음 내디뎌 썰매를 끌라치면 2개월간 몸 구석구석에 쌓인 여독이 느껴졌다. 개는 살이 좀 붙은 줄 알았는데 아침에 몸을 만져보니 아직 비쩍 마른 그대로였다.

그래도 밝아진 만큼 불안하지 않았다. 지난 일주일 동안 더 밝아졌고 앞으로 일주일 뒤엔 마침내 태양이 뜰 것이다. 겨울철 빙상을 만만히 보면 큰코다친다고 스스로를 다잡았지만 점점 가까워지는 첫 일출을 앞두고 어쩔 수 없이 마음이 해이해졌다. 폭풍을 만날 위험은 솔직히 낮다고 생각했다. 2014년 2월과 3월, 이번 12월에 빙상을 지났을 때를 떠올려보면 바람 때문에 심각한 상황은 없었다. 나는 오랜만에 걷는 밝은 설원과 빙상을 자못 기다리기까지 했다. 소풍을 나서는 것처럼.

오두막을 나와 정착빙을 조금 지나서 두 개의 나란한 골짜기 중 안쪽의 작은 골짜기에 도착했다. 사방이 토끼 발자국에 늑대 발자국이었다. 당분간 급경사여서 스키를 벗고 체인 스파이크를 신고 썰매를 끌었다.

"야! 이제 밥도 잘 먹는데 열심히 끌어야지!"

가끔 큰 소리로 개를 독려하며 급사면을 올랐다. 한 시간쯤 오르니 경사가 완만해져 이동에 속도가 붙었다. 왼쪽으로는 오두막 뒤편에 언덕이 솟아 있었고, 먼바다에서는 회색 구름이 피어오르고 있었다. 완만한 경사를 올라가니 양쪽으로 능선이 이어지는 골짜기가 나타났고 설면은 바람을 맞아 단단했다. 부지런히 걸으면서 토끼가 없는지 두리번거렸지만 닮은 그림자조차 볼 수 없었다.

　여기서 좀 더 올라가면 골짜기가 왼쪽으로 살짝 구부러지면서 안부가 나오고, 거기에서 빙상으로 가는 커다란 본곡으로 이동하게 된다. 이날 오두막을 청소하면서 시간을 허비한 데다 오랜만의 이동이라 본곡으로 가기 전에 야영을 할 작정이었다. 오후 4시 반이 지나자 어두컴컴해지면서 시야가 나빠졌다. 안부의 끝에 접어들자 단단한 눈으로 덮인 평탄한 지형이 나타났다. 여기에 텐트를 칠까 하고 주위를 돌아보았다.

　순간 나는 내 눈을 의심했다.

　어? 개가 두 마리가 됐어?

　내가 안 보는 새에 개가 뿅 하고 분신을 했고 그 분신이 썰매 뒤에 바싹 붙어 썰매를 호위하는 중인가. 물론 그럴 리 없었다. 분신은 개가 아니라 늑대였다. 우야미릭크처럼 흰색 털이 무성한 큰 늑대가 꼼짝하지 않고 텅 빈 눈으로 나를 똑바로 쳐다보고 있었다.

　언제부터 쫓아왔는지 모르겠다. 늑대는 기척도 없이 나를 따라오고 있었던 것이다. 여차하면 내 목덜미로 달려들어 숨통을 끊을 수 있는 거리였다. 무서운 와중에 고기가 생기겠다는 계산이 섰다. 2주일 치 식량이 있었지만 하루 할당량이 빠듯해서 조금 불안하던 차였다. 고기가 생기면 그만큼 일정에 여유가 생기고, 일정에 여유가 생기면 죽을 위험이 줄어들었다.

나는 반사적으로 어깨에 메고 있던 총을 들고 한쪽 무릎을 꿇어 조준했다. 5-6미터 거리였으니 빗나갈 수가 없었다. 망설임은 없었다. 날 죽일 기회가 있었는데 죽이지 않은 늑대가 잘못이라고 생각했다.

총부리를 겨눴는데도 늑대는 가만히 있었다. 얼굴은 무표정했지만 그 안에 복잡한 감정이 숨어 있는 듯했다. 눈은 지독한 허무로 가득했다. 그래도 눈빛만은 나를 모조리 꿰뚫어 보는 듯 예리했다. 늑대의 행동에는 인간의 마음을 흔드는 뭔가가 있다. 특히 눈이 그랬다. 이 동물에겐 인간과 별반 다르지 않은 고도의 지성이 깃들어 있어 보였다. 그런 늑대라면 내가 조준하는 순간 자신이 조준당한 걸 알지 않을까? 왜 달아나지 않지?

나는 방아쇠를 당겼다. 총을 쏜 순간 느낌이 왔다. 총알은 늑대에게 치명상을 주고 관통했다.

가늠구멍에서 눈을 떼고 늑대를 쳐다봤다. 늑대는 여전히 그 자리에 박힌 듯 서 있었다. 어, 빗나갔나? 고개를 갸웃하는데 늑대가 퍽 소리를 내며 쓰러졌다.

눈을 부릅뜨고 송곳니를 드러낸 채 늑대는 죽어 있었다. 무성한 흰색 털 뭉치에 어울리지 않게 홀쭉하고 긴 다리가 뻗어 나와 있었다. 얼굴은 내 개와 판박이였다. 죽은 얼굴을 보자 지혜

롭고 고귀한 생명을 죽였다는 죄책감이 일었다. 물론 어두워지기 전에 늑대를 해체해야 한다는 급한 마음에 감상에 젖어 있을 여유가 없었지만.

평소라면 법석을 떨며 짖었을 개가 조용했다. 갑자기 출현한 다른 개가 내게 죽임을 당하는 장면이 당황스럽다는 듯 바라볼 뿐이었다. 그러고 보니 늑대가 바로 옆까지 왔는데도 개는 경계하지 않았다.

개의 반응에 약간 불가사의를 느끼며 나는 곧바로 해체에 들어갔다. 목덜미에 칼을 넣었을 때 갑자기 골짜기 아래에서 다른 늑대가 우는 소리가 들려왔다. 내가 사살한 늑대가 암컷이었으니 아마 그 짝인 수컷이 이변을 느끼고 우는 것이리라.

우워엉– 하는 울음이 골짜기에 연달아 메아리쳤다. 날 위협하는 걸까? 죽은 늑대를 부르나? 아니면 반려의 죽음을 알아차리고 슬퍼하는 걸까? 어쩌면 이 두 마리는 얼마 전 초록빛으로 나타났던 그 두 마리가 아니었을까. 줄곧 우리 뒤를 따라오며 식량을 갈취할 기회를 엿보고 있었는지도 모른다. 늑대의 울부짖음은 그치지 않았다. 이미 주위가 어스름한 어둠 속에 잠겨서 모습은 전혀 보이지 않았다. 그저 우는 소리만이 어둠을 타고 퍼졌다. 그 소리가 내 가슴을 무겁게 짓눌렀다.

복수하러 오면 어쩌지?

겁이 난 나는 고기를 해체하던 손을 멈추고 소리가 들리는 쪽으로 총구를 겨누었다.

"시끄러워! 저리 꺼져!"

나는 괜스레 소리 지르며 어둠을 향해 총을 두 발 쏘았다. 총소리가 나고 울음은 그쳤다. 다시 고요해진 어두운 골짜기에서 나는 늑대 해체를 서둘렀다.

피를 보자 개가 흥분해서 낑낑대며 울었다.

이 늑대 고기가 마지막에 나를 궁지에서 구했다.

연장전

땅거미가 내려앉는 동안 나는 늑대 고기 해체를 계속했다.

늑대는 백곰이나 사향소만큼은 아니지만 여우나 토끼보다는 커서 암컷도 체중이 40킬로그램은 넘었다. 듬성듬성 해체해도 고기와 내장 10킬로그램 이상은 쉽게 얻을 수 있었다. 나와 개의 일주일 식량이었다. 만에 하나 빙상에서 블리자드에 발이 묶여도 일주일은 끄덕 없이 버틸 양이었다.

흥분한 개가 썰매를 당기며, 히잉히잉 처량한 소리로 울었다. 개는 여전히 앙상했다. 고기를 좀 먹이려고 먼저 앞다리를 잘라 휙 던져 주었다. 개는 의심스러운 표정으로 콧등을 대고 킁킁 냄새를 맡더니 처음 보는 고기를 경계하는 듯 조금씩 뜯어 먹기 시작했다.

다시 가죽 벗기는 작업에 몰두하다가 문득 개 쪽을 보니, 개가 고기를 먹다 말고 나를 빤히 쳐다보고 있었다.

"왜 그래? 왜 안 먹어? 내장 줄까?"

나는 내장을 끊어서 던져주었다. 그런데 개는 또 냄새만 맡고 입을 대지 않았다.

싸한 느낌이 왔다. 혹시 동족을 먹는다고 생각해서 못 먹나?

개와 늑대는 교배가 가능한 동족이다. 특히 시오라팔루크의 썰매개는 늑대의 흔적이 강하게 느껴진다. 게다가 우야미릭크는 유달리 늑대를 닮았다. 촬영팀 감독은 보자마자 "「원령공주」에 나오는 늑대 같네요"라며 오싹오싹해하지 않았던가.

개도 개 나름이어서 동족의 고기를 먹는 놈도 있다. 개체마다 차이가 큰데, 내 개는 심성이 따뜻하고 붙임성 좋은 평화주의라서 그런지 늑대 고기를 먹기가 영 내키지 않는 듯했다. 지난 여행에서 늑대 사체를 발견했을 때도 냄새만 맡고 물러났다. 이번에 암컷 늑대가 다가왔을 때도 '오, 친구가 찾아왔네. 근사한 암캐잖아? 좋았어. 오랜만에 섹스라도 해볼까?' 하는 생각에 짖지 않았을지 모른다. 그런 상대가 별안간 총에 맞아 즉사했으니 얼마나 놀랐겠는가. 고기가 목구멍에 넘어가지 않을 만했다.

그렇지만 늑대 고기를 안 먹는 것은 늑대에 대한 실례다. 나는 해체 작업을 하면서 이 고기는 내장까지 싹싹 먹으리라 결심했다. 딱히 속죄의 마음은 아니었고 남기기가 아까웠다. 엄동기의 빙상은 예측하기 어려운 곳이니 먹을 수 있는 것은 모조리 챙겨야 했다.

나는 고기와 내장을 다시 개 앞에 던졌다.

"자, 어서 먹어!"

야단치듯 말하자 개는 깨작거리며 먹었다. 사료를 아낄 절호의 기회여서 개에게 고기와 내장 5킬로그램을 수북이 놓아주고 텐트로 들어왔다.

물론 내 저녁 식사도 늑대 고기였다. 기생충이 염려되어 얇게 썰어 냄비에 충분히 볶은 뒤 소금을 뿌려 먹었다. 여우 고기와는 차원이 다른 맛이었다. 씹을 때마다 감칠맛이 배어나왔다. 특히 등과 목덜미 같은 부드러운 부위는 지금까지 먹어본 고기 중에서 최고였다. 쇠고기처럼 진한 풍미가 입속 가득 퍼졌다. 시오라팔루크 마을 사람들은 늑대가 늘어나면 사향소와 순록이 줄어든다고 불평하지만, 그렇다면 차라리 늑대를 사냥하라고 권하고 싶을 만큼 맛있었다. 사향소나 순록처럼 좋은 것만 잡아먹어서 감칠맛이 속속 배어든 것 같았다.

이튿날 아침, 밖으로 나오니 개는 어제 준 고기의 절반을 먹어치운 상태였다. 배가 불렀는지 썰매를 잘 끌었다. 빙상으로 가는 큰 본곡에 들어선 후 나와 개는 오로지 남쪽으로 걸었다.

골짜기 중간에 텐트를 친 그날, 늦은 밤에 늑대들이 떼로 울부짖는 소리가 하류 쪽에서 들려왔다. 한두 마리가 아니었다. 열 마리? 열다섯 마리? 그것들은 골짜기 양쪽에서 워엉, 워엉 애절하게 울며 서로를 부르고 있었다.

본곡 전체에 늑대 발자국이 즐비하긴 했었다. 이렇게 많은 건 처음 봤다. 그에 반해 토끼는 자취를 감추고 없었다. 늑대에게 밀려났을 가능성이 있었다. 예상보다 빨리 수를 늘린 늑대들이 큰 무리를 지어 설치고 다니는지도 모른다.

워엉, 워엉.

울음의 메아리가 그치지 않았다. 지근거리에서 나는 육식동물의 위협적인 소리를 듣고 있자니 기분이 좋지 않았다. 어제 내가 죽인 암늑대의 동료들일까. 홀로 아니면 쌍으로 움직이는 늑대는 인간을 공격하지 않는다고 알려져 있지만 큰 무리는 어떨까? 어제 늑대 한 마리를 쏴 죽인 인간을 그냥 지나칠까?

나는 침낭에서 기어 나와 입구에 둔 총을 만지작거렸다. 총알은 네 발이 장전돼 있었고, 안전장치는 풀려 있었다. 늑대 울음이 오래도록 귓전을 맴돌았다. 늑대를 걱정하는 사이에 꾸벅꾸벅 졸기 시작했다. 정신을 차렸을 땐 아침이었다.

골짜기를 거슬러 올라가니 고생고생하며 지났던 툰트라 중앙고지가 나왔다. 그곳에서 조금 내려와서 평활한 설면을 걸어 빙상으로 향했다.

어찌 된 영문인지 늑대는 툰트라 내륙까지는 영역을 넓히지 않은 모양이었다. 발자국은 골짜기 중간에서 뚝 끊겼다. 동시에 중앙고지 바로 앞부터 토끼가 지천에 보였다. 불어나는 늑대에게 쫓겨 이곳으로 들어왔을 것이다.

중앙고지로 가는 막다른 골짜기의 원두에서 토끼 무리를 목격했다. 본 김에 한 마리만 잡기로 했다. 잡은 후 곧바로 손질해서 간과 등심, 다리살은 봉지에 넣고 내장과 머리를 포함한 나머지는 그 자리에서 개에게 주었다. 깨지락거리던 늑대 고기와 달리 개는 콧김을 내뿜으며 달려들어 먹어치웠다. 얼마 안 가서 또 토끼 무리와 마주쳤다. 비상사태에 대비해 한 마리를 더 잡았고 개에게 내장과 머리를 먹였다. 끝이 없었다. 토끼 천국이었다. 저기 다섯 마리, 여기 열 마리, 셀 수 없이 많은 토끼가 가는 곳마다 돌아다녔다. 내가 다가가도 세상모르고 자는 놈도 있었다. 맨손으로 잡을 수도 있을 것 같았다. 개는 간만의 포식에 배가 빵빵하게 부풀어 있었다. 쉴 때마다 사지를 뻗고 누워서 더 못 움직이겠다는 듯 얼굴을 찡그렸다.

다음 날은 사향소 무리를 만났다. 더없이 또렷하게 보였다. 선명하게 검은 대여섯 마리의 사향소가 500미터 앞에서 흰 설원을 천천히 가로지르고 있었다. 어둠과 구분되지 않는 사향소를 잡겠노라 힘들게 극야를 헤맸던 날들이 먼 과거처럼 느껴졌다. 한 마리 잡아서 다시 북쪽으로 향하면 어디까지 갈 수 있을까…? 잠깐 생각했지만 실행할 마음은 없었다. 무리 쪽으로 조심스럽게 다가가 카메라에 모습을 담고 썰매로 돌아왔다.

빙상이 보이기 시작한 것은 2월 12일이었다. 오두막을 출발한 이래 날씨는 짙은 안개와 눈으로 계속 좋지 않았다. 시야가 흐려서 정체한 날도 있었다. 2월치고는 이상하게 기온이 높아서 영하 15도에서 영하 20도를 오가더니, 이날은 아침부터 추워져 영하 32도까지 기온이 내려갔다. 기온이 낮아지니 안개가 걷혀 시야가 넓어졌다. 설면 너머로 빙상이 우리를 내려다보듯 솟아 있는 것이 보였다. 빙상은 거대하고, 잿빛이고, 음울하고, 뻔뻔스럽게 거만해서 뭔가 각오를 하게 만드는 위압감이 있었다.

하지만 빛이 비치자 빙상의 위압감은 누그러들었다. 빙상의 남쪽 한구석이 아침 해인지 저녁 해인지 모를, 아직 끝나지 않은 극야의 지평선 아래에 몸을 숨긴 태양에서 뻗어 나오는 빛을 받아 눈부신 주홍으로 물들었다. 빛이 점점 확산되고 있었다. 여차하면 하늘에서 흰 수염을 늘어뜨린 신이 빛에 싸여 강림할 것만 같았다. 바로 저기에 태양이 있었다. 작열하는 거대한 광구(光球)가 저 빛 아래에 있었다. 알고 싶지 않아도 알 수 있었다. 태양은 내일 당장 떠오를 기세였다. 아니, 10분 후에 뜰 것 같았다. 그만큼 빙상의 빛이 눈부셨다. 이윽고 주홍빛이 퍼지면서 빙상 전체를 활활 태웠다. 설원에서 여름처럼 아지랑이가 피어올랐다. 20일 전 암흑을 생각하면 정말 믿기 힘든 광경이었다.

빙상에 올랐을 때, 그러니까 어쩌면 내일이나 모레쯤 태양이 뜨는 게 아닐까? 시오라팔루크에서는 태양이 2월 17일 즈음 뜬

다지만 빙상은 고도가 있고 탁 트여 있으니 며칠쯤 더 이르게 태양을 볼 수 있을 것 같았다.

　만일 내일 태양을 보게 되면 어떻게 감동하면 좋을까. 어쨌든 벌써 3개월째 태양을 못 봤으니 마음의 준비가 필요했다.

　오후가 되자 태양 빛은 사라지고 거만한 빙상은 다시 잿빛으로 식었다. 개 사료가 계산했던 것보다 줄어 있어서 기분 전환 겸 토끼 한 마리를 사냥하고 이동을 마쳤다.

＊

다음 날인 2월 13일부터 마지막 관문인 빙상 종단에 들어갔다.

　돌아오는 길 내내 날씨가 안 좋았다. 기상이 불안정했다.

　간밤에는 바람이 없다가 아침을 먹는데 갑자기 바람이 불더니 며칠 전에 내린 눈으로 심한 눈보라로 변했다. 지금까지의 경험으로 볼 때 빙상에서 강풍이 불기 시작하면 반드시 하루 이상 지속되었다. 오늘은 틀렸다고 판단한 나는 하루를 여기서 머물기로 하고, 아침 식사 후 침낭 안으로 들어갔다. 잠이 막 들려고 하는데 갑자기 바람이 뚝 그쳤다.

　여태껏 텐트가 심하게 펄럭거리며 흔들리다가 거짓말처럼 정적에 휩싸였다.

　뭐지, 이건…?

　급격한 기상 변화에 나는 당황했다. 꼬박 하루는 계속되리라 각오했던 바람이 한 시간 반 만에 그쳐버린 것이다. 시계를 보니 11시, 아직 시간은 충분했다. 하는 수 없이 서둘러 난로에 불을 붙이고 언 모피신을 녹이고 양말을 따뜻하게 덥히고 출발 준비를 마쳤다.

　아운나르톡 쪽에서 빙상을 넘으려면 우선은 급경사의 설면을 올라야 한다. 올 때 어둠 속에서 봉지를 떨어뜨려 얼떨결에 달려갔던 그곳이다. 이 급사면을 30분 만에 오르자 울퉁불퉁 고르지 않은 얼음 지대가 나타났다. 융기된 둔덕 사이의 눈이 쌓인 곳을 골라 지나며 남쪽으로 곧장 가니 이윽고 경사가 완만해졌다. 그리고 지루할 정도로 평평한 빙상이 나타났다.

　하늘은 우중충했다. 오늘 뜨지 않을까 내심 기대했던 태양은 없었다. 구름 사이로 스민 태양 빛이 하늘을 담홍색으로 흐릿하게 물들이고 있었다. 바람이 없어서 출발했는데 또 바람이 불기 시작했다. 순식간에 강해져서 눈 깜짝할 사이에 이동이 불가능한 폭풍으로 변했다. 안개가 짙어지더니 강한 바람을 타고 밀어닥쳐 시야를 가렸다. 대체 무슨 일이야? 시계를 보니 아직 2시 반. 세 시간 반 만에 폭풍이 돌아온 것이다. 원인 불명의 바람은 점점 세져서 풍속 20미터는 될 것 같았다. 도저히 이동할 수 있는 날씨가 아니었다. 때마침 평탄한 땅이 나타나 바람을 피할 겸 급히 텐트를 쳤다. 세상이 밝아져 나사가 좀 풀린 탓일까. 평소라면 절대로 하지 않을 초보적인 실수를 범하고 말았다. 텐트 본체가 강한 풍압을 받는 와중에 억지로 스트랩을 잡아당겨 폴을 세우려고 했던 것이다. 힘을 주자 특별 주문해 만든 굵은 듀랄루민 폴이 뚝 꺾어졌다.

바람 소리가 심상찮았고 안개가 시야를 완전히 가렸다. 체감 온도는 영하 40도. 느긋하게 수리나 하고 있을 상황이 아니었다. 몸이 추위를 당장 느끼진 않았지만 그렇다고 이 바람과 기온에 반응하지 않는 건 아니다. 바깥에서 꾸물대다간 금방 손발이 동상에 걸릴 터였다. 어쩔 수 없이 나는 펄럭이는 텐트 천 안으로 짐을 집어넣고 바람이 불어오는 쪽에 쌓아 내부 공간을 만들었다. 그 상태로 바람이 그칠 때까지 비박을 해야 하나 싶었지만 언제 폭풍이 그칠지 모르니 안에서 폴을 수리해 텐트를 마저 설치하기로 했다. 세찬 바람을 맞으며 이번엔 조심조심 간신히 폴을 세울 수 있었다.

한숨 돌리는데 또 바람이 뚝 그치고 무음의 정적이 찾아왔다. 벌써 세 번째다. 정말 뭐지? 바람이 불다가 그치고 그쳤다가 다시 부는 요상한 날씨에선 불길한 냄새가 났다.

최근 나는 거의 매년 북극권을 여행했는데 이런 불안정한 날씨는 처음이었다. 본디 일에는 순서라는 게 있지 않은가. 바람이 강해질 때는 점점 강해지는 법이다. 지금까지 경험한 바람은 다음 행동을 판단할 여유는 주면서 강도를 높였다. 그리고 일단 폭풍으로 발달하면 대략 하루는 계속되었고, 사그라든 후에는 일주일 넘게 이동 가능한 날이 이어졌다. 이런 상식적인 사이클이 있었던 것이다. 근데 이날은 달라도 너무 달랐다. 바람이 일단 불면 전진이 아예 불가능할 만큼 불어댔고, 그치면 아무 일 없었다는 듯 가라앉았다. 이래서야 언제 이동해야 할지 알 수 없었다.

밤이 되자 바람이 다시 강해졌다. 이튿날 아침, 잠에서 깼을 때 심한 눈보라로 변해 있었다. 텐트가 펄럭이며 울어댔고, 멀리서 땅이 갈라지는 듯한 묵직한 굉음이 빙상 전체를 뒤덮듯 퍼졌다. 폭풍이 매우 강하다는 증거였다. 텐트 통풍구로 밖을 내다보니 새로 내린 눈이 휘날려 아무것도 보이지 않았다. 오늘 나가는 건 불가능했다. 앞으로 일정이 불안해진 나는 식량 봉지에 손을 집어넣어 남은 양을 가늠했다. 중간에 잡은 늑대 덕분에 저녁 식사 반찬용으로 준비한 으깬 감자는 하나도 먹지 않았다. 그것을 주식으로 돌리면 2월 23일까지는 괜찮다는 계산이 나왔다. 아직 열흘은 버틸 수 있었다. 연료는 절약하면 되니 초조할 것 없다고 스스로를 타일렀다. 그래도 날씨가 걱정이었다. 앞으로의 일정도 불투명해졌다. 오두막을 나서면서 느꼈던 소풍 가는 기분은 가시고 없었다.

그날 밤, 오후 9시 반쯤 바람이 그쳤다. 나는 침낭 속에서 안도했다. 조용한 밤이었고 아침에도 바람은 없었다. 벌써 열두 시간 넘게 잠잠했다. 날씨가 안정을 찾은 듯했다.

거봐, 내 뭐랬어. 폭풍이라는 게 막 그렇게 길게 가진 않는다 니까. 좋아, 오늘은 가야지.

기합을 넣고 이동하는 날에 먹는 인스턴트 라면으로 배를 채웠다. 10시 반이 지나서 출발했다. 바깥은 충분히 밝았고 시야 는 깨끗했다. 며칠 전까지는 11시까지 어둑어둑했는데 환한 시간 이 점점 늘어나고 있었다. 2월 15일이니 빙상 위에서라면 극야가 끝날 무렵이다. 이대로 바람이 불지 않으면 오늘은 태양을 볼 수 있을 것이다.

좋아, 오늘은 태양이다. 드디어 고대하던 태양과 대면하는 날이야.

나는 들뜬 기분으로 걷기 시작했다.

그런데 불과 한 시간이 안 돼서 또다시 남쪽에서 바람이 불 어왔다. 삽시간에 풍속 10미터 이상의 강풍으로 변했고 눈보라가 일었다. 아득히 먼 상공까지 날아오르는 눈가루에 지평선이 흐릿 하게 가려졌다. 잿빛에 잠식되는 세계를 보고 있자니 암담했다. 수십 년의 경험치를 쓸모없게 만드는 날씨였다. 태양은 고사하고 빙상 전체가 색채를 잃고 눈보라의 소용돌이에 삼켜졌다. 풍속 15미터의 눈보라라니, 최악이었다.

하지만 아침에 인스턴트 라면을 먹은 이상, 무슨 일이 있어도 여덟 시간은 걸어야 했다. 식량이 한정돼 있었으므로 이동을 하 지 않는 날의 아침 식사는 소량의 오트밀이었다. 라면 칼로리만큼은 움직여야 마땅했다. 오후 4시가 지나자 회색 눈보라에 어둠까지 겹쳐 시야가 급격히 나빠졌다. 눈으로 꽉 찬 대기와 눈으로 덮인 땅이 경계 없이 뭉뚱그려지는 화이트아웃이었다. 사물과 사물의 경계가 없어지는 극야의 암흑 속 같은 혼돈이 부활한 것이다. 하얀 극야였다. 강한 맞바람에 썰매를 끌기가 힘들었다. 나도 개도 추위와 피로로 기진맥진했다. 그러는 사이에 주위는 완전히 컴컴해졌고 오랜만에 헤드램프를 켜고 이동했다.

이튿날 아침에도 강풍은 계속 불었다. 바람이 그칠 가능성이 전혀 없진 않았으므로 일단 이동하지 않는 날 먹는 오트밀을 먹고 준비를 단단히 해두었다. 하지만 밖을 나와 보니 바람이 초속 20미터에 가깝게 휘몰아쳤고 눈보라로 한 치 앞이 보이지 않았다. 나올 때 잠깐 들이친 가루눈에 텐트 안이 눈밭이 될 정도였다. 텐트 안을 치우고 침낭으로 들어갔다. 하루를 정체하기로 결정했지만, 앞으로 날씨가 어떨지 불안해서 견딜 수 없었다. 식량과 연료는 23일까지는 그럭저럭 버틸 만했지만, 도대체 출발 타이밍을 어떻게 잡아야 할지 난감했다. 그쳤나 싶으면 맹렬하게 불고, 부는구나 했는데 거짓말처럼 갑자기 멈추니 갈피를 잡을 수 없었다. 침낭에서 쉬는 동안에 바람이 갑자기 약해져 나서볼까 했지만, 아니나 다를까 바람은 다시 세차졌고 굉음도 심해졌다.

이 예측 불능의 날씨에 참을성이 바닥난 나는 금기에 손을 대기로 했다. 시오라팔루크에서 개썰매 활동을 하는 야마자키 데쓰히데 씨에게 인터넷 일기 예보를 묻기로 한 것이다. 시스템을 벗어나네, 혼자 힘으로 판단하네, 온갖 폼을 잡았지만 막상 궁지에 몰리자 나는 정보통신 기술에 기대는 초라한 현대인으로 돌아가고 말았다. 하지만 지금이 체면을 차릴 때인가.

발신음이 한참 울리더니 야마자키 씨의 목소리가 들렸다.

"가쿠 씨, 지금 대체 어디야?"

"그게… 빙상으로 올라와서 10킬로미터쯤… 빙하까지 3분의 1쯤 온 것 같아요. 식량은 23일 치까지 있어서 아직 괜찮은데, 날씨가 엄청나게 나빠서요."

"여기도 바람이 심해."

"죄송하지만 인터넷으로 일기 예보 좀 보시고 알려주시겠어요?"

"알았어. 15분 후에 다시 전화 줘."

단속적으로 강풍이 불기 시작한 지 4일째였다. 슬슬 안정될 때가 되었다고 나는 판단했다. 그래서 야마자키 씨가 "괜찮을 것 같아. 내일이면 바람이 그쳐" 같은 안심되는 답을 줄 거라고 내심 믿고 있었다. 15분 후, 전해 들은 일기 예보는 내 기대를 보기 좋게 배신했다. 폭풍은 다음 날인 17일 밤까지 계속되다가 18일 밤부터 19일까지 다소 약해지지만, 20일과 21일에 다시 강해져 지금보다 더 거세진다고 했다. 날씨가 개는 것은 22일 이후였다.

눈앞이 깜깜해졌다. 메이한 빙하 입구까지만 갈 수 있으면,

날씨가 좋아진 하루 동안 바다까지 내려갈 수 있다. 바다로 내려
가면 아무리 날씨가 나빠도 마을로 귀환할 수 있다. 문제는 그
빙하 입구까지 무사히 갈 수 있을지였다. 남은 식량을 고려하면
날씨가 안정되는 22일까지는 무조건 빙하 입구에 가 있어야 했
다. 현 지점에서 빙하 입구까지는 최소 이틀이 걸릴 터였다. 만일
예보가 맞다면 이동이 가능한 날은 18일과 19일 이틀뿐이었다.
이제 내겐 단 하루의 여유도 남아 있지 않았다. 그것도 일기 예보
가 맞았을 때 얘기다. 어쩌면 폭풍은 쉬지 않고 계속될 수도 있
었다. 가뜩이나 빙하 입구는 루트가 어려워서 헤매기 십상인데.
한 번에 제대로 찾으려면 바람은 물론이고 시야도 완벽해야 한
다. 그런 날이 과연 와줄까.

　"가쿠 씨, 이동할 수 있는 날에 쉬지 말고 쭉 가야 해."

　야마자키 씨의 말투에 걱정이 묻어났다. 단순하지만 묵직한
충고였다. 그도 그럴 것이, 야마자키 씨는 겨울철 빙상에서 지독
한 블리자드를 만나 텐트 폴이 꺾이고 일주일간 갇혀 있었던 경
험이 있었다. 그때는 '지지리 운도 없지. 끔찍하군' 하고 남 얘기처
럼 넘어갔는데, 바로 그 블리자드가 내 눈앞에 닥쳐오고 있었다.

　꺼끌꺼끌한 죽음의 공포가 기어 올라왔다. 정말 이런 바람
을 헤치고 빙상을 건널 수 있을까? 밤새 바람의 신음을 듣고 있
으면 그 안으로 들어가기가 무서워진다. 지금도 이보다 더 강한
바람은 상상하기 힘든데, 20일과 21일은 얼마나 더 심하다는 걸

까. 아운나르톡 오두막으로 다시 올라가는 게 좋지 않을까. 중앙 고지에서 토끼를 서른 마리쯤 잡아 식량을 보충하고 오두막에서 연료를 보충한다, 그리고 태세를 정비해 빙상에 재도전한다는 계획이 순간 떠올랐지만 아무래도 실패했을 때 위험이 너무 컸다. 아니, 이런 비현실적인 계획을 생각했다는 것 자체가 이 공포의 공간에서 도망치고 싶어 한다는 증거였다. 어쨌든 지금은 비상사태였고, 생존에만 집중해야 했다. 이제부터는 아침이든 밤이든 상관없이 바람이 그치는 때에 이동해서 마을에 점점 가까이 가는 수밖에 없었다. 그러려면 속도가 중요했다. 장비를 버리자. 생환에 필요한 장비 외엔 전부 버리고 가자. 나는 곧장 필요 없는 장비를 가방에 담기 시작했다. 라이플총은 이번 탐험 때 구입한 새것이지만 이제 필요 없었다(약 10만 엔). 촬영팀이 맡긴 극야용 일안 리플렉스 카메라는 이제 빛이 있어서 내 소형 카메라로 대체 가능했다. 감독님, 미안해요. 들리지 않을 사과를 전하며 가방으로 직행(20만 엔쯤으로 추정). 추위에 대비해 직접 제작한 추억의 바다표범 모피 바지는 고어텍스 바지가 있으니 이제 안녕(가격 미상). 그 외에 탄환, 예비 보온병, 의약품, 쌍안경, 플리스 (fleece) 바지, 건전지 등을 집어넣으니 가방이 꽤 무거워졌다. 그리고 노트에 일기를 쓰고 말미에 "반드시 살아서 집으로 돌아간다"고 썼다. 유머라곤 없는 진부하고 감상적인 말이지만 결의를 다지기 위해 일부러 썼다. 글로 쓰면 말에 영혼이 깃든다고 생각했으니까.

　다음 날인 17일 아침, 바람은 한층 더 위력적이었다. 이 폭풍이 불기 시작한 이래로 제일 크고 강력한 굉음과 진동이 전해졌다. 가능하면 오늘 출발할 예정이었지만 움직일 수 없었다. 내일 밤부터 모레까지는 약해진다고 했으니 그 틈에 스무 시간을 쉬지 않고 이동해 단번에 빙하 입구까지 가야겠다는 일단의 계획을 세워두었다.

　침낭에서 꿈지럭대는데 바람이 줄어드는 것이 느껴졌다. 폭풍이 동반하는 독특한 굉음이 멎은 것이다. 빙상 전체에 바람이 잦아들고 있었다. 시계를 보니 오전 11시, 지금까지 여러 번 속았던 터라 침낭에서 가만히 상황을 살폈다. 10분, 20분이 지나도 상황은 변하지 않았다. 이번엔 진짜다. 갈까…? 또 불어닥칠지 모른다는 의심이 없지는 않았지만 그대로 준비를 시작해서 두 시간 후엔 채비를 마치고 밖으로 나왔다. 역시 바람은 거의 없었다.

　"좋아." 나는 조그맣게 외쳤다.

　예보가 무슨 상관이야, 현장에서 판단하는 게 중요하지.

　잘됐다며 텐트를 접는데, 아, 바람이 또 시작됐다. 2분 후에는 텐트가 날아갈 지경이었다. 역시 관천망기보다는 인터넷 예보였거늘. 후회막급이었다.

　온도계를 보니 영하 28도, 여기에 이 정도 바람이면 체감 온도는 족히 영하 40도를 밑돈다. 당연히 이런 조건에서는 출발하지 않아야 정상이다. 텐트 속에서 보온병에 뜨거운 차를 붓고 초콜릿이나 먹는 게 오후를 제대로 보내는 방법이다. 하지만 벌써 절반쯤 출발 채비를 마친 나는 물러서기도 우습고 하여, 솔직히 반은 포기한 채 출발했다. 가다가 안 되면 거기서 텐트를 치자. 지금 다시 치든 도중에 치든 강풍이라는 조건은 매한가지였다.

전날 고이 정리한 짐은 그 자리에 버렸다. 40만 엔어치—액수의 절반은 촬영팀 카메라지만—는 될 것 같았지만 미련은 없었다. 썰매가 가벼워져 속도가 좀 빨라졌다. 하지만 바람과 추위는 매서웠다.

빙상의 제일 높은 지대에서 지구상의 모든 생명체를 결빙시키고도 남을 바람이 불어와 얼굴의 노출된 부분을 찔러댔다. 머리카락처럼 가느다란 바늘로 얼굴을 콕콕 찌르는 듯했다. 아파서 참을 수 없었다. 출발한 지 10분 만에 얼굴 전체가 동상에 걸린 것을 알았지만 무시하기로 했다. 개는 발바닥 사이사이에 난 땀이 얼어붙으면서 살에 박혀 피를 흘렸는데 이것도 무시했다. 어쨌든 소소한 문제는 모른 척하고 닥치는 대로 걸었다. 잠깐 멈춰 서서 주위를 둘러보니 눈보라가 하늘까지 휘몰아치고 있었다. 눈의 불길이 세상을 다 태워버릴 듯했다. 처참한 광경이었다. 그저 태양을 보고 싶다는 일념으로 지난 며칠을 버티며 걸어왔지만 이젠 아무래도 좋았다. 무사히 마을에 도착할 수 있다면 뭐든 상관없었다. 목숨을 건 탈출이 시작되었다.

　　너무 완만해서 거의 평탄한 오르막이 계속되었다. 오르막 위쪽에서 바람이 내려왔다. 두 시간쯤 걷자 다행히 빙상의 정상에 접어들어 바람은 점점 약해졌다. 말이 정상이지, 얼핏 보면 평평하게 보이는 설원이었다. 그곳을 통과하자 이번엔 완만한 내리막이었다. 아, 내리막이구나 하고 느낄 수 있을 만큼의 경사였다. 내려가자 바람은 또 서서히 강해졌다. 오늘이 승부처라고 판단한 나는 그래도 쉬지 않았고 거리를 벌기로 작정했다. 바람에 개의치 않고 직진했다. 이윽고 바람에 눈가루가 섞여 들더니 시야가 흐려졌다. 황혼 무렵이 되자 지평선이 보이지 않는 화이트아웃이 되었다. 밤이 되자 본격적으로 눈이 내렸다. 얼굴을 때리는 풍설이 눈에 들어가 각막에 상처를 냈다. 안구의 통증을 참기 힘들어진 나는 고글을 쓰고 헤드램프를 켰다. 조명으로 눈이 내리고 눈보라가 이는 각도를 보면서 진행 방향을 판단했다. 하루 만에 얼굴은 동상으로 새까매졌다.

　　다음 날인 18일은 더욱 중요한 승부처였다. 빙하 입구 근처라도 가야 했다.

　　과거 여러 번 빙상을 왕복하면서 나는 나만의 지형상 표식을 세 군데 정도 정해두었다. 광막하고 밋밋한 빙상 위에서 GPS 대신 현재 위치를 특정하는 데 도움을 줄 자연의 표지판이랄까. 빙하 입구를 찾으려면 이 표식들을 확인하는 것이 관건이었다. 그래서 이날은 바람이나 안개로 시야가 가려지지 않기만을 바라고 또 바랐다. 그리고 여행 중에 극야가 끝나고 첫 태양이 뜨는 모습을 보려는 소망도 포기하지 않고 조심스레 간직하고 있었다.

그 소원이 통했는지 텐트를 나오자 기분 좋은 파란 하늘이 펼쳐져 있었다.

"우와아아!"

나는 마음껏 소리치며 이날의 날씨를 축하했다.

내리막 경사면을 가는 중에 남쪽 하늘에 자욱하던 두꺼운 회색 구름이 하늘을 가려버렸다. 불길했다. 태양을 바라는 것은 일순간 사치가 되었다. 그래도 일단 바람이 없었고, 눈보라로 인한 시야 불량이라는 최악의 사태는 아니었으므로 마음을 비우고 앞으로 나아갔다.

한동안 걸으니 오른쪽 멀리에 작은 산들이 보였다. 구름에 가려 자세히는 안 보였지만 새하얀 빙상 너머로 불연속한 기복의 그림자가 분명 보였다. 이 산들이 메이한 빙하의 입구를 알려줄 첫 번째 표식이었다. 그 자리에 서서 산이 보이는 각도를 나침반으로 측정한 후 지도 위에 그것과 내 진행 방향의 교점을 찾았다. 올 때는 어두워서 산이 전혀 안 보였기 때문에 시도하지 못한 것일 뿐, 이것이 바로 지도를 이용한 길 찾기의 첫걸음 중의 첫걸음, 대학 시절 탐험부에 들어가 맨 먼저 배운 간단한 삼각측량이다. 현재 위치를 산출해보니 대략 내가 예상했던 위치에 있었다. 살짝 안심이 되었다. 이대로 가면 오늘 안에 원하는 곳까지 갈 수 있을 듯했다.

　계속 전진했다. 다음은 메이한 빙하 바로 앞에 있는 큰 빙하의 원두부를 횡단해야 했다. 이웃한 큰 빙하의 원두 건너편 기슭에는 밋밋하게 튀어나온 작은 언덕이 있었고, 그 언덕을 왼쪽으로 돌아들 듯 올라가는 것이 나만의 루트 잡는 법이었다. 이 언덕이야말로 내가 가장 중시하는 표식이다. 여기만 찾으면 메이한 빙하 입구에 도착할 자신이 있었다.

　하늘에는 변함없이 구름이 가득했고 불길하고 짜증 나는 날씨가 계속되었다. 전방의 아득히 먼 지평선 위로 구름이 언덕처럼 길게 뻗어 있었다. 나는 구름의 낮은 곳을 목표로 걸었다. 구름은 더욱 두꺼워졌고 시야는 점점 나빠졌다. 생환에 절대적으로 필요한 포인트가 코앞인데 왜 이 순간에 흐려지는 걸까. 저주받은 이번 여행을 상징하는 듯한 변덕스러운 날씨를 원망하며 행진을 계속했다. 구름이라고 믿어 의심치 않고 목표 삼았던 것은 사실 구름이 아니라 진짜 언덕이었다. 저게 그 표식이 되는 언덕 같은데…. 이윽고 지형이 급변하면서 내리막이 가팔라졌다. 눈앞에 그 구름 언덕이 있었고, 발아래는 거대한 분지를 향해 움푹 패 있었다. 여기다. 나는 두 번째 표식이 있는 곳에 도착했다.

　메이한 빙하와 이웃한 이 빙하의 원두는 바람의 영향을 많이 받아 항상 설면이 사스트루기를 이루었다. 역시나 골짜기로 내려가니 요철이 심해 썰매가 몇 번이나 뒤집혔다. 고생은 했지만 사스트루기 지대에 진입했다는 것은 루트가 틀리지 않았다는 증거였다. 나와 개는 사스트루기 사이사이 평평한 곳을 골라 걸으며 가까이 보이는 언덕의 약간 왼쪽으로 향했다. 골짜기의 중앙부를 넘자 사스트루기의 요철이 작고 낮아졌다. 경사는 언덕을 향해 높아졌는데, 점점 가팔라져 체력이 떨어진 나와 개는 비틀거리며 아주 느리게 한 걸음씩 오를 수밖에 없었다.

오르막이 끝나고 평탄한 지대를 지나자 금방 반지르르한 내리막이 이어졌다. 진행 방향을 약간 오른쪽으로 선회해 내려가니 진회색으로 둘러싸인 침울한 풍경이 펼쳐졌다. 발밑은 울퉁불퉁한 바위투성이였다.

세 번째 표식이라고 할 수 있는 또 다른 큰 빙하였다. 이 빙하의 원두에는 커다란 크레바스가 있고 주위에 암벽과 산 같은 특징적인 지형 요소가 있었다. 목표 지점인 메이한 빙하는 이 두 거대 빙하 사이에 염치없다는 듯 쑥 들어가 있었다.

너무 왼쪽으로 치우치면 크레바스가 있는 큰 빙하로 빨려 들어갈 위험이 있어 조심해야 했다. 어두워지기 전에 이날은 이동을 마쳤다.

텐트에 들어와 나는 속으로 안도했다.

표식 세 개를 모두 찾아서 왔으니 루트는 틀리지 않았다. 주위 지형으로 판단하건대 빙하 입구까지 남은 거리는 약 2킬로미터였다. 내일은 좀 더 남쪽으로 가다가 적절한 타이밍에 오른쪽으로 꺾으면 메이한 빙하 입구에 도착할 것이다. 이제 살인적인 블리자드가 발생해 텐트가 날아가지 않는 한 죽을 염려는 없었다. 오늘 하루 만에 여기까지 올 수 있으리라고는 생각지도 못했다. 불필요한 짐을 줄이고 무리해서 폭풍을 헤쳐 걸은 것이 정답이었다. 살아서 돌아갈 수 있을 것 같았다.

야마자키 씨에게 전화를 걸어 경과를 보고하자 그도 안심하는 눈치였다. 하지만 내가 전화를 건 진짜 이유는 그의 걱정을 덜어주는 것이 아니라 일기 예보를 묻는 것이었다. 한번 금기를 깨고 나니 예보를 듣지 않고는 배길 수가 없었다. 야마자키 씨의 말에 따르면, 내일은 날씨가 흐리고 모레는 맑았다가 밤부터 바람이 강해진다. 설마 내일과 모레 예보가 틀리려고. 이틀 후에 마을에 도착하는 것은 거의 확정이었다. 나는 마지막 순간에 눈보라를 무릅쓰고 스스로 판단해 위기를 탈출한 것에 탐험가로서 만족감을 느꼈다. 어쨌든 돌아갈 수 있을 때 돌아가는 것 말고 내게 남은 선택지는 없었다.

밖은 바람 없이 평온했다. 이제 여행의 마지막이 가까워졌다. 개에게 정해둔 양의 1.5배쯤 사료를 뿌려주고 나는 혼잣말을 중얼거렸다.

"아아, 긴 여행이었어. 정말 끝나는구나. 이렇게 긴 여행에도 끝이 오긴 오네."

사료에 정신이 팔린 개를 본체만체하고 나는 혼자 감상에 젖어 마음이 뭉클해졌다.

하지만 그것은 섣부른 생각이었다.

*

그날 밤이었다. 무풍의 정적을 깨고 한차례 미풍이 불며 텐트를 흔들었다.

싸했다. 어디선가 들어본 바람 소리였다. 그것은 일기 예보가 빗나가리라는, 예정에 없던 폭풍이 지금부터 불어닥치리라는 하늘의 예고를 전하는 바람이었다.

곧바로 붕, 부웅 소리를 내며 좀 더 강한 바람이 불었다.

믿을 수 없었다.

부웅, 부부부웅 하고 바람이 강해졌다. 그 후로 부오, 도고 고고, 쿠아아 하는 파괴적인 소리를 내기까지 얼마 걸리지 않았다. 괴물 같은 소리가 들리는 가운데 나는 침낭 안에서 몸을 움츠렸다. 빗나가도 이렇게까지 빗나갈 수가 있나. 폭풍으로 텐트 폴이 찌부러져 내부 공간이 부자연스러울 정도로 좁아졌다. 로프가 느슨해졌거나 지렛목이 날아갔을 것이다. 이 가혹한 현실을 외면하고 싶었다. 어렵게 난로에 불을 붙여 으깬 감자를 먹고 바깥 상황을 확인하려고 입구를 열었다. 그 순간 눈을 삽으로 떠넣듯 눈이 안으로 들이쳤다. 지독한 눈보라였다. 시야는 5미터밖에 되지 않았다. 개와 썰매를 빼고 온 세상이 하얘서 아무것도 보이지 않았다. 며칠 전 빙상에 도착한 날 겪은 블리자드보다 심한 강풍이 휘몰아쳤다.

헐거워진 로프를 조이고 돌아왔지만 바람에 또 금방 헐거워졌다. 다시 굳게 마음먹고 나가 로프 두 개를 새로 묶고 단단한 눈에 아이스 스크루를 박아 할 수 있는 한 최선을 다해 텐트를 튼튼하게 고정시킨 후 안으로 돌아왔다.

어제 안전지대에 들어왔다고 잠시 안심했던 것은 섣부른 낙관이었다. 여유작작하게 살인적인 블리자드만 아니면 괜찮을 거라고 말한 지 열두 시간밖에 지나지 않았건만. 정말 농담이 아니라 무엇이든 빙하 밑바닥에 처박을 기세로 바람이 불었다. 저녁엔 더 심해졌다. 이따금 텐트 밑바닥을 붕 띄우는 강풍에 소스라치게 놀라곤 했다. 이대로 날아갈까 봐 겁이 나 한 번 더 로프를 확인하려고 밖으로 나온 순간, 거의 튕겨 날아갈 뻔했다. 거센 바람이 폐 속으로 파고들어 모든 폐포가 일순간 부풀어 올랐고 제대로 숨을 쉴 수 없었다. 서 있기도 힘겨워 후속 작업을 하기는 힘들었다. 비틀거리며 지렛목이 무사한 것만 확인하고 기다시피해서 텐트로 돌아왔다.

텐트 안도 매우 추웠다. 빙상으로 들어선 후부터는 연료를 아끼려고 물건들을 말리지 못해서 장비며 침낭이며 흠뻑 젖은 상태였다. 나는 잔뜩 겁에 질려 침낭으로 파고들었다. 텐트 안쪽 면에는 위아래 할 것 없이 서리가 붙어 있었다.

어느덧 희고 차가운 죽음이 텐트 안에 숨어들어 와 있었다.

이런 바람이 계속되니 무서워 죽을 것 같았다. 나는 참지 못하고 야마자키 씨에게 전화를 걸었다. 대체 어제의 일기 예보는 무엇이었냐고, 친절히 예보를 전해준 그에게 따지고 싶었다.

"여기는 바람이 엄청나요"라고 말하자 야마자키 씨가 "시오라팔루크도 장난 아니야"라고 대답했다.

틀림없이 이쪽이 더 심할 거라고 나는 생각했다.

"예보는 어제와 달라진 게 없습니까?"

"바람은 내일 아침까지 불겠고, 그 뒤로 저녁까진 안정될 것 같아. 밤에 다시 엄청나게 불어댈 것 같은데, 어쨌든 낮에는 날씨가 좋은 것 같아."

그 말을 듣고 조금 안심이 되었다. 오늘 하루만 이 미친 바람을 참고 견디면 빙하를 내려갈 수 있다. 빙하만 내려가면 텐트가 날아가든 식량이 떨어지든 마을까지 살아 돌아갈 수 있었다. 밤이 찾아오자 바람은 더 사나워졌고 나는 더 공포에 떨어야 했다.

다음 날 눈을 뜨니 벌써 주위가 밝았다. 부스럭거리며 침낭에서 팔만 꺼내 손목시계를 보니 벌써 정오가 지나 있었다. 어제 들은 일기 예보를 믿고 바람이 그치는 징조를 감지하기 위해 아침이 될 때까지 침낭 속에서 바람이 텐트에 부딪히는 소리에 귀를 기울였다. 결국 바람은 조금도 약해지지 않았고 한낮이 되어

버린 것이다. 바람은 여전히 뭔가를 부수는 소리를 내며 대지를 뒤흔들었다. 그리고 도옹, 바바바바, 보보보, 쿠앙 같이 둔탁한 의성어를 구사하며 내 텐트를 찌부러뜨리려 했다.

　도대체 뭐라고 하는 거야? 이쯤 되니 공포보다 분노가 앞섰다. 블리자드는 이틀 연속 일기 예보를 무시했다. 일기 예보는 현대 과학 관측의 결정체가 아닌가. '요즘 일기 예보는 매우 정확해서 이를 따르기만 하면 안전한 산행 계획을 세울 수 있다'고 자랑하는 현대 시스템이 가능케 한 야외활동 방식을 북극의 바람은 너무도 간단히 무시했다. 규칙을 무시해도 분수가 있지. 나는 위성전화를 통해 시스템 내부로 들어왔으니 바람 너도 착실하게 규칙을 지키라고 따지고 싶었다.

　극야가 날 죽이려는 걸까. 1월 26일 이누아피슈아크를 출발하던 날, 세계는 눈으로 주변을 인식할 수 있을 만큼 밝아졌고 나는 극야가 끝났다는 상실감마저 느꼈다. 하지만 극야는 죽지 않았던 것이다. 마지막 힘을 쥐어짜 눈보라를 일으켰고, 이로써 이미 떠올랐어야 할 태양을 가렸다. 일기 예보는 쓰레기통에 처박고 자신의 힘을 과시하며 화이트아웃으로 암흑 공간을 구축해 나를 다시금 극야의 수렁으로 빠뜨리려 했다. 그렇다, 극야 탐험은 아직 끝나지 않았다. 태양을 보기 전까지 극야는 끝나지 않는다. 이것은 극야의 연장전이었다.

　엄청난 기세로 부는 바람의 소리를 들으며 나는 침낭을 뒤집어썼다. 식량과 연료가 떨어질까 불안했다. 넉넉하게 2주일을 잡고 출발했는데, 이날이 그 2주째가 되는 날이었으니까. 늑대 고기가 없었다면 식량은 지금쯤 떨어졌을 것이다. 너무 맛있어서 마구 먹다 보니 늑대 고기도 얼마 남지 않은 상황이었다. 식량도, 아끼고 아낀 연료도, 앞으로 4일 치뿐이었다. 이렇게 되면 극야와 나, 아니 ICI 이시이 스포츠에 특별 주문하고 아라이 텐트가 제작한 극지용 특수 텐트 폴과 극야의 싸움이다. 내가 할 수 있는 건 폴이 꺾여 텐트가 날아가지 않길 기도하는 것밖에 없었다.

오후가 되자 바람이 불어오는 쪽에 눈이 쌓여 텐트를 압박했다. 바람이 불어 가는 쪽에 쌓여야 정상인데 웬일인지 반대쪽에 쌓였다. 밖으로 나가고 싶지 않아 텐트 안에서 주먹으로 쳐서 눈을 무너뜨렸다. 눈이 점점 더 많이 쌓이고 딱딱해져 안에서는 어찌해볼 도리가 없을 지경에 이르렀다. 눈의 무게를 견디지 못하고 텐트가 주저앉고 있었다. 올 때 빙하에서 눈보라에 묻힐 뻔한 아찔한 기억이 떠올랐다. 심호흡을 크게 하고 눈을 치우러 밖으로 나왔다.

바람은 여전했다. 그런데 개가 보이지 않았다. 텐트의 바람이 불어 가는 쪽 눈 밑에서 태평하게 자고 있어야 하는데 어디론가 사라지고 없었다.

"우야미릭크!"

큰 소리로 불렀지만 대꾸가 없었다. 휘날리는 눈 때문에 주변이 보이지 않았다.

"우야미릭크!"

몇 번을 불러도 조용했다. 바람 때문에 미쳐서 아무데로나 가버린 걸까? 마을이 지척인데, 왜…. 별의별 생각을 하며 바람이 불어 가는 쪽으로 떠밀리듯 비칠비칠 걸었다. 10미터쯤 걸었을까. 검은 바위 같기도 한 어색한 덩어리가 어렴풋이 보였다. 다가가니 개가 바람을 그대로 맞으며 엄청 추울 법한 약간 높은 곳에 웅크리고 앉아 자고 있었다.

아니, 거의 죽어 있었다.

"야! 이 녀석, 뭐 하는 거야! 이런 데서 자면 죽어!"

바람의 굉음에 묻힐까 싶어 개의 귀에다 대고 고함쳤지만 반응이 없었다. 어제 바람이 지독하게 불어 개에게 먹이를 주지 못한 것이 마음에 걸렸다. 탈진한 걸까? 껴안아보니 숨은 붙어 있었다. 하지만 제힘으로는 앞다리 하나 움직이지 못하고 털썩 주저앉았다. 바람에 쇠약해진 개는 가사 상태나 다름없었다. 나는 개를 안고 텐트로 돌아와 바람이 불어 가는 쪽에 눕히고 사료를 뿌려주었다. 개는 몸을 부들부들 떨며 먹고는 다시 꼼짝하지 않았다.

개를 보살피고 바람이 불어오는 쪽으로 가 쌓인 눈을 확인했다. 텐트의 바깥 가장자리인 스커트 부분에 얹어두었던 눈이 날아가고 없었다. 그 때문에 입자가 고운 눈이 아래쪽으로 들이

쳐 텐트 천의 세 번째와 두 번째 겹 사이에 가득 쌓여 있었다. 천 사이로 손을 넣어 딱딱해진 눈을 긁어냈다. 그러고 나서 이번에는 날아가지 않도록 무거운 눈 블록을 텐트 스커트 부분에 잔뜩 얹었다. 그리고 로프를 고쳐 맸다. 마지막으로 삽으로 눈을 블록 모양으로 파 그것을 바람이 불어오는 쪽에 쌓았다. 엉성하긴 해도 나름 방풍벽이었다. 맹렬한 바람에 노출되어 속눈썹에 얼음이 맺히고 앞이 보이지 않았다. 바람이 미는 힘에 수없이 넘어져 진이 빠졌다. 간신히 60-70센티미터 높이로 방풍벽을 만들고 나서 구르듯이 텐트로 대피했다.

텐트 안은 불어 드는 바람과 눈보라, 안쪽에서 생긴 서리로 눈밭이나 다름없었다. 장비는 눈 속 어딘가에 흩어져 있었다. 바람 소리는 진정될 기미가 없었고 나는 거대한 폭포 속에 들어가 있는 듯했다. 텐트 안이고 밖이고 혼돈 그 자체였다. 나는 녹초가 되었다. 뭔가 해야겠다는 마음은 사라지고 멍할 뿐이었다.

그러고 있자니 기시감이랄까, 어디선가 비슷한 경험을 한 듯한 오묘한 느낌에 사로잡혔다. 그리고 이 폭풍의 현장과 아무 관계도 없는 어느 정경이 머릿속에 떠올랐다.

아내가 출산하던 날의 장면이었다.

그곳도 똑같이 혼란스러웠다. 아내는 팔다리를 버둥거리며 침대 난간을 내리치고 진통제를 걷어차고 아우성쳤다. 어지럽고 괴로운 분위기 속에서 분만실은 보이지 않는 소용돌이가 발생한 듯 혼란스러웠다. 이 폭풍과 아내의 출산에는 '혼란'이라는 공통 분모가 있었다.

　그런데 생각은 여기서 그치지 않았다. 산도를 나오려 기를 쓰던 내 아이도 어둠에서 빛을 보기 위해 발버둥 쳤던 게 아닐까? 태양을 보기 위해 혼란을 겪고 있는 나는 세상으로 나오려는 아이와 같은 상황이 아닐까?

　출산 현장의 중심에 있던 사람은 분명 아내였다. 그러나 태어나려는 아이 또한 똑같이 혼란의 한복판에 있었다. 아이는 10개월 동안 배 속에서 편안하고 순조롭게 자라다가 12월 27일 저녁에 따뜻한 양수로 가득한 어둠의 낙원을 뒤로한 채 바깥으로 나오기로 결심했다. 그때 아이는 익숙하고 따뜻한 모체를 떠나 예측 불가능한 미지의 바깥 세계로 나오는 것이 망설여지고 무서웠을 것이다. 나오려는 준비를 모두 마치고 가까스로 열린 자궁 입구를 보며 몸부림칠 때 아이는 불안했을 것이다. 아이는 그때야 처음으로 의식이 생겼을 것이다. 그리고 강한 불안감을 안고 영문도 모른 채 소용돌이에 휘말리듯 산도를 지나 바깥세상으로 나와 조심스럽게 눈을 떠 눈부신 빛을 느꼈다. 모태라는 어둠의 공간에서 나와 처음으로 본 것, 그것은 빛이었다.

　아이의 출생 경험과 나의 극야 탐험에는 분명 교집합이 있었다. 출생 경험은 누구에게나 있는 보편적 경험이자, 안전하고 포근한 모태에서 미지의 위험한 바깥세상으로 나오는 긴박한 순간이다. 결국 출생은 모든 인간이 똑같이 경험하는 인생 최대의 모험인 것이다.

내가 극야의 어둠을 여행하고 그 끝에서 태양을 보고 싶었던 것은 출생을 추체험하고 싶었던 무의식적 소망이 발현된 것이 아니었을까. 근거는 없었지만 그날의 텐트 안에서 나는 거의 확신했다. 솔직히 왜 이렇게까지 극야에 끌렸는지 스스로도 납득하기 어려운 부분이 있었다. 극야에는 근원적인 미지가 있다고 설명하고 설득해왔지만 뭔가 불충분했다. 그 수수께끼가 드디어 풀렸다. 아주 깊은 의식 속에 잠들어 있던 출생의 기억이 나를 극야로 이끈 것이다.

생각의 물꼬가 트이자 내 어린 시절 기억이 떠올랐다. 아주 어렸을 때부터 초등학교 저학년 무렵까지 나는 기묘한 꿈을 꾸곤 했고 가위에 눌리는 일이 잦았다. 몰랑몰랑하고 둥근 관 같은 다른 차원의 공간 속에 내가 있었다. 그 공간은 내 눈앞에서 굽이치는 계곡처럼 빙글빙글 돌며 다가와 나를 압박했다. 오직 이 장면만이 반복됐다. 불쾌한 꿈이었다. 내 존재를 위협하는 답답함에 짓눌리다 잠에서 깨곤 했다. 무슨 꿈인지 알 수 없었고 말로 설명하기 어려웠다. 그러다 이 꿈을 더는 꾸지 않았고 언젠가부터 생각나지도 않았다. 하지만 폭풍이 휘몰아치는 빙상에서 아이가 태어나던 날이 떠올랐을 때, 내 안에서는 이 꿈도 함께 재생되었다. 아, 그 꿈이 내가 산도를 지날 때 봤던 장면이구나.

출생의 기억은 사라졌지만 망막에 맺힌 영상만큼은 지워지지 않았던 것이다.

　태어나자마자 내 팔에 안긴 아이는 눈이 부신 듯 눈을 가늘게 떴다. 그 빛은 산도를 지날 때 느낀 불안과 혼란을 달래준 따스함으로 아이에게 새겨졌을 것이다. 그리고 우리 모두 같은 경험을 했다. 시간도 공간도 사물의 구별도 없이 다만 모든 것이 한데 뭉쳐진 어둠의 공간을 떠나 산도를 통과하는 모험을 하고 마침내 바깥으로 나왔을 때 인간은 처음으로 빛을 받는다. 빛을 봄으로써 모든 것이 시작된다. 빛은 인간을 불안과 공포에서 해방시켜주고 출생 경험을 되살린다. 그래서 희망의 상징이 아닐까. 빛에 막연한 동경을 느끼고, 어느 신화에서든 어둠과 빛이 죽음과 부활을 의미하며, 태양이 생명을 관장하는 신인 것도 출생할 때의 신비로운 기억이 우리 마음에 남아 있기 때문이다.

　블리자드의 성난 울부짖음과 혼란 속에서 나는 어둠과 빛의 의미를 나름대로 깨쳤다는 강한 느낌을 받았다. 여행 중이던 지난 2월 5일에 나는 마흔한 살이 되었다. 마을로 돌아가기 전에 태양을 볼 수 있다면, 태어난 날 이후 41년 만에 두 번째로 진짜 빛, 진짜 태양을 보게 된다. 이 블리자드는 그 빛을 보기 위한 과정에 지나지 않는다. 아마 아내가 자궁수축제를 맞고 지독한 통증으로 난폭해졌던 그 단계, 아이가 산도를 빠져나오려고 안간힘을 쓰던 그 단계인 것이다. 내가 어릴 적 꿈에서 본 불쾌하고 이상한

관을 통과하는 것과 같은 것이다. 그러니 폭풍의 난폭함이나 일기 예보를 무시하는 불규칙함은 어쩔 수 없다고 생각되었다.

폭풍은 전혀 약해지지 않았고 포악하게 텐트를 덮쳤다. 침낭에 움츠린 채 나는 진짜 빛을 보려면 얼마나 무서운 과정을 겪어야 하는지 생각했다. 아내가 얼마나 심한 혼란 끝에 아이를 낳았는지, 딸아이와 41년 전의 내가 얼마나 심한 불안을 극복하고 산도를 지났을지 어쩐지 조금 알 것도 같았다.

그리고 그 순간이 마침내 왔다.

마중

바람은 저녁 무렵 조금 약해졌지만 늦은 밤부터 그르릉그르릉하고 낮고 불분명한 소리를 냈다. 빙상에서는 거센 바람이 불었다. 숨을 턱턱 막히게 하는 바람이었다. 이대로 가다간 바람에 날아가고 말 것이라는 공포가 다시금 솟구쳤다.

바람은 내게로 전력을 다해 달려들었다. 극야의 마지막 발악이었다. 나와 어둠의 최후 공방전이 시작되었다. 헤드램프를 켜고 밖을 보니 낮에 만든 방풍벽 덕분에 폭풍의 직격은 간신히 면한 것 같았다. 바람은 다행히 텐트 위쪽으로 흘렀다. 그렇지만 계속 이렇게 불어대면 엉성한 방풍벽이 밤새 견디지 못할 것이었다. 이 폭풍 속에서 텐트가 상처 하나 없이 서 있다는 것은 믿기 힘든 행운이었다. 어둠과 빛의 의미를 찾았을 때의 고양감은 바람에 산산이 흩어졌다. 태양을 보고 싶다거나 볼 수 있지 않을까 하는 희망도 깨졌다. 저녁에 들었던 일기 예보에 따르면 바람은 밤에 강해졌다가 내일 오후쯤 안정된다. 이미 여러 번 배신당한 터라 신뢰가 가지 않았지만 그래도 의지할 것은 예보밖에 없었다. 어쨌든 텐트가 망가지지 않고 날아가지 않고 이 바람을 견뎌주길.

패악을 부리던 바람이 차차 진정되었다. 풍속 15−20미터의 바람이 간간이 불었지만 조금 전 사람을 죽일 듯한 바람에 비하면 덜 무서웠다. 저 깊은 데서 울리던 굉음도 줄어들었다. 다만 여전히 텐트를 흔들 정도의 바람은 계속되었다.

새벽 4시 반쯤 바람이 갑자기 뚝 그쳤다. 아비규환이더니만 거짓말처럼 고요해졌다.

개가 부르르 몸을 털고 뽀드득뽀드득 눈을 밟으며 걷는 소리가 들릴 만큼 사방이 조용했다. 바람의 공포에서 해방되자 나는 곧 잠에 빠져들었다.

눈을 뜨니 다시 바람이 불고 있었다. 눈보라가 쏴쏴 시끄러운 소리를 냈고 텐트가 펄럭였다. 작작 좀 불어라, 작작! 그래도 소리를 듣자니 이동하지 못할 정도의 바람은 아니었다. 시계를 보니 오전 10시. 예보에서 오후부터 좀 낫다고 했으니 준비를 끝낼 즈음 바람이 그칠지 몰랐다. 출발을 전제로 침낭에서 나와 난로에 불을 붙였다.

통풍구로 밖을 내다보니 하얗게 눈이 날려 시야가 매우 좋지 않았다. 폭풍이 불 때 들리는 특유의 굉음은 없었지만 텐트가 흔들리는 모양새가 바람이 꽤 있는 듯했다. 최근 며칠 내내 극심한 폭풍을 겪어서인지 강풍이 살짝 잦아들면 미풍처럼 느껴졌다. 다만 시야가 나빠서 태양은 못 볼 성싶었다. 실망했지만, 사실 이때는 태양을 보는 것은 단념한 상태였다.

아침 식사로 라면을 끓이는데 상황이 갑자기 변하기 시작했다. 하얀 어둠에 갇혀 있던 바깥이 밝아지더니 텐트에 엷은 빛이 비쳐 들었다.

혹시 태양이 떴나?

나는 당황스러우면서도 기대감에 차올랐다. 바깥이 점점 더 또렷하게 밝아졌다. 온 세계가 황금빛으로 물들고 있었다. 기분 탓인지 온기마저 느껴졌다. 그 따스함은 난롯불의 열기와는 전혀 달랐다. 부드럽고 투명한 막처럼 따뜻한 기운이 감돌았다. 완전히 잊고 있던 따스함이었다.

나는 흥분해서 준비를 서둘렀다. 태양이 뜬 거야, 떴다고! 첫 태양 빛은 온몸으로 받고 싶었기에 일부러 통풍구를 통해 바깥을 내다보지 않았다. 서둘러 아침을 욱여넣고, 방풍복에 고어텍스 바지를 입고, 양말을 갈아 신고, 모피신을 신었다. 그러는 사이에도 주위는 점점 더 밝아졌다. 난롯불을 끄고 짐을 정리하다가, 최초의 태양은 반드시 촬영해달라던 촬영팀의 부탁이 기억나 소형 카메라의 전원을 켰다. 그리고 입구를 열고 밖으로 나왔다.

순간 나는 얼굴을 찡그렸다. 너무나 눈부셨다.

눈앞에 거대한 태양이 빨갛게 타오르고 있었다. 눈보라가 일어 희뿌연 땅의 저 끝에 태양이 있었다.

태양은 거대하고 둥글었다. 깜짝 놀랄 만큼 거대했다. 이렇게 큰 태양은 본 적이 없었다. 폭발하는 거대한 불덩어리. 태양은 이글이글 타오르고 있었다. 크고, 따뜻하고, 둥글고, 아름다운 그것이 압도적인 에너지를 뿜으며 황금색 빛줄기를 뿌렸다.

"와아… 멋진데… 진짜 태양이야…"

나는 넋을 잃고 아이처럼 중얼거렸다. 멋있다, 크다, 따뜻하다. 이 유아 수준의 단순한 표현 말고는 태양에 대한 어떤 수식도 불가능했다. 날것의 태양이 거기에 있었다.

촬영팀과 약속한 대로 카메라를 손에 들고 내 감정을 설명하려고 애썼지만, 나는 결국 할 말을 잃었다.

작가적 상상력을 총동원해 태양을 보면 어떤 기분일지 곰곰이 생각하곤 했다. 어떤 감상을 품었다고 말해볼까 하는 쓸데없는 생각도 솔직히 했다. 전혀 마음의 준비 없이 태양을 봤다가 무감각하게 넘어갈까 봐 걱정됐다. 그래서 가상의 장면을 떠올려 뭐라도 쓸 수 있게 해두고 싶었다. 하지만 태양은 그런 시시한 요령이 통하지 않는 존재였다. 태양의 존재감은 말로는 도저히 변환할 수 없었다. 특별히 희망을 발견하지도 못했고 치유도 없었다. 자애로움? 어둠에서 벗어났다는 해방감? 없었다. 전날 찾은 빛의 의미는 까먹고 말았다. 태양은 모든 표현을 거부했고 그저 초연했다. 지구의 질량의 33만 배인 물체로서 별다른 의도 없이 빛을 발산할 뿐이었다. 나는 그런 태양에 압도되었고 눈에는 눈물이 가득 고였다.

너무나 극적인 순간이었다. 그 순간에만 볼 수 있는 태양이었다. 바람이 생각보다 강해서 지표에서는 눈가루가 계속해서 날아올랐는데, 다행히 눈가루의 장막이 태양 빛을 차단하지는 않았다. 오히려 적당히 딱 좋게 빛을 퍼뜨렸고 코로나의 윤곽선을 흐려서 태양이 더 거대하게 보였다. 시기도 좋았다. 사실 극야가 끝나고 떠오르는 태양은 지평선에서 끄트머리만 잠깐 내밀기 때문에 박력이랄 게 없다. 긴 극야에 대면 '애걔, 이게 뭐야…' 싶을 정도다. 캐나다 캠브리지 베이에서 한 달 동안 극야를 돌아다니며 본 태양은 그렇게 조금 무감동한 면이 있었다. 하지만 이번엔 극야가 끝나고도 블리자드 때문에 태양을 못 본 채 일주일이 지났고, 그 덕에 태양이 완벽히 둥근 모습으로 힘차게 지평선 위로 떠올라 있었던 것이다.

모든 것이 예상 밖이었다. 이 태양은 분명 150년 전 이누이트가 "태양에서 왔는가? 달에서 왔는가?"라고 물었을 때의 그 태양이리라. 모든 사물이 자신의 윤곽을 잃고 흐물흐물해져 한덩어리가 되는 어둠을 끝내고 세상에 질서와 이름과 의미를 가져온 태양. 폭발하는 엄청난 힘으로 빛을 배열하는 태양을 보면서 나는 보상받는 듯했다. 사건 사고가 많았던 여행이었다. 일본을 떠난 지 4개월, 마을을 출발한 지 78일이었다. 하는 일마다 틀어져 저주받은 줄만 알았던 여행이었다. 어둠 속에서 절망했고 두 번 다시 극지에 발붙이지 않으리라 다짐하게 만든 여행이었다. 그리고 이 여행에 4년을 꼬박 바쳤다. 우야미릭크와 만났고 바다코끼리에게 죽을 뻔했다. 결혼해서 아이가 생기기도 했다. 이 여행에서 일어난 모든 일이 태양 빛에 녹아들어 밝게 타올랐다.

　길고 긴 어둠의 여로 끝에 본 태양, 무시무시한 폭풍을 견디고 본 태양. 모든 준비와 노고, 절망, 경악, 환희, 망연함이 이 태양을 보기 위한 과정이었음을 나는 깨달았다. 인생에서 두 번째로 맞는 진짜 빛, 두 번 다시 볼 수 없을 멋진 태양이었다.

　이렇게 굉장할 줄이야.

　나는 이날 드디어 '태양'을 보았다.

*

태양 빛을 정면으로 받으며 나는 빙하로 내려가기 시작했다, 라는 문장으로 다음을 시작하고 싶지만 그리 호락호락하지 않았다. 역경의 연속인 이번 여행이 태양을 봤다고 술술 풀릴 리가 없었다.

　태양을 봤을 때 나는 그대로 한 시간 정도 감상에 잠겨 있고 싶었다. 하지만 눈보라가 강해 10분을 채 견디지 못했다. 후딱 촬영하고 텐트로 들어왔다. 오후부터는 날씨가 괜찮을 테니 상태를 지켜보다가 바람이 그친 후 내려가자고 생각했다.

그런데 예보는 또 빗나갔다. 안정되기는커녕 바람은 점점 더 거세졌다. 눈가루가 하늘 높이 날아올라 빙상을 가렸다. 주변 일대는 하얀 불길에 타버렸고 태양 빛은 사라져 텐트 안은 어두워졌다. 또다시 유사-극야로 역행한 것이다. 그리고 마지막으로—이번이 정말 마지막이었다—이번 여행에서 최악의 블리자드가 몰아쳤다.

이건 정말 위험했다. 나는 지금까지의 폭풍을 묘사하는 데 내가 가진 어휘를 다 써버려서 이 마지막 바람의 위력을 표현할 적절한 단어를 찾을 수가 없다. 정말 어마어마했다. 어마어마하다, 위험하다, 말도 안 된다는 소리밖엔 할 수 없는 바람이었다. 일기에는 "부웅부웅 신이 무지막지한 풀무질을 하고 있다"라거나 "단층이 어긋나 땅이 갈라지는 소리가 시종 끊이지 않았고, 온 세상 천재지변을 한데 모아둔 듯한 굉음 때문에 종말이 온 것 같았다"라는 밑도 끝도 없는 문장으로 그 어마어마함이 기록되어 있었다. 여하간 엄청난 바람이었다.

강풍에서 폭풍으로 바뀌고 있었다. 이동은 불가능하다고 판단하고 나는 침낭을 파고들었다. 신이 무지막지한 풀무질을 해대니 상황은 파국으로 치달았다. 폭풍은 여봐란듯 예보를 무시했고, 나는 저항할 의지를 잃었다. 할 수 있는 것이 없었다. 전날 만든 방풍벽은 애저녁에 날아갔다. 그러니까 텐트는 이 재앙의 바람을, 파멸의 바람을 무방비로 견디고 있었다. 좀 지켜볼 심산이었는데 텐트 밖으로 나가기가 무섭게 바람이 몰아쳤다. 내 밥도 개 밥도 챙길 수 없었다. 그저 움츠려 떨면서 시간이 지나길 기다렸다.

밤중에 빠직 하고 뭔가가 떨어져 나가는 소리가 들렸다. 심장이 얼어붙었다. 부러질 것이라고는 폴밖에 없었으니까. 두근거리는 마음으로 헤드램프를 켜고 확인했지만 폴은 무사했다. 하지만 분명 뭔가 떨어져 나가는 소리였다. 일이 잘못된 게 틀림없었다. 대체 망가질 만한 게 뭐가 있지? 반경 5미터 안에는 망가져도 괜찮은 것이 아무것도 없건만….

오금이 저렸다. 나는 야마자키 씨에게 전화를 걸어 일기 예보를 물었다.

"바람이 굉장합니다."

"그치질 않네. 여기도 굉장해."

"예보는 어떻습니까?"

"늦은 밤에 바람이 그치고 그 후로는 좋아지는 것 같아. 하지만 이 계절에는 이런 일이 가끔 있으니까. 가쿠 씨, 바람은 그쳐. 그때를 놓치지 말고 내려와야 해."

야마자키 씨의 말을 믿고 바람이 그치길 빌며 버텼다. 침낭에서 나오지 않았고 난로도 켜지 않았다. 아침에 이동할 때 먹으려고 보온병에 준비해둔 차를 두 번 마신 것 말고는 아무것도 입에 대지 않았다. 침낭 안에서 조그맣게 몸을 말고 있으니 파멸의 소리에 뒤섞여 몇 번이나 빠직 하고 떨어져 나가는 소리가 귀에 박혔다. 그때마다 나는 부들부들 떨며 죽음을 응시했다.

새벽 2시가 지나고 새벽 3시가 되었다. 바람이 그쳤어야 할 한밤중이 지나고 새벽녘에 접어들었지만 바람은 약해질 기미가 없었다. 신은 지겹지도 않은지, 집채만 한 풀무로 쉬지 않고 바람을 일으키고 있었다. 예보는 빗나갔다. 나는 이제 각오를 해야만 했다. 이런 상황이라면 지금까지의 블리자드 주기가 얼추 끝나고 날씨가 미처 안정되기도 전에 다음 블리자드의 주기로 접어들 가능성이 있었다. 아마 그럴 것이다. 예보고 나발이고 앞으로 또 일주일 동안 이 상태가 계속될 것 같았다. 그렇게 생각할 수밖에 없었다. 늑대 고기는 거의 다 먹었고 연료도 간당간당했다. 폭풍이 계속되면 개를 먹는 선택지만 남는다. 다시 개를 죽이는 장면이 그려졌다. 개를 죽여 날고기를 먹고, 물은 소변에 눈을 넣고 녹여서 희석해서 보충할 수 있겠지. 그러면 일주일은 죽지 않는다. 텐트만 무사하다면.

잠시 후 마침내 바람이 약해지기 시작했다. 시계를 보니 오전 6시가 지났다. 신의 풀무질이 줄어들고 굉음이 사라지더니 눈보라가 부딪치며 내는 소리가 들렸다. 바람이 어느 정도 불고 있다는 건 변함없었다. 전날 아침과 똑같은 상황이었다. 어제는 이러다가도 미친 듯이 휘몰아쳤는데… 정말 바람이 그치려는 걸까?

혼자서는 판단할 수 없게 된 나는 야마자키 씨에게 들은 예보에 힘없이 매달렸다. 예보는 마약이었다. 그것 없이는 마음의 평정을 유지할 수 없었다. 지금 바람이 그쳐도 빙하 중간에서 이런 바람이 불면 속절없이 당한다. 날씨는 최악이고 예보는 툭하면 어긋났던 탓에 이대로 내려가도 될지 용기가 나지 않았다.

야마자키 씨가 마을은 날씨가 좋아졌다고 전해주었다.

"위쪽은 바람이 아직 남아 있을지 모르겠는데, 아래로 오면 잦아들 테니 오늘 내려오는 게 좋겠어."

그 말에 등 떠밀려 나는 빙하를 내려가기로 결심했다.

밖으로 나오자 풍경이 완전히 달라져 있었다. 간이 철렁했다. 어제는 텐트 주위가 얼음처럼 딱딱하고 평평한 설면이었는데, 어제 오후부터 불어닥친 바람 때문에 곳곳이 날카롭게 깎여나가며 1.5미터 깊이로 팬 흔적들이 빙상 전체에 남아 그랜드캐니언처럼 변해 있었다. 무엇보다 바람이 불어오는 쪽의 텐트 상황에 놀랐다. 텐트 바닥 아래에 있던 눈이 날아가 텐트의 3분의 1은 공중에 떠 있었다. 눈에 단단히 박아둔 아이스 스크루도 없어졌다. 아니, 땅 자체가 1미터 깊이로 떨어져 나가서 남은 지지대 세 개는 허공에 대롱거리고 있었다. 어제 들었던 소리의 정체가 이것이었다. 텐트 바닥 아래의 눈이 강풍에 갈라져 차례차례 떨어져 나가는 소리. 그나마 텐트 바깥 가장자리의 스커트에 얹어둔 눈이 얼어붙어 설면과 한덩어리가 된 덕분에 텐트는 무사할 수 있었다. 반나절만 더 바람이 불었어도 나는 분명 텐트째 날아갔을 것이다.

아슬아슬한 순간에 폭풍이 그친 것을 알고 나는 간담이 서늘해졌다.

＊

그 후 나와 개는 빙하의 내리막으로 들어섰다. 이번에야말로 정말 내려갈 수 있었다. 영하 34도, 풍속 7-8미터였지만 날이 새기 전까지 불던 폭풍과 비교하면 약간 쌀쌀한 상쾌한 바람이었다. 썰매가 골짜기로 굴러 떨어질까 조심하면서 깊게 팬 빙상 위를 남쪽을 향해 걸었다.

메이한 빙하의 입구는 역시나 찾기 어려웠다. 도중에 너무 오른쪽으로 치우쳐 4일 전에 넘었던 사스트루기가 있는 큰 빙하의 원두가 보였다. 왼쪽으로 방향을 수정하자 점차 시오라팔루크가 있는 피오르의 낯익은 광경이 펼쳐졌다. 제대로 내려가고 있었다. 바람은 멎었다. 마을로 가는 길에 들어서자 마침내 죽음의 손아귀에서 놓여났다는 생각에 긴장이 풀렸다.

여행이, 정말, 끝나는구나. 잠시 쉬면서 나는 개에게 솔직하게 말했다.

"살아 돌아갈 수 있어서 얼마나 다행인지 몰라. 내가 말이야, 너를 잡아먹는 상상을 몇 번이나 했었어. 사실은 어제도…. 그렇게 되지 않아서 진짜 다행이다. 다음에 또 어디든 가자."

개는 무심하게 풍경을 응시할 뿐이었다.

마을까지는 앞으로 정확히 이틀 길이었다.

하늘은 쾌청했고 빙하는 태양에 반짝였다. 며칠 내내 불어 댄 블리자드 때문에 빙하 위의 눈은 전부 날아가 버리고 얼음이 드러나 있었다. 간신히 눈이 남은 경사면을 골라 천천히 내려가니 낯익은 산과 시오라팔루크 피오르의 얼어붙은 바다가 보였다.

마을이 가까워지고 여행이 종언을 고하는 것을 피부로 느끼며 나는 긴 여정을 되돌아보았다.

저장 물자를 도둑맞고 강제 출국을 당하는 등 지난 4년간 하는 일마다 엉망이었다. 이누아피슈아크에서 저장소가 털린 것을 봤을 때 이렇게 노력했는데 안 되는가 싶어 절망했다. 탐험에 들인 시간과 수고가 모두 헛된 것 같았다. 인생이 허망해져 나도 모르게 달을 올려다보곤 했다. 하지만 여행이 막바지에 이를수록 생각이 달라졌다. 물자가 다 파괴되었으니 내 노력이 수포로 돌아간 것은 사실이지만, 몸에 새겨진 땅에 대한 기억을 생각해 보면 결코 헛수고가 아니었다.

이 탐험을 위한 물자를 옮기기 위해 나는 지금까지 메이한 빙하를 두 번 오르고 세 번 내려갔다. 아운나르톡과 이누아피슈아크에도 세 번씩 찾아갔다. 빙상을 두 번 건넜고 카약으로 일대 해안을 700킬로미터 넘게 다녔으며 툰드라 깊숙이까지 장화를 신고 100킬로미터 이상 걸어서 돌아다녔다. 그뿐이 아니다. 저장 식량을 만드려고 각시바다쇠오리를 700마리쯤 잡았고 북극 곤들매기를 자망으로 포획했으며 사향소 세 마리와 토끼 수십 마리를 잡았다. 그러면서 북극의 땅과 바다에 대해 많은 것을 알아 갔다. 빙하의 크레바스가 어디 있는지, 빙상과 툰드라에서 어떤 루트를 잡을지, 지나는 곳의 지형 특징이나 사스트루기의 형성 과정, 구체적인 조수의 움직임, 정착빙에 해빙이 얹히는 위험한 장소, 사향소가 즐겨 찾는 곳, 토끼가 많은 지역, 북극 곤들매기가 서식하는 호수 등등. 꼽자면 끝이 없다. 그런 땅의 특징을 보고 이해했고, 살아 있는 지식으로 체화했다. 이런 경험적 지식이 있었기에 이번 탐험이 가능했다.

툰드라를 넘을 때 그 저력이 드러났다. 아무것도 보이지 않는 암흑 속에서 나는 썰매를 끌 때의 무게와 발바닥의 감각으로 대지의 경사를 파악해 위치를 추정했다. 무의식중에 지난 여행에서 경험했던 툰드라의 지형과 지표가 떠올랐다. 어렴풋한 산의 형태와 지면 상태가 예전에 본 풍경과 일치하는 순간들이 있었고 그것이 암흑 속에서 길을 찾는 데 결정적인 역할을 했다. 달라스 만으로 사향소 사냥을 갔던 때도 마찬가지였다. 사냥감이 있을 만

한 곳을 특정하려고 사향소 무리를 봤던 곳이나 서식하기 좋은 지형이 어디일지 유심히 생각했다. 무거운 썰매를 끌고 사향소가 있을 법한 내륙으로 들어가려면 높이 200-300미터의 절벽뿐인 해안선에서 어떻게 입구를 찾아야 할지 구체적으로 상상해야 했다. 결국 사냥에는 실패했지만 한번 시도해볼 만한 지역을 몇 군데로 압축하고 행동으로 옮길 수 있었던 것은 역시 땅에 대한 지식이 있었기 때문이다.

메이한 빙하의 입구를 찾기가 어렵다는 것을 몰랐다면 어땠을까. 아운나르톡 오두막에서 태양을 기다리며 출발 시점을 미룬 것은 빙하 입구에서 헤맬 것을 알았기 때문이다. 모든 행동의 판단 뒤에는 언제나 땅에 대한 경험이 있었다. 만약 무턱대고 초짜 상태로 극야 세계에 들어왔다면 나는 고비를 넘기지 못하고 죽었을 것이다.

그린란드에 처음 왔던 2014년 여행 때, 아내의 출산을 함께하기 위해 출발을 연기해 1월 초순에 일본을 출국하긴 했지만 원래는 동지가 긴 가장 어두운 시기에 현지 정찰을 할 예정이었다. 그때 정찰을 나섰다면 어땠을지 나는 지금 꽤 상세히 상상해볼 수 있다.

그보다 한해 전 겨울에 북위 69도에 위치한 캐나다 캠브리지 베이에서 한 달간 극야에 이동해본 경험이 있었기에 나는 어둠을 지치고 나아가는 데 자신이 있었다. 그러니 12월 중순부터 한 달 반에 걸쳐 아운나르톡으로 간다는 일정을 세우고 마을을 떠났을 것이다. 하지만 캠브리지 베이와 북위 80도 부근의 그린란드 북부는 극야의 어둠 정도가 다르고 지형도 완전히 다르다. 이 땅에 대해 아무것도 모르고 출발했으니 나는 메이한 빙하를 오른 후 어떤 단서도 없이 빙상을 헤매고 위치를 특정하지 못해 당혹했을 것이다. 겨우 아운나르톡까지 갔을 수 있지만 오두막이 어딨는지 몰랐을 수도 있다. 오두막을 찾지 못하면 극야에서 정확한 위치를 알기란 불가능하므로 그 시점에서 끝이다. 어찌어찌 오두막을 찾았어도 무사 귀환은 어렵지 않았을까. 1월 중순의 빙상은 너무 어둡고 빙상에서 위치를 알려줄 표식도 몰랐을 테고 틀림없이 메이한 빙하의 입구를 못 찾아 막막해했을 것이다. 식량이 거의 떨어졌을 게 뻔하니 하릴없이 눈앞의 경사면을 일단 내려가겠지만, 그것이 메이한 빙하일 것이라고 장담할 수 있었을까. 양옆에 있는 두 개의 커다란 빙하 중 하나에서 헤맸을 가능성이 훨씬 높다. 이 빙하에는 거대한 크레바스가 입을 벌리고 있다. 눈 밑에 숨은 크레바스에 떨어져 살아 나오지 못했겠지. 운 좋게 바다까지 내려왔다고 해도 마을로 가는 길을 몰라 오른쪽으로 갈지 왼쪽으로 갈지 하늘에 맡겼을 것이다. 이 시기, 이 지역의 정착빙은 얼음 상태가 나쁘고 곶 주변에서 끊어져 있어 이동이 어렵다. 게다가 그때라면 고집하던 대로 위성전화도 휴대하지 않았겠지. 조바심은 더해가고, 식량은 떨어지고, 개를 죽여 그 고기를 먹고… 십중팔구 신을 저주하며 죽었을 것이다.

극야 탐험을 끝낸 지금 돌이켜보니, 이렇게 어두운 때에 이렇게 까다로운 지형이 펼쳐진 곳을 아는 것 하나 없이 여행하기란 불가능한 일임을 알겠다. 이번에 80일을 버티며 여행할 수 있었던 것은 내가 이 땅을 알고 그것이 내가 나아갈 지침이 되어주었기 때문이다. 지난 4년은 헛되지 않았다. 아니, 그 4년 없이는 극야행도 없었다.

나는 이번 탐험으로 아무도 모르는 지구의 이면을 들여다보았다. 인공적 시스템 내부에는 없는 인간과 자연의 원시적 관계를 경험할 수 있으리란 기대로 들어간 그곳에서 나는 더 많은 것을 느끼고 보았다. 빙상에서 목이 빠지도록 북극성을 올려다보며 내 감각을 버려야 옳은 길이 열린다는 것을 알았을 때, 나는 신앙의 원초적 형태를 경험했다. 달도 뜨지 않은 극야 시기에 툰트라를 헤매면서는 어둠이 왜 무서운지 진심으로 깨달았다. 자신이 어디에 있는지 알지 못하면 며칠 후 자신의 생사를 장담하지 못하게 되기 때문이었다. 달라스 만에서 마주한 밤의 세계에서는 달의 힘을 실감했고, 천체가 인간에게 어떤 영향력을 행사해왔는지 몸으로 깨달았다. 그리고 마을로 돌아오는 길에 빙상의 폭풍 속에서 죽음을 응시하며 아내의 출산 장면을 떠올렸을 때, 나는 인간에게 빛이 왜 희망이며 내가 왜 극야의 끝에 떠오르는 태양을 보고 싶어 했는지 알 것 같았다. 모든 태어남이야말

로 인간의 시작점이자 세계의 근원이라는 극히 단순한 진실도 깨
달았다. 이렇게까지 인간의 생에 대해 고민하고 인식하게 되리라
고는 기대하지 않았는데….

　　4년간 축적한 경험적 지식이 나라는 존재를 통찰하게 하는
여행을 가능하게 했고, 나는 여행의 새로운 길을 발견했다. 땅에
대해 깊이 알아야만 비로소 가능한 여행의 형식이 있다는 것. 인
적미답의 땅을 넓고 얕게 훑는 것보다는 어떤 지역을 철저하게
깊이 파고들어야 펼쳐지는 세계가 있다는 것. 그것을 알아야 보
이지 않던 것이 보인다. 이번 여행이 그랬다. 그것은 특별한 경험
이었다. 탐험은 계속되겠지만, 이렇게 미지의 불안과 흥분과 발견
으로 가득한 여행은 다시 없을지 모른다. 앞으로는 이번 극야 탐
험에는 못 미치는 여행만을 기획하게 될 공산이 크다. 하지만 어
쩔 수 없는 일이다. 참된 탐험은 일생에 한 번 할까 말까 한 것이
니까.

　　나는 그 일생에 한 번뿐인 여행을 지금 막 끝냈다.

　　그러나 기분은 결코 나쁘지 않았다.

빙하 기슭에 쳤던 마지막 텐트를 걷고, 나와 개는 단단한 해빙 위
를 걷기 시작했다. 강풍에 눈이 날아가 해빙은 일부러 색을 보정
한 것 같은 비현실적인 청색을 띠었다. 피오르 주위에 낯익은 산
들이 하얗게 바다를 에워싸고 있었고 일출 전의 어슴푸레한 빛
이 하늘을 황홀한 연보라색으로 물들였다. 일출이 가까워왔고

걷는 동안 풍경은 선명하게 바뀌었다. 하늘은 점점 푸르고 환해지며 색을 바꿨다. 빛이 만들어내는 색채의 변화가 내게는 무척 신선했다.

개가 내 옆에서 얌전히 썰매를 끌었다. 마을이 보였고 천천히 가까워졌다. 이윽고 마을 사람 몇몇이 따뜻한 옷을 입고 집에서 나와 얼음 위에 모습을 드러내는 것이 보였다. 마을 사람들 그림자가 차츰 커졌고 어떤 그림자가 누구인지 알 수 있었다.

그때 남동쪽 하늘에 태양이 떴다.

아침 해가 닿은 마을 뒷산이 금을 뒤집어쓴 것처럼 찬란하게 빛났다.

태양은 건너편 반도에서 천천히 고도를 높이고 있었다. 빛이 얼음을 미끄러지며 퍼지더니 금세 내 발에 닿았다.

마을 사람들이 손을 흔들었다. 나도 손을 흔들었다. 마을 앞에 도착하니 야마자키 씨가 카메라로 내가 도착하는 장면을 찍고 있었다. 뭔가 물었던 것 같은데 나는 너무 감격한 나머지 제대로 답을 할 수 없었다. 마중 나온 사람들과 포옹했다. 아주머니 한 분이 주머니에서 사과를 꺼내 내게 주었다. 한 입 베어 무니 시큼한 과즙이 입속에 퍼졌다.

마침 태양이 반도에서 얼굴을 내밀어 우리를 눈부시게 비추었다. 이틀 전에 본 태양만큼 강력하진 않았지만, 상냥한 미소처럼 포근했다. 마을 사람들과 태양의 마중을 받으며 나는 인간이 사는 곳으로 돌아왔다.

80일 만에 돌아온 시오라팔루크의 하늘은 밝았고 벌써 봄처럼 느껴졌다.

극야는 끝났다. 마을은 삽시간에 밝아질 것이다.

그리고 두 달 후에는 태양이 지지 않는 백야의 계절이 시작될 것이다.

맺음말

인생에는 승부를 건 여행을 해야 할 때가 있다.

승부의 대상은 타인이 아니라 나 자신이다. 자신을 상대로 승부를 거는 여행이란 요컨대 과거를 매듭 짓는 여행이 아닐까.

말하자면, 여행이라는 형식을 빌려 지금까지의 자신에게 질문을 던지는 것이다.

내게 여행은 모험이다. 모험인 이상 목숨이 위태로울 수 있다. 승부를 건다는 것은 새로움을 찾는 것이기에 매년 할 수는 없다. 그러나 몇 년에 한 번은 해야만 한다. 모험을 떠나지 않으면 내가 썩어버리는 느낌이다. 어딘가에 승부를 걸지 않으면 그저 관성적인 나만이 남을 뿐이고, 앞날이 빤한 행동을 반복하는 인간이 되고 만 것이 아닌가 두렵다. 그러므로 나는 내가 썩지 않도록,

무언가를 표현하는 주인인 나를 과거에서 꺼내 미래를 향해 새롭게 하도록 떠나야만 한다.

승부를 건 여행을 나는 지금까지 두 번 했다.

첫 번째는 2002/03년 겨울에 한 티베트 야르츠안포 협곡 단독 탐험이고, 두 번째는 2009/10년 겨울에 한 것인데 이것 역시 야르츠안포 협곡 단독 탐험이다. 같은 지역에서 실행한 두 번의 단독행이 각각 다른 여행이 된 것은, 이 두 번의 여행이 목표는 같았지만 승부로 건 것이 정반대라고 해도 좋을 만큼 달랐기 때문이다.

첫 번째는 인생에서 단 하나라도 좋으니 내가 해냈다고 말할 수 있는 무언가를 만들고 싶다는 생각으로 가득 찬 여행이었다. 가진 것이 없는 청춘의 무모한 도전이랄까. 그에 반해 두 번째는 야르츠안포를 탐험했던 청춘에 종지부를 찍고 싶어 떠난 여행이었다. 첫 번째 탐험의 성과에 만족하지 못해 몸담았던 신문사를 그만두고 다시 혼자서 티베트의 오지 깊숙이 들어갔다. 이 비경을 탐험하는 것을 만족스럽게 끝내야 학생 때부터 10년 넘게 나를 얽매어온 야르츠안포의 속박에서 벗어나 인생의 새로운 방향을 모색할 수 있다고 생각했기 때문이다.

그리고 세 번째의 승부를 건 여행이 이번 극야 탐험이다.

이번 극야행에 나는 어떤 과거를 걸었던가? 우선, 30대 후반부터 내 안에서 자라고 있던 탈시스템 개념을 여행으로 표현하고 싶었다. 지금의 내 행동을 결정하는 여러 가지 단편적인 생각을 이 여행에 녹여내 최근 10여 년간 직면한 고민과 철학을 표현하고 매듭지을 수 있길 바랐다. 그런 의미에서 이 탐험은 야르츠 안포 이후의 나를 표현한 것이자 탐험가로서 살아온 지금까지의 인생을 정리하는 여행이기도 했다. 나는 35세부터 40세까지가 인생에서 가장 큰 일을 할 수 있는 시기라고 생각한다.

또 하나, 결혼이 있었다. 2012년 겨울에 캐나다 캠브리지 베이를 돌아다니면서 이번 탐험이 시작되었는데, 실은 내가 결혼한 것이 그해 8월이었다. 우연이지만 극야 탐험과 결혼 생활이 나란히 시작되었던 것이다. 게다가 다음 겨울에는 그린란드 행과 겹쳐서 아이가 태어났다.

가족이 생기는 일상의 변화가 있었다면, 완전히 비일상적인 면에서는 개와 함께 암흑 속을 돌아다니는 극야 여행을 준비하고 있었다. 그래서인지 극야 탐험은 가족의 형성과 궤를 같이했고 어쩐지 나는 이 둘을 분리하기 어려웠다. 무엇보다 아이가 생긴 것은 내 인생에서는 거의 혁명적인 사건이었고 인생의 의미를 되묻는 계기가 되었다.

그렇다고 가족과 극야 탐험의 목표 사이엔 별다른 연관성이 없었다. 적어도 이번 여행이 끝날 때까지는 그랬다.

그린란드와 캐나다 엘즈미어 섬 사이의 해협은 케인 해분(海盆)

이라는 임산부의 배처럼 크게 부풀어오른 바다가 좁은 통로를 통해 북극해로 연결되어 있다. 만일 북극해까지 갈 수 있다면 지형적으로는 태아가 산도를 지나 바깥세상으로 나오는 느낌이겠거니 상상하며 이번 탐험과 출산을 연결지어 생각해본 적은 있다. 하지만 극야라는 긴 어둠 뒤에 태양 빛을 보는 것과 태어나며 빛을 보는 것을 묶어서 생각해본 적은 전혀 없었다. 극야 탐험을 책으로 써도 아이의 탄생과 연결시킬 일은 없으리라고 단정했다.

그런데 돌아오는 길에 빙상의 블리자드 속에서 아내의 출산 장면이 떠오르면서 상황이 바뀌었다. 극야의 어둠에서 빠져나와 태양을 보려는 이 탐험이 실은 출생에 대한 추체험 욕구가 분명하다고 생각했고, 나는 이번 탐험과 아이의 탄생이 연결돼 있다는 느낌을 받았다. 둘은 관계가 없는 게 아니라 같은 것의 다른 표현이었다. 이것을 알았을 때 나는 전율했다. 조금만 생각하면 알 수 있는 자명한 사실을 어째서 몰랐는지 의아했다. 그렇게 이번 탐험은 '가족의 탄생'과도 연결된 여행이 되었다.

어쨌든 이번 극야 여행은 내게 큰 의미가 있다. 세 번째 승부를 건 여행이었고 오랜만에 사지(死地)를 엿보는 여행이기도 했다. 게다가 야르츠안포 이후 처음으로 진정한 의미의 탐험이라고 부를 만했다. 탐험가라는 직업을 가지고 활동하지만 진정한 '탐험'이었다고 자신있게 말할 수 있는 것은 야르츠안포 탐험뿐이었다. 뉴기니섬 원정, 설인 수색, 캐나다 북극권 도보 여행 등을 했지만 '탐험'은 아니었다. 그러나 극야 탐험은 누구 앞에 내놓아도 부끄럽지 않은 진정한 탐험이다. 이 여행으로 나는 간신히 인생 두 번째의 탐험에 성공했다.

나는 이 여행이 내 인생에서 어떤 의미일지 항상 생각했다. 나에게 남겨진 시간, 육체가 쇠약해져 힘든 탐험을 할 수 없게 될 때까지의 시간을 고려하면서 계획을 진행시켜왔다. 이 계획에 신체적으로나 정신적으로 지금의 내가 할 수 있는 최고의 것을 담고 싶다는 생각이 강했다. 그것을 생각하면, 야르츠안포 탐험에 대해 쓴 『공백의 5마일』(空白の五マイル)이 일종의 청춘기였다면, 『극야행』은 불혹을 맞아 인생이 거의 확고해진 한 인간이 자신이 선택한 삶의 최고 도달점을 모색한 작품이라고 할 수 있을 것 같다.

나는 극야를 여행함으로써 인생 최고의 탐험을 표현하려고 노력했다. 이것만은 어떻게든 해내고 싶었다. 어쩌면 그 마음은 야르츠안포 협곡에 처음으로 발을 디뎠던 26세 겨울의 결의와 제일 가까울 것이다. 이 책을 다 쓴 지금, 첫 작품인 『공백의 5마일』의 속편을 간신히 써냈구나 하는 생각뿐이다.

감사의 말

이번 극야 탐험에 물심양면으로 도와주신 분이 많았다. 협력해준 분들께 다시 한번 감사의 뜻을 표하고 싶다.

시오라팔루크 마을에서는 오시마 이쿠오 씨로부터 자연 환경과 역사, 문화, 여행 기술, 빙하의 루트와 얼음의 상황 등 실로 많은 것을 배웠다. 탐험에 사용한 바다표범 모피신과 백곰 모피 장갑, 썰매 손잡이 등도 만들어주었다. 시오라팔루크에서는 야마자키 데쓰히데 씨에게 신세를 졌다. 마을에서의 생활과 개를 다루는 방법, 장비 구입처에 이르기까지 실무에 관한 온갖 것을 가르쳐주었을 뿐만 아니라 탐험 중에는 마을에서 연락책을 맡아주었다. 카약으로 물자를 운반할 때는 야마구치 마사히로 씨가 현지까지 와서 협력해주었다. 또한 카약 장비와 기술적인 것은 비와 호에서 여행 가이드를 하는 오세 시로 씨의 도움을 받았다. 천측은 전 남극관측대장 와타나베 오키쓰구 씨와 전 국토지리원의 측량사로 남극에서의 천측 경험이 풍부한 요시무라 아이이치로 씨에게 배웠다. 또한 다마야 계측시스템주식회사의 가메 사부로 씨가 극야 탐험용으로 특별히 개발한 육분의용 기포관장치를 대여해주었다. 등산 동료인 누마타산악회의 세이노 게이스케 씨는 목재 선정과 제공 등 썰매 제작을 많이 도와주었다. 니케이 내셔널지오그래픽 회장(당시)으로 탐험부 선배이기도 한 이토 다쓰오 씨에게는 이번 계획의 연락처를 부탁했다.

아웃도어 브랜드 마모트를 운영하는 데상트재팬주식회사는 특수 소재를 사용한 방한복과 오버 슈즈, 오버 장갑, 플리스, 방풍복의 개발 및 제공 등 의류를 지원해주었다. 침낭은 주식회사 몽벨에서 특별주문품을 개발해 제공받았다.

여러분, 정말 감사합니다.

연재를 담당해 주신 문예춘추 온라인 편집부의 다케다 나오히로 씨와 오다가키 에미 씨, 단행본 편집을 담당한 넘버 편집부의 후지모리 미나 씨에게 이 자리를 빌려 감사의 말씀을 드리고 싶다.

2017년 12월 24일
가쿠하타 유스케

가쿠하타 유스케 角幡唯介 지음

논픽션 작가, 탐험가. 1976년 생. 대학 시절 탐험부에 들어가 오지를 돌아다녔다. 2002/03년 겨울에는 '수수께끼의 협곡'이라 불리는 티베트의 야르츠안포 협곡을 단독으로 탐험했다. 2003년 아사히신문사에 입사, 2008년 퇴사한 후 네팔 설인 수색대에 참가했다. 2009년 겨울에 다시 한번 홀로 야르츠안포를 탐험했고, 두 번의 야르츠안포 탐험을 그린 『공백의 5마일』(空白の五マイル)로 2010년 가이코 다케시 논픽션 상, 2011년 오오야 소이치 논픽션 상, 우메사오 다다오 산과 탐험 문학상을 수상했다. 『극야행』은 YAHOO! JAPAN 뉴스에서 주관하는 2018 서점대상(本屋大賞) 논픽션 부문 대상, 아사히신문사에서 주관하는 권위 있는 문학상인 오사라기지로상(大佛次郎賞)을 수상했다.

박승희 옮김

한국외국어대학교 동양어대학 및 동대학원 일본학 석사과정을 졸업했다. 2009년 시바 료타로의 단편소설 『주도』와 데라다 토라히코의 평론 『요괴의 진화』의 번역으로 제7회 시즈오카 국제번역 콩쿠르에서 우수상을 받았다. 현재 전문 번역가로 활동 중이며 번역서로는 『1일 1분 정리법』, 『라이프 인테리어 교과서』, 『마음이 꺾일 때 나를 구한 한마디』, 『최고의 평면』 등 다수가 있다.

극야행
불안과 두려움의 끝까지

가쿠하타 유스케 지음
박승희 옮김

초판 1쇄 인쇄 2019년 2월 1일
초판 1쇄 발행 2019년 2월 8일

ISBN 979-11-86000-79-3 (03450)
값 15,500원

발행처	도서출판 마티
출판등록	2005년 4월 13일
등록번호	제2005-22호
발행인	정희경
편집장	박정현
편집	서성진
마케팅	최정이
디자인	오새날
주소	서울시 마포구 잔다리로 127-1, 레이즈빌딩 8층 (03997)
전화	02. 333. 3110
팩스	02. 333. 3169
이메일	matibook@naver.com
블로그	blog.naver.com/matibook
트위터	twitter.com/matibook
페이스북	facebook.com/matibooks

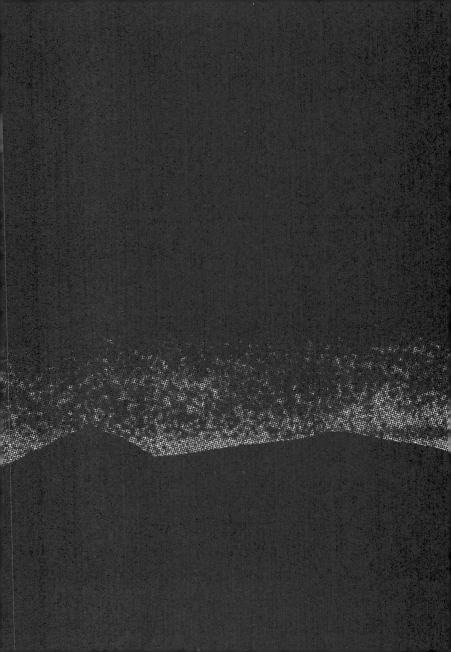